プラズモンと光圧が織りなすナノ物質の世界

Graphical Abstracts

大浦天主堂　ステンドグラス
教会の側面の色ガラスは，日本に初めて導入されたステンドグラスと言われている．Ⓒ2019　長崎の教会群情報センター

リュクルゴスの杯
4世紀のローマ帝国時代に作られたガラスの杯．正面から光を当てると薄緑色だが，背面から光を当てると赤色を呈する．

薩摩切子
ガラス表面に美しい細工が施されたカットグラス．色のついたガラスは，プラズモン共鳴によって発色している．

※写真および図の出典元は本文該当図および 196 ページを参照のこと．

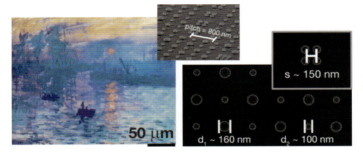

プラズモン共鳴による発色を利用したサブミリサイズの絵画
さまざまな直径（d）や構造間距離（s）を有する多数のアルミニウムナノディスクによって構成される．

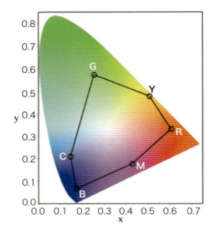

左：マルチカラー金属ナノ粒子銀ナノプレート水溶液
右：CIE1931xy 色度図
大日本塗料株式会社提供．

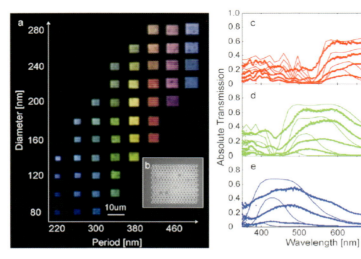

14章　(a) 作製したホールアレーフィルターの裏面照射型顕微鏡像，縦軸：細孔直径，横軸：細孔間隔，(b) ホールアレーフィルターのSEM像（p.144 参照）

プラズモニック光エネルギー変換

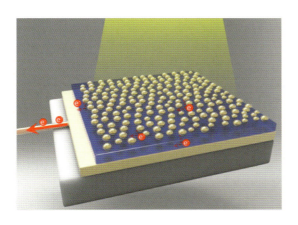

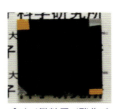

金ナノ微粒子／酸化チタン／金フィルム

金ナノ微粒子／酸化チタン

酸化チタン／金フィルム

プラズモンとファブリ・ペローナノ共振器の強結合を利用した超吸収光電極

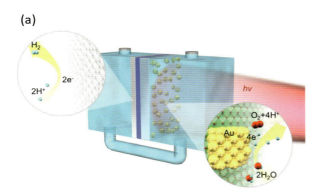

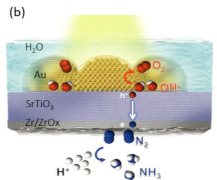

プラズモン光電極を用いた可視光による人工光合成
(a) 水の光分解，(b) 光アンモニア合成

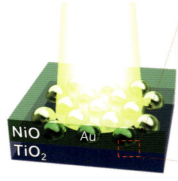

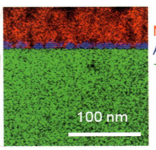

pn接合界面に金ナノ微粒子を配置した全固体プラズモン光電変換システム
右図は界面の元素マッピング．

光圧ナノ物質操作

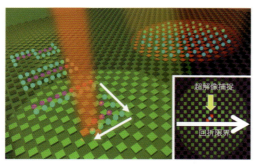

1章 ナノ粒子を超解像のナノ空間で捕捉（イメージ）（p.44 参照）

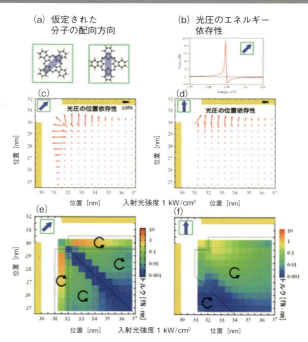

(a) 仮定された分子の配向方向
(b) 光圧のエネルギー依存性

局在プラズモンによる単一分子捕捉と回転操作の理論予想（p.44 参照）

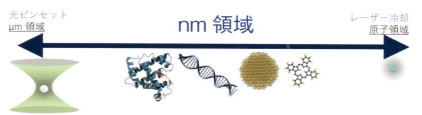

光ピンセット μm領域 ← nm領域 → レーザー冷却 原子領域

ナノ領域での光圧捕捉への挑戦

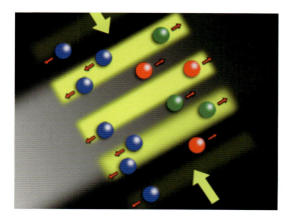

負の散逸力を用いた粒子選別のイメージ

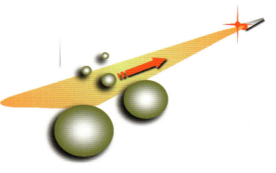

負の散逸力のイメージ

プラズモンと光圧が導く多様な現象・応用

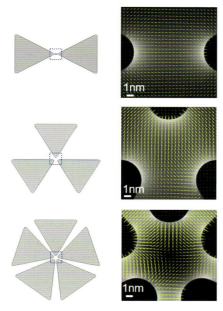

3章 金属多量体構造によるナノギャップ局在場の角運動量解析（p.61 参照）

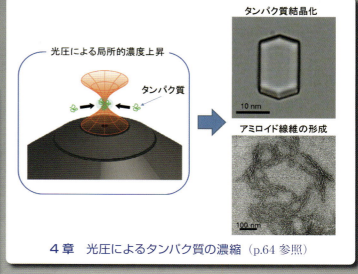

4章 光圧によるタンパク質の濃縮（p.64 参照）

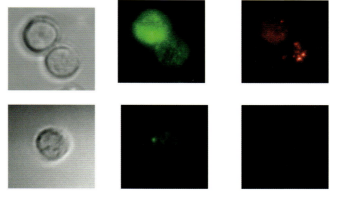

6章 乳癌細胞 MDA-MB231 の正立落射顕微鏡像（p.82 参照）
左：明視野像，中：GFP フィルターによる Alexa488-EGFR 蛍光像，右：Cy5 フィルターによる APC-EpCAM 蛍光像．上段：スライドガラス，下段：プラズモニックチップ上．スケールバーは 10μm

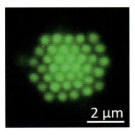 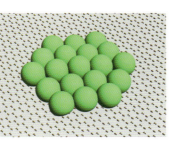

5章 プラズモン光ピンセットにより捕捉したポリスチレンナノ粒子の蛍光顕微鏡像（左）とその模式図（右）

DNA のプラズモン光捕捉の模式図

DNA マイクロリングの蛍光顕微鏡像

プラズモン材料の合成指針

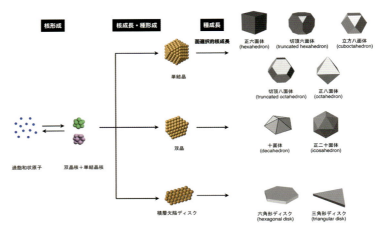

9章 金属ナノ粒子の一般的な形状制御プロセス（p.105 参照）

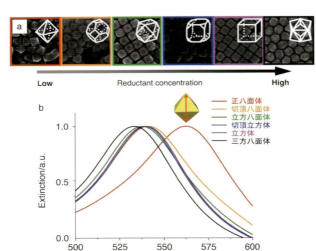

単結晶多面体 Au ナノ粒子の (a) 透過電子顕微鏡（TEM）像, (b) プラズモン特性（p.104 参照）

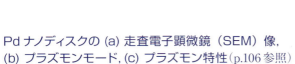

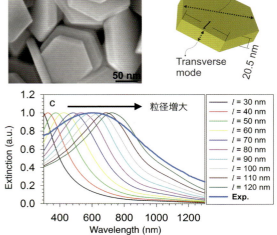

Pd ナノディスクの (a) 走査電子顕微鏡（SEM）像, (b) プラズモンモード, (c) プラズモン特性（p.106 参照）

多彩なプラズモン材料の調製・大量合成

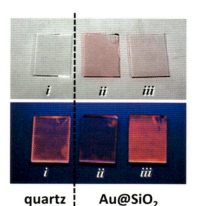

11章 石英基板(i)およびAuナノ粒子固定石英基板(ii, iii)上に担持したZAISナノ粒子(x=0.9)の写真(上段)と,それを紫外光照射により発光させたもの(下段).Au-ZAIS粒子間距離:9.6 (ii)および21 nm (iii).(p.123 参照)

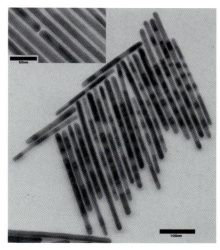

10章 高アスペクト比の金ナノロッドのTEM像(p.116 参照)

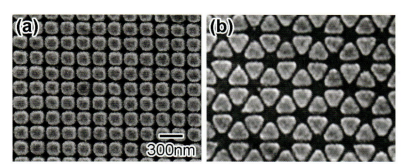

12章 さまざまな幾何学形状を有するAuナノドットアレー(p.130 参照)

積層ナノドットアレーのSEM観察像(p.131 参照)

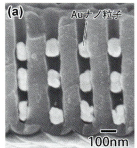
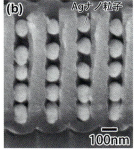

(a)Au, (b)Ag ナノ粒子の三次元規則配列構造(p.131 参照)

プラズモンの精密設計と超高感度計測

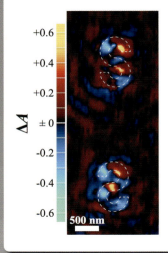
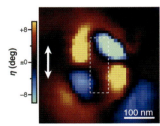

2章　S字型金ナノ構造および長方形金ナノ構造の近接場光学活性イメージ（p.54 参照）

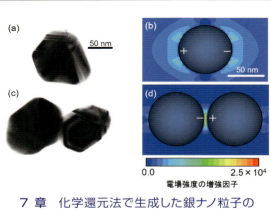

7章　化学還元法で生成した銀ナノ粒子のSEM像とFDTD法を用いて計算した増強電場（p.87 参照）

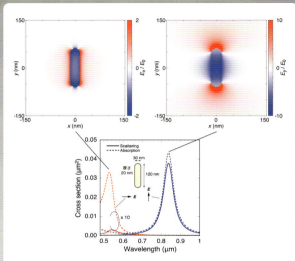

8章　シリカ基板上の幅30 nmで長さ120 nmの金ナノロッドの電場分布（p.102 参照）

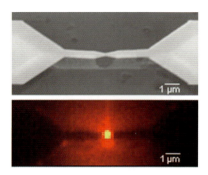

17章　1分子架橋構造のSEM写真とラマンイメージング像（p.167 参照）

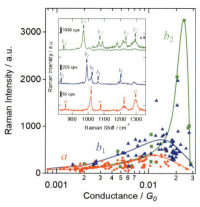

全対称振動，非全対称振動，非全対称振動モードのラマン強度の1分子電子伝導度に対する依存性（文献[13]より再構成）（p.167 参照）

32

Frontier of Plasmonics for Nano-Materials Science

プラズモンと光圧が導くナノ物質科学

ナノ空間に閉じ込めた光で物質を制御する

日本化学会 編

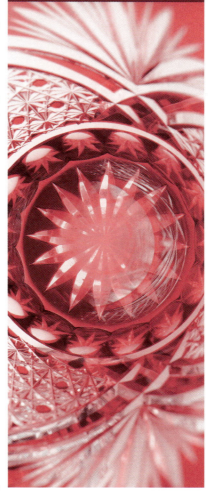

化学同人

『CSJカレントレビュー』編集委員会

【委員長】
大倉 一郎　東京工業大学名誉教授

【委　員】
岩澤 伸治　東京工業大学理学院 教授
栗原 和枝　東北大学未来科学技術共同研究センター 教授
杉本 直己　甲南大学先端生命工学研究所 所長・教授
高田 十志和　東京工業大学物質理工学院 教授
南後 　守　大阪市立大学複合先端研究機構 特任教授
西原 　寛　東京大学大学院理学系研究科 教授

【本号の企画・編集WG】
石原 　一　大阪大学大学院基礎工学研究科 教授
　　　　　　大阪府立大学大学院工学研究科 教授
岡本 裕巳　分子科学研究所メゾスコピック計測研究センター教授
栗原 和枝　東北大学未来科学技術共同研究センター 教授
笹木 敬司　北海道大学電子科学研究所 教授
鳥本 　司　名古屋大学大学院工学研究科 教授
三澤 弘明　北海道大学電子科学研究所 教授
村越 　敬　北海道大学大学院理学研究院 教授

総説集『CSJ カレントレビュー』刊行にあたって

　これまで㈳日本化学会では化学のさまざまな分野からテーマを選んで，その分野のレビュー誌として『化学総説』50 巻，『季刊化学総説』50 巻を刊行してきました．その後を受けるかたちで，化学同人からの申し出もあり，日本化学会では新しい総説集の刊行をめざして編集委員会を立ちあげることになりました．この編集委員会では，これからの総説集のあり方や構成内容なども含めて，時代が求める総説集像をいろいろな視点から検討を重ねてきました．その結果，「読みやすく」「興味がもてる」「役に立つ」をキーワードに，その分野の基礎的で教育的な内容を盛り込んだ新しいスタイルの総説集『CSJ カレントレビュー』を，このたび日本化学会編で発刊することになりました．

　この『CSJ カレントレビュー』では，化学のそれぞれの分野で活躍中の研究者・技術者に，その分野を取り巻く研究状況，そして研究者の素顔などとともに，最先端の研究・開発の動向を紹介していただきます．この 1 冊で，取りあげた分野のどこが興味深いのか，現在どこまで研究が進んでいるのか，さらには今後の展望までを丁寧にフォローできるように構成されています．対象とする読者はおもに大学院生，若い研究者ですが，初学者や教育者にも十分読んで楽しんでいただけるように心がけました．

　内容はおもに三部構成になっています．まず本書のトップには，全体の内容をざっと理解できるように，カラフルな図や写真で構成された Graphical Abstract を配しました．

　それに続く Part I では，基礎概念と研究現場を取りあげています．たとえば，インタビュー（あるいは座談会），そして第一線研究室訪問などを通して，その分野の重要性，研究の面白さなどをフロントランナーに存分に語ってもらいます．また，この分野を先導した研究者を紹介しながら，これまでの研究の流れや最重要基礎概念を平易に解説しています．

　このレビュー集のコアともいうべき Part II では，その分野から最先端のテーマを 12～15 件ほど選び，今後の見通しなどを含めて第一線の研究者にレビュー解説をお願いしました．この分野の研究の進捗状況がすぐに理解できるように配慮してあります．

　最後の Part III は，覚えておきたい最重要用語解説も含めて，この分野で役に立つ情報・データをできるだけ紹介します．「この分野を発展させた革新論文」は，これまでにない有用な情報で，今後研究を始める若い研究者にとっては刺激的かつ有意義な指針になると確信しています．

　このように，『CSJ カレントレビュー』はさまざまな化学の分野で読み継がれる必読図書になるように心がけており，年 4 冊のシリーズとして発行される予定になっています．本書の内容に賛同していただき，一人でも多くの方に読んでいただければ幸いです．

今後，読者の皆さま方のご協力を得て，さらに充実したレビュー集に育てていきたいと考えております．

　最後に，ご多忙中にもかかわらずご協力をいただいた執筆者の方々に深く御礼申し上げます．

2010年3月　　　　　　　　　　　　　　　　　　　　　編集委員を代表して
　　　　　　　　　　　　　　　　　　　　　　　　　　　　大倉　一郎

はじめに

　近年になって微小構造体に関する研究が進展し，金属や誘電体のナノ・マイクロ構造が光と強く相互作用することよって新たな物性が発現することが注目されるようになってきた．光による物質制御は，エネルギー変換，ナノ物質操作，光センシングなどのさまざまな技術の基幹をなすものであり，近代科学の進展とともに飛躍的な発展を遂げた．光は，それと相互作用する物質に多様な性質と機能を表出させる．このため，物質の電子状態の理解とあわせて，両者の相互作用の解明と制御は，近年活発な医療，再生可能エネルギー，環境，人工知能などの研究を支える物質科学研究における基幹的な位置付けをなしていることは明らかである．その発展を俯瞰すると，高次機能の発現に光と物質の相互作用を積極的に導入することは必要不可欠と思われる．

　光と物質の相互作用に基づき発現する状態の一つに，プラズモン励起が挙げられる．プラズモンは，物質内電子の集団励起状態として定義されるが，エネルギーの吸収，伝播，集中，そして変換において特徴的な振る舞いを示す．それらは金属ナノ構造体における局在表面プラズモンの効果的な光吸収，長距離伝播，シングルナノを越えるエネルギー局在として観測される．また金属ナノ構造を制御して分子と相互作用させることにより，効率的な化学反応や発光・散乱などの光機能が発現する．さらなる制御により，既存系の限界を越える機能発現が期待されている．

　もう一つの興味深い光と物質の相互作用には，光圧の発生がある．光照射によって光子の運動量が物質に転写される現象は，物質加工や細胞などの生体系マニピュレーション技術としてすでに広く用いられている．しかし，最近になって光源開発と物質の微細構造制御技術の高度化が進展し，ナノ領域において次々と新しい試みがなされ，新奇な現象が見いだされるようになってきた．その結果，光圧ナノ物質操作の技術が，新たな物質の構造と機能を創出するアプローチとして注目されるようになってきた．

　本書は，プラズモンと光圧研究に携わる研究者が物質合成から機能発現，精密計測，理論，社会実装までの広範な観点から記事を執筆した．それぞれ専門の主軸は化学や物理学にあるが，化学から工学，生物，医学，環境分野など異分野への波及効果を念頭においた研究の進展をわかりやすく記述することを心がけた．専門の研究者にはもちろん，加えてナノ物質科学に興味をもつ大学院生，他分野研究の最前線にいる基礎・応用研究者の方々の参考になれば幸いである．本書に書かれたプラズモンや光圧の原理，電子移動化学，分子制御，生体顕微計測，ナノ物質操作，光機能材料開発，新奇ナノ物性，化学エネルギー変換・貯蔵などの内容が着想のきっかけとなり，今後のナノ物質科学の発

展に資することができれば望外の喜びである．

　最後にこの場を借りて，化学同人の佐久間純子氏に謝意を表したい．佐久間氏の熱意に裏打ちされた細やかでかつ強靱な，そして辛抱強い支援がなければ本書が生まれることはなかった．心よりお礼申し上げたい．

2019 年 3 月

編集 WG 一同

CONTENTS

Part I 基礎概念と研究現場

1章 ★ *History*
002 時間分解・空間分解の化学を実現する光と金属ナノ構造体
増原 宏

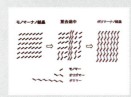

2章 ★ *Basic concept*
012 光を閉じ込めるナノ構造体の科学
三澤 弘明

3章 ★ *Interview*
026 フロントランナーに聞く
石原 一・岡本 裕巳・笹木 敬司・笹倉 英史
鳥本 司・三澤 弘明・村越 敬
聞き手：栗原 和枝

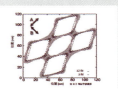

4章 ★ *Activities*
038 研究会・国際シンポジウムの紹介
三澤 弘明

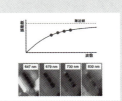

◆コラム
174　EXCON 2018
石原 一

CONTENTS

Part II　研究最前線

1章 光圧によるナノ物質操作と新しい
040　物質科学への展開　　　　石原 一

2章 プラズモン共鳴のエキゾチックな
048　時空間構造　　　　　　　岡本 裕巳

3章 光ナノシェーピングと
057　光圧トルク操作　　　　　笹木 敬司

4章 光圧のタンパク質化学への展開：
064　結晶化とアミロイド線維創成　杉山 輝樹

5章 光ナノピンセット
071　　　　　　　　　深港 豪・坪井 泰之

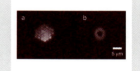

6章 プラズモニックチップを用いた
079　バイオイメージング　田和 圭子・細川 千絵

7章 驚異のプラズモニック超高感度
087　分子検出　　　　山本 裕子・伊藤 民武

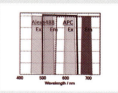

8章 局在型表面プラズモン共鳴とは
097　　　　　　　　　　　　　岡本 隆之

9章 可視・近赤外プラズモンナノ粒子
104　の設計・合成　　　　　　寺西 利治

10章 金ナノロッドの大量調製と
112　表面修飾　　　　　　　　新留 康郎

CONTENTS

Part II 研究最前線

11章 半導体量子ドットとプラズモン
120 材料の複合化による光機能の向上

亀山 達矢・鳥本 司

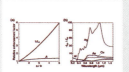

12章 大面積金属ナノ構造体の形成と
127 プラズモニックデバイスへの応用

近藤 敏彰・柳下 崇・益田 秀樹

13章 プラズモン誘起光電変換・
134 人工光合成

上野 貢生・押切 友也

14章 光と強く相互作用するナノ構造体
144 の応用展開

笹倉 英史

15章 表面プラズモン研究：
151 これまでとこれから

林 真至

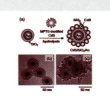

16章 表面力測定：マクロとナノ
159 からみる相互作用

栗原 和枝

17章 ナノ構造体による新しい
164 光吸収プロセスの開拓と利用

南本 大穂・李 笑瑋・村越 敬

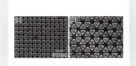

CONTENTS

Part III 役に立つ情報・データ

① この分野を発展させた革新論文 38　**176**

② 覚えておきたい関連最重要用語　**185**

③ 知っておくと便利！関連情報　**188**

索　引　*190*

執筆者紹介　*193*

カラー口絵出典　*196*

★本書の関連サイト情報などは，以下の化学同人 HP にまとめてあります．
→ https://www.kagakudojin.co.jp/search/?series_no=2773

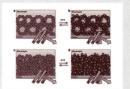

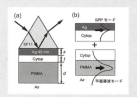

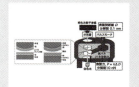

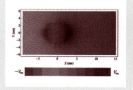

Part I

基礎概念と研究現場

Chap 1 History
時間分解・空間分解の化学を実現する光と金属ナノ構造体

増原 宏
(台湾・国立交通大学理学院)

1 はじめに

　光があってナノ構造が十分な役割を発揮し，ナノ構造こそが光の可能性を広げる，これが化学の新しいカレントを示すメッセージである．化学研究のあらゆる分野において光を駆使する研究が展開され，最近では金属ナノ構造が導入され，革新的な研究展開がなされている．まず光を駆使した化学研究がこの段階に至るまでの流れを，歴史的に振り返ってみよう．

　化学研究は通常，対象物に従って，無機化学，有機化学，金属化学，高分子化学などに分類される．また目的や注目する機能に従って，分析化学，触媒化学，界面化学，あるいは物理学の基本に立ち返って化学の概念や方法論を提案する物理化学に分かれる．光と金属ナノ構造体の研究は科学の全分野に関係するが，現段階ではとくに物理化学的側面が強い．物理化学は歴史的に構造・物性・反応の研究に分かれてきた．第一に，構造研究は分子の構造をどこまできちんと決められるか，化学結合の長さ，分子振動の周波数，核スピンの大きさなどなどを求める．また1分子の構造のみならず，分子結晶，集合構造を明らかにする．第二に，物性研究には，分子自身の性質を決める分子物性の研究と分子結晶，分子集合体の性質を明らかにする研究が含まれる．熱物性，電子物性，光学的性質，磁性研究がある．構造と物性の研究の価値基準は時代を超えて変わらない．これに比べて第三の反応研究は，社会，時代に応じて変わってきている．戦前はHD交換反応，写真反応，燃焼反応などが反応論として取り上げられ，戦後は光合成反応が脚光を浴び，最近では界面電子移動反応，水素発生反応，大気環境に関する反応研究にも注目が集まっている．

　反応研究の対象はあまりにも広く，拡散的で，その価値基準は時代の要請に依存しているように見える．しかし物理や生物などの自然科学研究のなかで，化学研究の最大の特徴は物質が変化していくその様を明らかにすることにある．物理化学的反応論は，反応を時間と空間の関数として解明する方法論を開発し，それらのダイナミクスとメカニズムを解明することで，その学問的要請に答えてきた．すなわち時間分解，空間分解の視点で反応を理解し制御しようとすることで，物理化学的反応研究として独自の高いポテンシャルを発揮してきた．

2 時間分解化学はフェムト秒からアト秒へ

　いうまでもなく化学反応は出発物から生成物までのいくつかの過程からなる．その途中の活性化状態，遷移状態，中間体を直接測定観察することができれば，化学反応を本質的に理解し，それに基づいて化学反応が制御できると考えられてきた．それを可能にする画期的な手法の一例として，1967年のノーベル化学賞に選ばれたEigenのストップドフロー法，Norrish，Porterのフラッシュフォトリシス法がある[1]．前者は反応する2種類の溶液を合流させで反応を誘起し，反応の進行を合流後の時間の関数として測定する．いま注目を集めているマイクロチャンネル化学の先駆けととらえることもできる．後者は時間分解可視紫外吸収分光のさきがけで，ポンプパルス光で反応を誘起し，プローブパルス光で，その進行過程を分光する．

　この時間分解分光のアイデアは，レーザーが開発

Chap 1 時間分解・空間分解の化学を実現する光と金属ナノ構造体

図1 又賀昇大阪大学名誉教授(左, 故人)とGeorge Porter博士(右, 故人)
(1996年, ヘルシンキにて, 写真は山崎巌北海道大学名誉教授のご提供による)

この年又賀教授はナノ, ピコ, フェムト秒分光による励起分子錯体と光電子移動の研究でポーターメダルを受賞し, IUPAC 光化学会議にて表彰された.

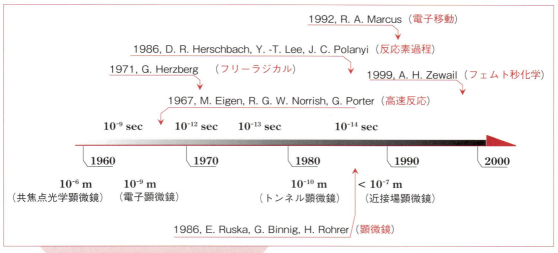

図2 時間分解と空間分解の化学にみる20世紀のノーベル賞

される20年くらい前に，イギリス海軍技術将校だったPorterが，無線の研究中に発想したものと聞いている．初期の時間分解能はミリ秒，マイクロ秒で，限られた物理化学の専門家が手作りの装置で奮闘していた．1967年のノーベル化学賞を機に，レーザーパルスをポンプ光とし，反応素過程を調べる研究は一般的に認められて急激に広がった．又賀の励起分子錯体や光電子移動の研究はその代表例である（図1）．今では有機化学者，光合成を調べる光生物学者，太陽電池の開発技術者も使う必須の手法の一つとなった．

時間分解能はナノ秒から，ピコ秒，フェムト秒へ，そして最近ではアト秒のタイムスケールで反応にかかわる分子ダイナミクスを調べる研究が進み，1999年にはZeweilのフェムト秒化学のノーベル賞受賞に至る[2]．彼の有名な分光測定例として気相分子の分子振動の位相を反映した分解反応があり，凝縮相のダイナミクスとしては，宮坂の光異性化反応がある[3]．また山内は，アト秒のタイムスケールで水素原子が分子中をマイグレートするダイナミクスを報告している[4]．これらの結果は，化学反応ダイナミクスとしてはきわめて初期の現象であり，時間分解能を上げて分子の構造変化を追うダイナミック分子構造の研究として評価を受けている．

空間分解化学は単一分子分光へ

時間分解で反応を見るように，空間分解で反応を観察したいという夢は当然ながら古くからある．空間分解で小さいものを極限まで見ようというのは化学に限ったことではなく，あらゆる世界で要求されていることで，最後は素粒子にたどり着く．分子の世界では電子顕微鏡の開発により，1分子を観察する仕事は，わが国でも盛んであった．1960〜1970年代には，1分子を見ることに成功したニュースが新聞をにぎわせた．その後，分子構造の直接観察はSTM（走査型トンネル電子顕微鏡）の開発により可能となった．STMのもつポテンシャルは高く，さまざまなプローブ顕微鏡の開発が進み，ナノサイエンス・ナノテクノロジー時代の開幕に貢献した．1984年Binnig, Rohrerは電子顕微鏡のRuskaと一緒に，ノーベル物理賞を受賞している．時間分解能，空間分解能を上げること自体が大きな課題だったので，1990年代まではそれぞれ別々に研究が行われていた．その分解能の向上と関連するノーベル賞を図2に示す．

1分子を電子顕微鏡，STMで直接的観察はできても，分子構造，電子構造の特性解析には分光を必要とするので，反応の理解は進まないと考える向きもあった．微小領域の光学測定には回折限界の問題があり，波長以下の大きさは分解して観察することはできない．可視光の場合は数百nmである．このサイズ以下で分光測定を可能にしようとするさまざまなトライアルがなされ，Hell, Moerner, Betzigの2014年のノーベル化学賞として結実した．その一つが，超解像光学顕微鏡による単一分子レベルの分光である．この種の手法により，1分子レベルでの反応解析は大きく前進しようとしている．

時間分解・空間分解の化学

2000年に入ったころからは，時間と空間の両方を同時に分解して反応を測定する手法の開発が進んだ．しかしながら多くの化学反応は，多様な素過程を複雑に構成するので，分解能を上げるだけでは解析も及ばない現象が多い．一方空間の視点で広く展開されてきた化学研究として，分子集合体，分子組織体，界面の設計，構成，解析，機能発現の仕事がある．いかに複雑な分子集合体を組み立てるか，いかに分子自身を自己組織化させるか，いかに界面が機能を発揮しているかを解明し，それをもとに新しい材料化を図る．國武らの時空間機能材料の研究はその代表例であるが，そこでは非線形，非平衡，開放系，不安定性，共同性，時間的発展，動的特性がキーワードになっている．すなわち空間特性は時間特性と相伴って，機能を発揮することが明快に意識されている．いうまでもなく自然における分子系のダイナミクスや反応の本質的理解はそこにあり，われわれ化学者にとってその代表的な対象は，光合成反応中心であろう．このような光と時間分解・空間分解の化学の研究の流れを示す科研費特定研究，特定領域研究，新学術領域研究を図3に示す．

ここで，時間と空間の両方の視点を同時にもって初めて理解できるダイナミクスとして，分子集合体

本多健一	1985～1986年度	太陽光による光合成の研究（エネルギー特別研究）
松浦輝男	1986～1988年度	光化学プロセス（特定研究）
小尾欣一	1994～1997年度	光反応ダイナミックス（重点領域研究）
國武豊喜	1996～1999年度	新高分子・ナノ組織体
増原　宏	1999～2001年度	単一微粒子光科学（特定領域研究）
藤嶋　昭	2001～2006年度	光機能界面（特定領域研究）
増原　宏	2004～2006年度	極微構造反応（特定領域研究）
入江正浩	2007～2011年度	フォトクロミズム（特定領域研究）
三澤弘明	2007～2010年度	光・分子強結合場（特定領域研究）
井上晴夫	2012～2016年度	人工光合成〔新学術領域研究（領域提案型）〕
宮坂　博	2014～2018年度	高次複合光応答〔新学術領域研究（領域提案型）〕
石原　一	2016～2020年度	光圧の科学〔新学術領域研究（領域提案型）〕
沈　建仁	2017～2022年度	光合成分子機構〔新学術領域研究（領域提案型）〕

図3　科研費プロジェクト研究にみる光関連化学研究の変遷（代表者，年度，課題）

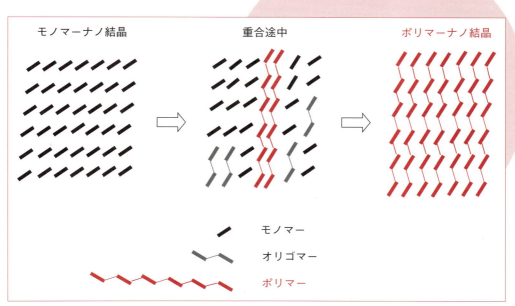

図4　ポリジアセチレン誘導体ナノ結晶における光重合過程の模式図

において光分子反応が形態変化をもたらす例を二つ紹介する．一つは光重合するポリジアセチレン誘導体モノマーの単一ナノ結晶の実験で，光励起に誘起される重合反応と結晶形状の変化を，それぞれ光散乱分光とAFM（原子間力顕微鏡）で測定したことである．光重合によりモノマーが順次，オリゴマーを経てポリマーになり，最終的にはナノ結晶の端から端まで1本の高分子鎖でつながっている．その結果を図4に模式的に示すが，結晶の形状変化を経て，ポリマーの単一結晶になる．結晶の重合反応は光照射に伴い順次進行するが，誘起される結晶形状の変化は，反応の進行に対応する散乱スペクトルの変化よりも遅れて現れる[5]．これは，オリゴマーの領域がいくつかカップルして初めて，ポリマーになると説明された．多くの固体光反応は励起光強度に非線形的に，協同的に進行すると思われるが，このように時間変化と空間変化を同時に観察して初めて，そのダイナミクスとメカニズムを理解することができる．

二つめの例は，レーザーアブレーションのダイナミクスを，さまざまな分光法とイメージング法を合わせて追跡する実験研究である[6]．フタロシアニンの色素の薄膜をつくり，パルス幅100フェムト秒のレーザーで励起する．ある強度以上の光量では，1ショットで数十nmの深さの穴が開くが，光のエネルギーがどのように変換されて，最後に固体がばらばらに小さなナノ粒子となって飛散するか，その時間発展過程を直接観察した．飛散には時間がかかるので，初期のナノ秒以前の過程は分光法できちんと測ることができる．高密度に励起状態が生成し，励起状態同士が相互作用して，基底電子状態における振動励起状態に変換される．激しい分子振動，格子振動のために，励起された領域は爆発的にばらばらにナノ粒子として飛散する．吸収された光エネルギーがナノ粒子として飛び出し，ナノスケールの加工が起こる過程を測定法とともに描いたのが図5である．

いずれの実験も吸収された光エネルギーが，反応を経て形態変化に時間発展する様子を，分光とイメージングの両者で直接測定観察することに成功している．前者の結晶，後者のフィルムはナノサイズであるがゆえに，均一励起と形状観察が可能になっ

た．ナノ物質の時間分解・空間分解の化学は，従来のアプローチでは得られない新しい反応研究となっている．これらの反応は光励起強度に非線形的に依存して進行し，競争する緩和過程がある場合は，光強度に関して閾値をもつ．これまで非線形性は光強度についてのみ強調されてきたが，ナノ物質における分子の会合数により，反応現象が変わってくることも示されている．すなわち光子数のみならず，会合分子数にも依存し，分子数が増加するとより反応が起こるようになる．したがってナノ物質の光反応は，多光子多分子反応として解析して初めて，そのメカニズムを理解することができる．

5　光と金属ナノ構造体の化学

光はエネルギー源として，高速高感度で分子の構造や性質を測る分光学的手段として使われているが，対象が小さくナノサイズになると励起効率も下がり，分光測定も困難になる．しかしこの光とナノの世界に金属ナノ構造を導入すると，化学の研究のまったく新しい可能性が拓かれる．光の波長以下の小さい金属ナノ構造体に光を照射すると，金属中の多数の電子が光と同位相で振動し，その光を周囲に発するアンテナの役割を果たす．金属ナノ構造体は，容易に検出され，そして新しい機能を発現するナノ物質と捉えられる．光によるナノ熱源としても使えるので，新しい応用が拓かれている．またナノ構造体の周囲の分子の吸収，発光，散乱の効率を高めるため，分子検出の感度が上がり，光反応の収率を高める．単一分子の分光も詳しく検討されている．このような研究は化学の世界ではプラズモン化学とよばれ（図6），物理化学からはもちろん，あらゆる物質が研究対象となっている[7]．

金属ナノ構造体を自由に設計すれば，光を自由に操作し，光を駆使して物性や反応を制御する道が拓かれることになった．エレクトロニクスで必要不可欠なマイクロ・ナノファブリケーション技術を使い尽くせば，ナノ構造体を自在に設計製作することができる．光と金属ナノ構造体の相互作用に基づき，光もまた自由にシェイピングできる時代が来つつある．金属ナノ構造体は，今ではエネルギー変換，センサー，デバイス，バイオセンシング，光治療など

Chap 1　時間分解・空間分解の化学を実現する光と金属ナノ構造体

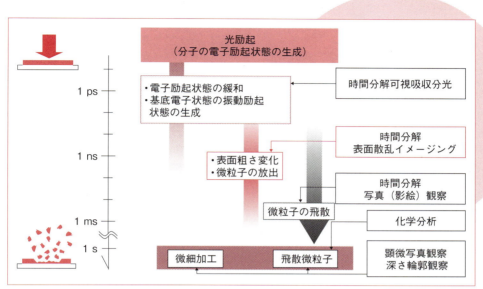

図5　ナノ薄膜におけるフェムト秒レーザー励起からアブレーションに至る時間発展

図6　プラズモン化学の創始者 Mostafa A. El-Sayed 教授（2014年，アトランタにて）

左より，中桐伸行博士（増原さきがけ技術参事），El-Sayed 教授，筆者，三澤弘明教授（北海道大学電子科学研究所）

図7　光圧研究の開祖 Arthur Ashkin 博士
（1990年，ベル研究所にて）

左より，喜多村曻教授（北海道大学理学院），三澤弘明教授（北海道大学電子科学研究所），Arthur Ashkin 博士，Edward E. Chandross 博士（ベル研究所）．増原極微変換プロジェクト編『マイクロ化学』（化学同人，1994年）より転載．

の多くの科学技術に展開されているので，プラズモン化学の研究は光を使う科学技術の新局面を拓きつつある．

光圧の化学

光は反応を誘起する光源，反応を測定する光源として使われるのみならず，微小物質を力学的に動かすことができる．光が対象物体に力を及ぼすという現象は，古くは Newton，Maxwell の時代から，多くの知識人，研究者の興味の対象となってきた．19世紀末にはロシアの Levedev が，光には圧力があることを証明する実験に成功している．数年後には夏目漱石の知るところとなり，彼の小説「三四郎」に，光の力を測る実験のくだりが書かれている．Maiman がレーザーの発振に成功する 60 年以上前のことである．今ではレーザー光を顕微鏡下に集光することにより，光圧とよばれるこの力を，焦点に容易に誘起することができる．この力を駆使してピンセットで微小物質をつまむように，自在に動かせるので，光ピンセットの実験とよばれる．1986 年に Ashkin によりその実証がなされ，彼は 2018 年のノーベル物理学賞に輝いた（図7）．

この光圧による化学の研究は，1988 年に ERATO 増原プロジェクトが新技術開発事業団（現 JST）の創造科学推進事業としてスタートした．光学顕微鏡に 1064 nm レーザー光を集光し，溶液中の高分子微粒子の捕捉，操作，配列，微細加工の実験研究の先鞭をつけた（図8）．また溶液中のマイクロメートルサイズの単一微粒子，単一液滴，単一結晶を一粒ずつ焦点に保持し，時間分解蛍光分光，時間分解可視吸収分光，レーザー発振，電気化学的反応，接着，光重合，パターニングなどの研究を展開した．表1にその一覧を示す．光圧を駆使した化学の探索研究は世界にさきがけてわが国で行われ，1993 年までのその成果は『マイクロ化学』（化学同人，1993 年）にまとめられている[8]．

1990 年代中ごろから光圧化学研究の対象は，単一微粒子・単一液体から溶液中のナノ粒子，高分子，生体分子，分子クラスターに移った．これらは集光レーザービームのサイズより小さいので，多数捕捉され，ポテンシャル内で集合，会合，光重合折出

（図9），組織化を示す．光圧特有の相転移，析出，配列などのダイナミクスを，ナノ粒子や高分子のサイズ，構造と関連付けて分子論的に論ずることができるようになった[9]．通常光ピンセットの実験は液中で行われてきたが，最近では溶液表面，固体・溶液の界面，液々界面で，光圧特有の化学現象が誘起されることが明らかになってきた．なかでも溶液表面で光圧を印加し分子の結晶化を図る実験は，光を照射したときに，照射した場所から，単結晶を 1 個だけ生成することに成功している[10]．これは，結晶化ダイナミクスとメカニズムの時空間解析を可能とするものとして注目されている．また物理化学的には，光圧に誘起される分子現象を力学計測，物理計測，分光計測をしながら分子論的電子論的に解明する研究や，分子やナノ粒子が集合して構造を形成するダイナミクスを調べ（図10），材料化への展開を図る研究が盛んになっている．

ここで，光の力を使った化学を"光圧の化学"と述べたが，光圧の意味するところを少し整理しておこう．電磁気学として説明される力は，歴史的には放射圧あるいは輻射力とよばれている．英語では，Radiation Pressure, Radiation Force, Optical Pressure, Optical Force である．さらに詳しく力の起源に従い，Gradient Force, Scattering Force, Absorption Force, Resonance Force に分類される．しかしながら現象から出発して考えると，放射圧が主であったとしても，純粋に放射圧だけに基づいて説明できる場合は少ない．対象物質が光を吸収すると，光子がもっていた運動量が物質に移動するので，吸収力が働く．また強い光を集光するので，対象となる微小物質のみならず，媒体が 1 光子，多光子吸収を起こし，振動緩和して局所温度上昇をもたらす．これが対流を誘起し，物質を動かす．また，これらが相まって対象物質に力を及ぼす．光圧は，熱的な効果を別にして，輻射力，散乱力，勾配力，吸収力など電磁気学的に説明できる力を統合した現象を表す言葉として定義してはどうかと考えている．

光圧と金属ナノ構造の化学

先に述べたように，光を金属ナノ構造に集光することにより，まったく新しい現象を引き起こすこと

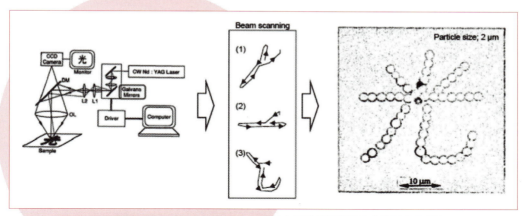

図8 光圧を誘起するレーザーを操作し，描いた高分子微粒子の水溶液中のパターン
（左）光を走査するガルバのミラーを含む光学系，（中）文字「光」のパターンを描く手順，
（右）2 μm 高分子微粒子のパターン〔参考文献：Keiji Sasaki, Masanori Koshioka, Hiroaki Misawa, Noboru Kitamura, Hiroshi Masuhara, *Optics Letters*, 16, 1463(1991)〕．

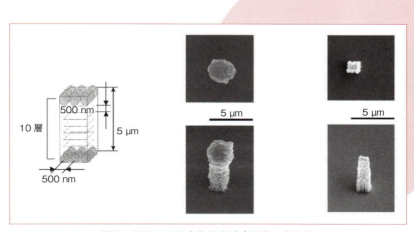

図9 光圧による高分子光重合固体の微細化
（左）500 nm ごとに三次元照射し構造体をつくるモデル，（中）光重合を開始する紫外光のみ照射，（右）光圧を誘起する近赤外光と光重合を開始する紫外光を同時照射．電子顕微鏡写真を比較すると，光圧により重合物の拡散が抑えられ，モデルに近い構造体が作製されている．〔参考文献：Syoji Ito, Yoshito Tanaka, Hiroyuki Yoshikawa, Yukihide Ishibashi, Hiroshi Miyasaka, Hiroshi Masuhara, *J. Am. Chem. Soc.*, 133, 14472(2011)〕．

ができる．図11に金ナノ粒子の捕捉ダイナミクスを示す．金ナノ構造で位相，偏光を変え，この制御した光で光圧を誘起すれば，化学の新しい研究手法になり，新しい物質制御の道を拓くことができる[11]．たとえば，金属ナノ構造の周囲の限られた領域に光圧を印加できれば，1分子のみを捕捉し分光することができるであろう．局所的に強く円偏光を誘起することができるので，顕微分子分光に新局面を拓くことができる．光圧が結晶化を誘起することは系統的に行われてきたが，この金属ナノ構造と組み合わせることにより，キラル結晶化のデモンストレーションが行われている．これらの研究は，国内では日本化学会年会，光化学討論会，応用物理学会，物理学会などで発表されている．

8 おわりに

一般に光科学技術は，電気，電子，化学，機械，医学，農学，生命にかかわる科学技術と並び称されて比較されるが，基本的な学理と応用展開を与える点で，光科学技術は圧倒的に優れている．光科学技術の学理は，光と物質の相互作用に基づいて説明され，応用もまた原子，イオン，分子の電子状態，電子のダイナミクス，それにより誘起される構造変化として理解される．他のどの科学技術も物質を対象としている限り，その学理は最終的には原子，イオン，分子の電子の振る舞いとその変化に帰属される．したがって光科学技術で提案開発された概念や方法論は，科学技術一般に新しい発想を与えている．

本章で述べてきた時間分解・空間分解の化学を視点とした物理化学的な反応研究は，光を駆使した分子の光科学技術の研究と見なされる．金属ナノ構造を導入することにより，光の役割をさらに大きく，光自身の特性も変え，光と物質の相互作用を制御できるので，まったく新しい展開が期待されている．また化学研究の新しい方法論として，また概念として光圧が注目を集めていると述べたが，この光圧もまた金属ナノ構造により増強し，制御することができる．したがって，光と金属ナノ構造体を駆使した光科学技術のインパクトはきわめて大きく，その展開から目を離すことはできない．

◆ 文 献 ◆

[1] (a) "The Life and Scientific Legacy of George Porter," ed. by D. Phillips, J. Barber, Imperial College Press (2006); (b) G. Porter, "Chemistry in Microtime: Selected Writings on Flash Photolysis, Free Radicals, and the Excited State," Imperial College Press (1997).

[2] A. H. Zewail, "Femtochemistry: Ultrafast Dynamics of the Chemical Bond," Vol. 1 & 2, World Scientific (1994).

[3] 宮坂 博，科研費・新学術領域研究「高次複合光応答分子システムの開拓と学理の構築」，『第8回公開シンポジウム要旨』(2019)．

[4] H. Xu, C. Marceau, K. Nakai, T. Okino, S.-L. Chin, K. Yamanouchi, *J. Chem. Phys.*, **133**, 071103 (2010).

[5] T. Asahi, V. V. Volkov, H. Matsune, H. Kawai, H. Masuhara, *Proc. Electrochem. Soc.*, **PV 2004-22**, 150 (2006).

[6] Y. Hosokawa, M. Yashiro, T. Asahi, H. Masuhara, *J. Photochem. Photobiol. C. Chem.*, **142**, 197 (2001).

[7] 三澤弘明，科研費・特定領域研究「光–分子強結合場の創成」研究成果報告書 (2011).

[8] 増原極微変換プロジェクト 編，『マイクロ化学—微小空間の反応を操る』，化学同人 (1993).

[9] "Organic Mesoscopic Chemistry (IUPAC 21st century chemistry monograph)," ed. by H. Masuhara, F. C. De Schryver, IUPAC monograph, Blackwell Science (1999).

[10] T. Sugiyama, K. Yuyama. H. Masuhara, *Accounts Chem. Res.*, **45**, 1946 (2012).

[11] 石原 一，科研費・新学術領域研究「光圧によるナノ物質の操作と秩序の創生」，『第3回公開シンポジウム要旨集』(2019)．

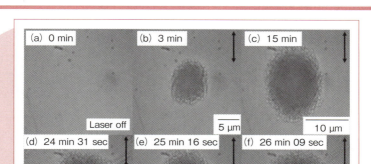

図10　光圧による高分子ナノ粒子の捕捉集合ダイナミクス

ガラス・水溶液界面における現象．照射時間とともに中心部に規則正しい配列を示す構造は大きくなるが，その周辺のナノ粒子は動き回っており，ときどき特定の方向にホーンのように伸びて配列する．中心部の1 μmにのみに集光されている捕捉光は，ナノ粒子により散乱，伝搬，干渉により拡大している．〔参考文献：Tetsuhiro Kudo, Shun-Fa Wang, Ken-ichi Yuyama, Hiroshi Masuhara, *Nano Lett.*, 16, 3085（2016）〕．

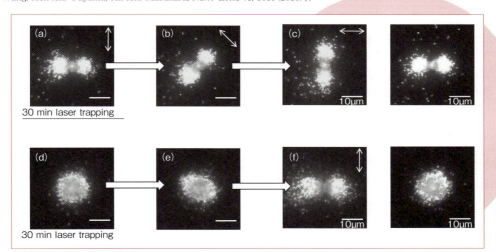

図11　光圧による金ナノ粒子の捕捉集合のダイナミクス

(a)～(c) 両方矢印で示す直線偏光の捕捉光を左へ回転，(d)～(e) 円偏光を右へ回転，(f) 円偏光を直線偏光へ，そして円偏光へ．ガラス・水溶液界面における中心に位置する焦点1 μmから双極子散乱により広がった1064 nm光に捕捉され動き回り蜜蜂の群れのようなスワーミング状態を示す金ナノ粒子．〔参考文献：Tetsuhiro Kudo, Shang-Jan Yang, Hiroshi Masuhara, *Nano Lett.*, 18, 5846（2018）〕．

表1　光圧による単一微粒子，単一液滴の化学

方　　法	現象・得られる情報
光捕捉・蛍光分光法	濃度決定，濃度分布の実測，溶媒和ダイナミクス，レーザー発振
光捕捉・加工法	切断，アブレーション，ゲル化
光捕捉・電気化学	電子移動，質量移動，反応の空間制御
光捕捉・吸収分光法	光反応，光イオン化，光重合，光接着

Chap 2
Basic Concept

光を閉じ込めるナノ構造体の科学

三澤 弘明
(北海道大学電子科学研究所)

はじめに

ビッグデータや人工知能(AI)など,情報科学分野における研究の目覚ましい進展が,大きく社会を変えようとしている.たとえば,車の自動運転,動画顔認証技術によるパブリックセーフティ,そして医師による診断のサポートなど,従来人間にしかできなかったことが,AIに取って代わられようとしている.化学の研究分野においてもこれらの情報科学技術が大きな影響を与えると考えられている.論文で発表されているあらゆる有機化合物の合成法に関する膨大な情報をデータベース化してAIに学習させれば,研究者が合成したい化合物をどうやって合成するかを考える必要はなくなり,AIが最も効果的な合成経路を示してくれる時代が近い将来やってくるであろう.もちろんデータベース化するためには情報を数値化する必要があり,複数の元素を含み,複雑な立体構造をもつ有機化合物の情報をどのように数値化するかという困難はあるものの,いずれはそのような問題は解決され実現されるに違いない.

情報科学に関する研究の進展がさまざまな分野の研究開発に影響を与えているように,ある研究分野の発展が他の研究分野に大きな影響を与えることはしばしば起きる.筆者が専門としている光化学分野においても,1960年のレーザーの発明は光化学研究に大きな影響を与えた.光化学反応は,分子が紫外光や可視光を吸収することによって基底状態の電子がエネルギーの高い励起状態に遷移し,その励起状態から誘起される化学反応のことである.励起状態は電子的には不安定な状態であるため,図1に示すように励起された電子はある寿命をもって基底状態に戻ったり(励起状態の緩和過程),励起寿命内に他の分子と電子の授受を行ったり,または励起エネルギーを他の分子に移動したりする.このような分子の励起状態の挙動を解明するためには,励起状態の寿命より短い時間の光パルスを照射して励起状態を生じさせ,励起電子の挙動を観測することが不可欠である.水銀灯やハロゲンランプなどの通常光源をパルス化することには限界があるが,光の位相が揃っているレーザーの短パルス化はその発明以来着実に進められ,可視波長域のレーザー光であれば,現在,数フェムト秒(1×10^{-15}秒)のパルスを作り出すことが可能となっている.これらの超短パルスレーザーの開発によって,励起分子の挙動の解明は大きく進展した.

1990年代に目覚ましい進化を遂げたナノテクノロジーもレーザーと同様,さまざまな分野に大きな影響を与えた.光化学の研究もその分野のひとつであろう.それについて以下に簡単に説明しよう.従来,光化学という学問領域においては,その名前の「光」と「化学」という二つの単語のうち,「化学」,すなわち分子・物質に焦点が当てられてきた.分子の電子構造の違いによって励起状態の挙動や,励起状態から誘起される化学反応がどのように変化するか,また制御できるかということを研究するのが主流であった.しかし,ナノテクノロジーを駆使して作製した金属ナノ構造が示すプラズモン共鳴という現象は,光を「近接場」という状態で時間的にも空間的にも金属ナノ構造中の局在したナノ空間に閉じ込めることを可能にした.つまり,光化学の研究者は,見たこともない新たなナノメートルサイズの光を手に入れたのである.この光のサイズは一般的な分子のサイズと同等で,究極的には光の電場の波動と分子中の電子の波動との空間的な重ね合わせを制御する

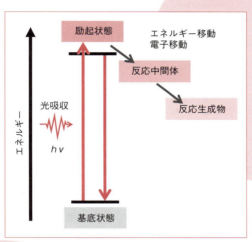

図1　光化学反応のエネルギーダイアグラム

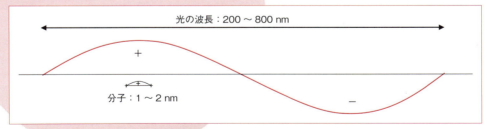

図2　通常の光電場の位相による分子の電子励起の模式図

ことも可能になる．これは，光化学反応を「光」という切り口によって制御できることを意味している．本章においては，金属ナノ構造が示すプラズモン共鳴という現象を平易に解説し，そのプラズモン共鳴によって生じる「近接場」を用いた光化学研究と，その未来について概観する．

2 新たな光化学研究を先導するナノメートルサイズの光「近接場」

プラズモン共鳴に関する説明をする前に，光のサイズが分子のサイズと同程度となることが，そんなにすごいことなのか？ という疑問に答えておこう．まず，分子のサイズと光の波長との関係について考えてみよう．

光化学に利用される一般的な分子のサイズは，高分子を除けば 1〜2 nm 程度であり，分子を励起するための紫外光や可視光の波長と比べるとそのサイズは 100 分の 1 以下である．すなわち，分子の中の電子の波動から見ると，光の電場（波動）はとてつもなく広がっており，図 2 に示すように位相の変化（プラス・マイナス）はほとんどなく，のっぺりした電場にしか見えない（長波長近似とよばれる）．ザックリ言ってしまえば，分子中のある状態の電子の波動関数が奇関数の場合には，のっぺりした光電場の位相によって励起することは可能であり，許容遷移となるが，偶関数の場合は，プラスとマイナスが相殺してしまい励起することができず，禁制遷移となる．もし，光を分子と同じぐらいのサイズにまで絞り込むことができれば，分子中の電子の波動から見て光電場は同じような波動に見えるはずであり，分子中の電子の波動と光の波動との位相をうまく合わせることができれば，通常の光照射では禁制遷移であっても，ナノメートルサイズの光を使えば励起することが可能になる[1]．もし，普通のレンズを使って光を分子とほぼ同じサイズにまで絞り込むことができれば，金属ナノ構造の近接場を使う必要もないのであるが，光のもつ波動性から，回折限界とよばれるものがあり，普通のレンズを使って光をその波長の半分以下のサイズに絞り込むことは原理的にできない．すなわち，光をナノメートルのサイズまで小さく絞り込むためには，近接場を利用するのが好

都合であり，通常の光では励起することができなかったあらゆる電子状態を励起し，反応制御を行う新たな研究へのチャレンジを近接場は可能にすると期待されている．

プラズモン共鳴によって誘起される近接場は，その空間的な特徴のみならず，時間的な特性にも通常の光源から放たれた光とは異なる優れた特性があり，それについてもここで触れておこう．光が分子と相互作用する時間は，光速と分子のサイズから求めることができるが，およそ 0.1 fs（フェムト秒 = 10^{-15} 秒）である．一方，近接場は，数フェムト秒から 10 フェムト秒程度金属ナノ構造に存在し続けるため，その近傍の分子は，普通の光照射に比べて数 10 倍長く光電場を感じることになる．つまり，近接場の近傍に存在する分子は，通常の光照射に比べて高い確率で光励起されるのである．

このように，プラズモン共鳴により生じたナノメートルサイズの近接場は，分子にとって空間的にも，時間的にも，普通の光とは全く異なる外部刺激，励起源となる．つまり，近接場を生み出す金属ナノ構造は，時間的・空間的に制御された「光」との相互作用を可能にする新しい光反応場として利用できることを意味している．まさに光化学の研究分野に新たな地平を拓くきわめて挑戦的な研究になると考えられる．論文検索からもそれは確認することができ，図 3 に示すようにキーワード「Plasmon」の中に含まれる「Chemistry」と「Material Science」を検索すると 1990 年代より論文数が増大し，2018 年では 2000 年に比べて約 10 倍増加していることがわかり，まさに注目されている研究分野であることが示されている．

3 プラズモン共鳴は身近なところに存在している！

ここまで，プラズモン共鳴という現象を詳しく説明せずに，それが光化学研究に与える影響や，可能性について述べてきた．化学を専攻しようとする，またはすでに専攻している学生諸君にとって，「プラズモン共鳴」という言葉自身，聞き慣れない専門用語だと思う．そこで，理解しやすくするために，まず身近にあるプラズモン共鳴について説明しよう．

Chap. 2 光を閉じ込めるナノ構造体の科学

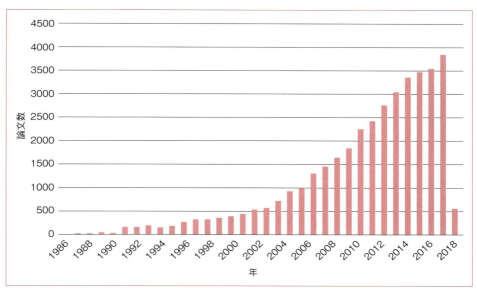

図3 ISI Web of Science において，キーワード「Plasmon」の中に含まれる「Chemistry」と「Material Science」分野の論文数の変位

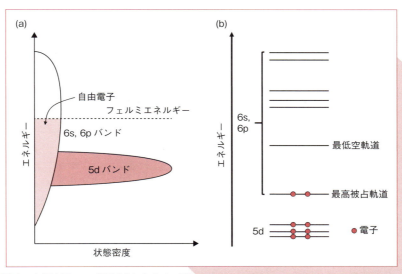

図4 直径が3 nm 程度以上の金ナノ微粒子のエネルギーバンド図(a)，直径が1〜2 nm 以下の金ナノ微粒子（ナノクラスター）のエネルギーダイアグラム(b)

たとえば，教会などでよく見かけるステンドグラスは，このプラズモン共鳴によって発色している．また，赤や青に着色したガラスと透明なガラスを貼り合わせ，着色したガラスの表面に彫刻を施した江戸切子や，薩摩切子とよばれるカットガラスのおしゃれなワイングラスやショットグラスを見たことがある人も多いと思う．これらのグラスの色もプラズモン共鳴によって発色しているのである．ステンドグラスや，切子に使われているガラスを発色させるプラズモンの正体は，金や銀のナノ微粒子中の自由電子が光と相互作用したときに現れる現象であり，「プラズモン共鳴」という用語は知らなくてもその現象を目にした人は多いだろう．

　実は，人類は，透明なガラスに金や銀のナノ微粒子の元になる化学物質を混ぜるとガラスが発色することを，かなり昔から知っていたと思われる．遡ること古代ローマ時代の紀元 300 年頃には，当時の職人によってガラスの発色技術が駆使され，光の当て方によって色が変化するガラスが作られている．もちろん，このガラスの発色技術は，当時の最先端技術であったに違いないし，多くの人を魅了したことであろう．当時作製され，唯一ほぼ完全な形で保存されている「リュクルゴスの杯」とよばれるグラスが，現在ロンドンの大英博物館に収蔵されている．リュクルゴスの杯の正面から光を当てると，化学実験でも用いられるメノウ乳鉢のような薄緑色になるが，背面から光を当てると鮮やかな赤色になる．当然，古代ローマ時代の職人達は，ガラスの中に金や銀のナノ微粒子が形成され発色するというメカニズムは理解していなかったであろう．その後，長い間，このガラスの発色原理は理解されないまま，ステンドグラスや切子などに応用されてきたのである．

　この発色の原理を科学的に初めて解明したのは，電気化学や電磁気学の研究でも有名なイギリスの Michael Faraday（マイケル・ファラデー）である．ファラデーは，1857 年に塩化金酸を二硫化炭素により還元することによって金コロイドが生成して赤に発色すること，また生成した金コロイドのサイズによって色が変化することを明らかにしたのである[2]．リュクルゴスの杯も 1990 年代にその破片が分析され，金と銀のナノ微粒子が含まれていることが明らかになり，その発色の謎が解明されたのである．

4　自由電子とプラズモン共鳴

　最初に，プラズモン共鳴には異なる二つのタイプがあることについて述べておこう．一つは「伝搬型のプラズモン共鳴」，もう一つは「局在型のプラズモン共鳴」とよばれるものである．伝搬型とは，ガラスなどの平滑な基板の上に蒸着法などによって成膜した金や銀の薄膜上に生じるプラズモン共鳴であり，このプラズモンは薄膜上を伝搬するため「伝搬型」という．一方，局在型とは，化学的な合成法や，半導体微細加工法によって作製されたナノメートルサイズの金属微粒子表面上に生じるプラズモン共鳴であり，プラズモンは伝搬せずにナノメートル程度の空間に局在するためにそうよばれる．本章で述べるのは主に後者の局在型の表面プラズモン共鳴であり，とくに断らない限り本章では局在型を「プラズモン共鳴」とよぶことにする．また，プラズモン共鳴を利用した光反応場としては，化学的に安定な金のナノ微粒子が広く用いられているので，金ナノ微粒子を例にして局在プラズモン共鳴について概説する．

　プラズモン共鳴を示す金ナノ微粒子のサイズは，直径が 3 nm 程度以上である．直径が 3 nm 以上の場合は，多数の金原子が微粒子内に存在しているため，少数原子からなる分子とは異なり，電子準位は離散的な準位とはならず連続準位となる．このように連続した準位をエネルギーバンドとよぶ．エネルギーバンドは 1 種類ではなく，同じ軌道どうしが相互作用し，それぞれのエネルギーバンドを作る．図 4(a) に示すように金ナノ微粒子には，6s 軌道，および 6p 軌道によって作られるそれぞれのエネルギーバンドが重なる部分があり，6s エネルギーバンドの電子が空の 6p エネルギーバンドに移ることによって自由電子となり，金ナノ微粒子の中を自在に動くことができる．また，5d 軌道によるエネルギーバンドの電子は束縛電子となる．図 4(a) の中のフェルミ準位は，大雑把にいえば，電子がどこまで詰まっているかを示すエネルギーのことである．一方，直径が 1〜2 nm 以下の金ナノ微粒子（金ナノクラスター）では，金原子どうしの相互作用によって分子のような離散的な電子準位が形成され，電子はその

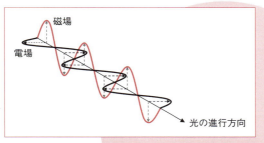

図5 電場と磁場が直交して振動しながら伝わる電磁波(光)

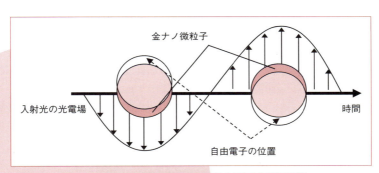

図6 金ナノ微粒子における自由電子の集団振動

準位に入るため，自由電子は存在しない〔図4(b)〕．プラズモン共鳴は自由電子の集団運動であるため，プラズモン共鳴には自由電子が必要であり，したがって，金ナノ微粒子の直径がおよそ3 nm以上でなければプラズモン共鳴を観測することはできない．

さて，アルゴンのような気体を圧力の低い容器に閉じ込めて静電場や振動電場を印加すると，アルゴンから電子が引き剝がされて，正電荷（陽イオン）と負電荷（陰イオン）がばらばらとなるプラズマが生じる．このプラズマに振動する電場を照射すると，正電荷は質量が大きいためほとんど動かず，負電荷（電子）のみ往復運動（振動運動）する．このようなプラズマは固体の中でも存在する．前述した金ナノ微粒子内の自由電子は，原子核の正電荷の束縛を受けずに微粒子内を自由に運動しているため，プラズマ状態といえる．ここで金ナノ微粒子表面付近においてばらばらに運動している自由電子に光が照射された場合を考えて見よう．光は図5に示すように，電場と磁場が直交し，振動しながら伝わっていく．したがって，光が金ナノ微粒子に照射されると，気体のプラズマと同様に，振動している光の電場によって図6のように自由電子の集団的な振動運動が誘起される[3]．

5 プラズモン共鳴が生じるメカニズム

金ナノ微粒子中の自由電子の集団的な振動運動には，振動しやすい固有の振動数が存在し，これを固有振動数とよぶ．また，このような自由電子の振動運動を「プラズマ振動」，その固有振動数を「プラズマ振動数，またはプラズマ周波数」とよぶ．自由電子の固有振動の場合は，集団的な振動運動によって自由電子の偏在が生じるので疎密波（縦波）となるが，図7に示したギターの弦の振動（横波）と同様に，基本振動，2倍振動，3倍振動，……と金ナノ微粒子の中に生じる波の腹の数が整数の「固有振動」が存在する．逆に，整数ではない固有振動は存在できない．もし，照射した光の振動数が，この金ナノ微粒子の自由電子の集団振動の固有振動数とぴったり合えば，非常に強い自由電子の集団振動が誘起される．もちろん，基本振動だけでなく，2倍振動，3倍振動も励起できるが，当然のことながら基本振動よりエネ

ルギーの高い，すなわち波長の短い光の照射が必要になる．これらは強制振動，共振，または共鳴などとよばれる現象であり，これが「局在表面プラズモン共鳴」である．基本振動，2倍振動，3倍振動と，分子の電子状態と同じように連続ではなく離散的なエネルギー状態となり，量子的な振る舞いをするため，「プラズモン」とよばれるのである．また，この固有振動数，すなわちプラズモン共鳴波長は，金ナノ微粒子のサイズ，形状，微粒子の周りの媒体の誘電率，などのパラメータにより決まる．

さて，金属ナノ微粒子表面の中心付近では，たとえ自由電子が振動運動によって移動しても，近傍の別な電子がその場所に速やかに移動してくるために，電気的な中性は保たれる．しかし，金属ナノ微粒子の両端（空気や他の媒質との界面）においては，界面であるために電荷の中和が起きず，電荷密度の偏り（正電荷や負電荷，またはプラスやマイナス）が光の振動数の速さで変化する（図6）．したがって，図6で示す球形の金ナノ微粒子のプラズモン共鳴における基本振動では，正電荷と負電荷は金属ナノ微粒子の両端に局在することになる．

6 プラズモン共鳴と近接場

これまで説明してきたようにプラズモン共鳴とは，入射した光の振動電場によって金ナノ微粒子表面の自由電子が集団的な振動運動を起こすことである．このような自由電子の振動運動によって，図8(a)に示す新たな電場が生じる．入射光の電場は振動している振動電場であり，位相は時々刻々と変化するため，図8(b)のように位相が逆転すれば自由電子の偏りが反転し，電場のプラスとマイナスも逆転する．金ナノ微粒子上に形成したこのような電場の振動によって電磁場，すなわち「光」が生じる．この電磁場は金ナノ微粒子表面の電子の集団振動によって形成されるため，通常の光とは異なり自由空間を伝搬することはできず，金ナノ微粒子の表面近傍にしか存在することができないことから「近接場」とよばれる．

金ナノ微粒子上に発生する近接場の空間分布は，電磁場解析法の一つである時間領域差分法（Finite-difference time-domain method：FDTD method）

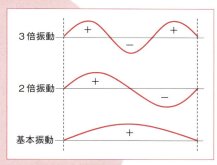

図7　固有振動の概念図

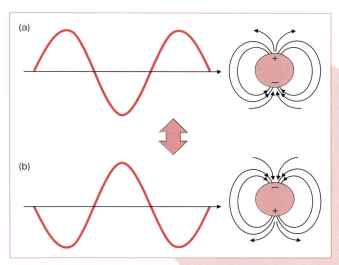

図8　自由電子の振動電場によって形成される近接場の略図(a)，(a)の入射光の位相が逆転した略図(b)

を用いて計算することができる．図9に酸化チタン基板上に作製した長方形の金ナノ構造の長軸方向に共鳴するプラズモンを励起したときに発生する近接場の空間分布を，FDTD法によってシミュレーションした結果を示す．この図から明らかなように，プラズモン共鳴を用いれば，照射した光を「近接場」に変換して数ナノメートルの大きさの空間に閉じ込めることが可能である．さらに，プラズモンを励起するために照射された光は，図9のようなナノメートルサイズの金ナノロッドであれば，前述のように約0.1 fs（フェムト秒 = 10^{-15}秒）程度で通過してしまうが，それによって生じた近接場は，自由電子の集団運動が乱れる（位相緩和）まで存在し続ける．一般的に，金ナノ微粒子の位相緩和時間は5〜10 fsである[4]．すなわち，これは金ナノ微粒子に光を近接場として50〜100倍程度長く時間的に閉じ込められることを意味している．つまり，プラズモン共鳴によって生成する近接場により光を空間的，時間的に閉じ込めることが可能であり，照射した光の数桁倍にも及ぶ光強度をナノ空間に発生させることができる．この現象をプラズモン共鳴による光電場増強とよぶ．

プラズモン共鳴を用いた光化学反応

プラズモン共鳴によって誘起される光化学反応は，大きく分けて次の二つのタイプに分けられる．一つは，プラズモン共鳴による光電場増強を利用し，近接場と分子の相互作用をきわめて高くすることによって実現する光化学反応である．もう一つは，プラズモンが位相緩和するときに生じるホットエレクトロンと，ホットホール（これらをまとめてホットキャリアとよぶこともある）を利用する酸化還元反応である．これらについてのそれぞれのメカニズムを以下に述べる．

光電場増強は，どのように光化学反応に利用できるのであろうか？ まず，光化学の基礎となる基底状態分子の光吸収はどれほどの確率で生じ，励起状態の分子を生成するのか考えてみよう．この励起確率は，分子のもつ吸収断面積というパラメータによって決まる．一般的な分子の吸収断面積は，およそ 1×10^{-15} cm² である．これに対して，光化学でよく用いられる紫外〜可視光線の波長（300〜800 nm）の光は，前述のように理想的なレンズを用いても波長の半分のサイズにしか絞り込むことができない．筆者の経験から，市販されている高性能な対物レンズを用いて紫外〜可視光を絞り込んでも，さまざまな条件から実際には波長の半分のサイズに絞り込むことは難しく，約1 μm程度に絞り込んで実験することが多い．今，仮に紫外〜可視光を1 μm × 1 μmの空間に絞り込んだとすると，光のスポットの断面積は，1×10^{-8} cm² となる．この値を先の分子の吸収断面積と比較すると7桁も異なる．これは，1個の光子を完全に吸収するためには，光子の7桁倍もの分子，すなわち1000万個の分子を1 μm × 1 μmの空間に配置しなければならないことを意味している．この数値からもわかるように，元来，光と物質との相互作用は弱く，光子によって分子が光励起される確率は非常に小さいのである．

したがって，一般的な溶液や固体の光化学反応において，入射した光を逃さずに光反応に用いるためには，光が進む方向に分子を数多く配置する，すなわち光路長を長くして入射する光を多数の分子と相互作用させて吸収させなければならない．一方，単純な金ナノ微粒子にプラズモン共鳴を誘起する光を照射した場合でも，レンズで絞った光よりも〜10^2倍にも及ぶ光強度を有する近接場が生じる．その近傍に分子を配置すれば，通常の光反応の〜10^2倍の確率で分子を励起できることになる[5]．さらに，金ナノ微粒子の配置を工夫した金ナノ構造体を用いれば，そのプラズモン光電場増強により入射光強度の〜10^5倍以上になる近接場強度を実現することも可能である．これは，レーザーに比べて光強度が弱い水銀灯やキセノンランプなどの光源を用いても，近接場近傍に存在する分子はレーザー光を照射されたときと同じような光電場を感じて，高い確率で励起されることになる．つまり，金ナノ微粒子構造体は，光をナノ空間に濃縮し，少ない分子数であっても入射光を逃さず有効に励起する光反応場となるのである．具体的な反応例については，本書のPart IIに譲るが，金ナノ構造体を反応場として，レーザーではなくハロゲンランプを光源として用いて2光子重合反応を誘起させることに成功している[6]．

次にプラズモンの位相緩和にともなって生成する

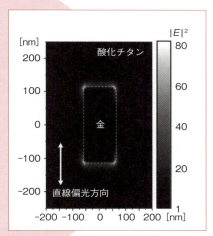

図9 酸化チタン基板上に作製した長方形の金ナノ構造の長軸方向に共鳴するプラズモンを励起したときに発生する近接場の空間分布
（$|E|^2$は電場増強因子）

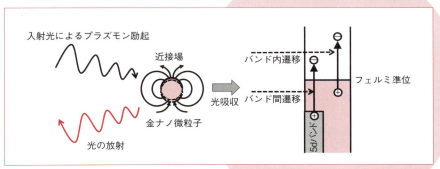

図10 金ナノ微粒子に生じた近接場のエネルギーが，光の放射や光吸収（金における電子—正孔対の形成）により減衰する模式図

ホットエレクトロンと，ホットホールによる酸化還元反応について説明しよう．

プラズモン共鳴によって誘起された集団的な自由電子の振動運動は，時間とともに乱れてその位相が失われる位相緩和が起きる．これは，プラズモン共鳴によって生じた近接場が失われていく過程とも考えることができる．図10に示すように金ナノ微粒子にプラズモン共鳴によって生じた近接場のエネルギーは，主に光の放射，および金ナノ微粒子の光吸収の二つのプロセスによって減衰していくと考えられている．ここでいう光の放射は光散乱のことであり，プラズモン共鳴を誘起するために入射した光が，いったん，近接場に形を変えて，再び光として放射されると考えることができる[7]．また，金ナノ微粒子による光吸収に関しては，近接場は金ナノ表面に局在する光であるので，その光によって金ナノ微粒子の自由電子や束縛電子（d 電子）が励起されると考えることができる[7]．最近，近接場による電子励起は自由電子の方が起きやすいとの理論的な研究が報告され，そのような励起電子はホットエレクトロン，正孔はホットホールとよばれている[8]．

これらのホットキャリアが生成する詳細なメカニズムや，エネルギー分布，そして空間分布などについては不明な点が多く残されており，現在でも研究が続けられている．しかし，図11に示すように，酸化チタンなどの半導体基板に金ナノ微粒子を担持してプラズモンを励起すると，酸化チタンの伝導帯にホットエレクトロンの注入が起き，またホールによる化学物質の酸化反応が生じる．これにより可視光による水の完全分解や，水を電子源として空中窒素を固定し，アンモニアを合成できることも報告されている（本書 Part II 第13章参照）．

このように，光電場増強による2光子吸収反応や，ホットキャリアによる酸化還元反応は，プラズモン共鳴による近接場を用いることによって初めて観測される，プラズモニックナノ物質制御ともいえる．これらの反応の効率を高めるためには今後何が必要か，次の節で述べることにする．

8 プラズモン共鳴との強結合を用いる反応の高効率化のシナリオ

プラズモン共鳴によって生じる光電場増強をさらに大きくするためには，どのようにすれば良いのだろうか？電子線リソグラフィーを用いて金ナノ構造をナノメートルの精度で近接させて生じる光電場増強は，空間的に金ナノ構造をこれ以上接近させることは難しくほぼ限界といえる．それでは時間的に光電場増強度を向上させる，すなわちプラズモンの位相緩和時間を長くすることはできるだろうか？最近，局在プラズモン共鳴と，伝搬型プラズモン共鳴とを強結合させることによって，位相緩和時間を長くできることが報告されている．もし，位相緩和時間を長くすることができれば，近傍の分子はより長く近接場を感じることになり，結果として大きな光電場増強が実現できる．

局在プラズモンと伝搬型プラズモンの強結合は，図12のナノ構造によって達成されている[9]．整列した金ナノブロック構造と，金ナノフィルムがアルミナ（Al_2O_3）をサンドイッチしている構造である．図12に示すように，金ナノブロック構造側から光を入射すると，金ナノブロック構造に局在プラズモンが形成し，そして金フィルム側に伝搬型のプラズモンが生成する．通常，アルミナのような誘電体上の金ナノフィルムに伝搬型のプラズモンを形成させるためには，アルミナ側から光を全反射角度で入射しなくてはならず，垂直入射では伝搬型プラズモンを形成させることはできない．しかし，図12のナノ構造においては，金ナノブロック構造が特別な間隔で整列しているため，それを通過した光は回折し，金フィルムに対してきわめて大きな入射角（全反射角度も含む）で照射される．そのため，金フィルム上に伝搬型のプラズモンが形成するのである．局在プラズモンの周波数が伝搬型のプラズモンの周波数と重なった場合には，それらが空間的に近接しているため，それぞれのプラズモンが強結合して図13に示すエネルギー分裂が生じる．このような強結合が生じると，それぞれのプラズモンの状態が混ざり合うため，情報がやり取りされる．伝搬型のプラズモンの位相緩和時間は局在プラズモンのそれよりも長く，状態が混ざり合うハイブリッドモードでは，

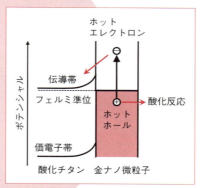

図11 金ナノ微粒子／酸化チタン界面でのホットエレクトロン注入の模式図

図12 局在プラズモンと伝搬型プラズモンとの強結合を示すナノ構造の模式図[9]

局在プラズモンの位相緩和時間は長くなるのである．報告では，金ナノブロック構造の位相緩和時間が2倍弱長くなることが示されている．伝搬型のプラズモンを示す金属の種類や，アルミナの平滑度や膜厚などのパラメータを制御することによってさらに局在プラズモンの位相緩和時間を長くすることも可能であると期待される．

一方，プラズモン共鳴の位相緩和にともなって，生成するホットエレクトロンと，ホットホールも強結合を用いることによってそれらの生成効率が上がると考えられる現象が最近報告されている．この場合，図14 に示すように，酸化チタン薄膜を局在プラズモン共鳴を示す金ナノ微粒子と金フィルムとでサンドイッチするナノ構造を用いる[10]．詳細な説明は本書 Part II の第13章に譲るが，このナノ構造においては，構成要素である酸化チタン薄膜と金フィルムがファブリ・ペローナノ共振器を形成し，その共鳴周波数と局在プラズモン共鳴のエネルギーがほぼ一致するとともに，それらが空間的に近接すれば，強結合が誘起され，可視光のほぼ全域をカバーする強い光吸収を実現する強結合が生じる．また，非常に興味深いことに，ホットキャリア生成に基づいて観測される光電流生成の量子収率が，強結合していない場合に比べて大きいことが明らかにされ，強結合は単に光吸収を増強するだけではなく，ホットキャリア生成も向上させる可能性が示された．

以上に示したように，光電場増強，および位相緩和に基づくホットキャリアの生成，いずれの場合においても「強結合」がその効率を向上させており，今後プラズモン共鳴を利用した光反応の高効率化の鍵になるものと期待される．

おわりに

プラズモン共鳴と，それにともなって生成する近接場について平易に説明するとともに，近接場を利用する光化学反応について概説した．本章で紹介した光電場増強を利用する光化学反応や，ホットキャリアを利用する酸化還元反応は，反応効率を向上させる余地が多く残っており，強結合を利用するほか，さまざまな独創的なアイディアによって向上されることを期待している．また，ナノ空間に生じる近接場の電場のサイズが分子中の電子の波動のそれと同じ程度になることを利用して反応を制御することは，近接場を利用する光化学研究の最終ゴールのひとつである．しかし，現在，二つの金ナノ微粒子に挟み込まれるように配置したカーボンナノチューブが，金ナノ微粒子のプラズモン共鳴によって生じた近接場で励起されると，従来，禁制遷移であった励起状態が生成することが，カーボンナノチューブのラマン散乱スペクトルより確認されているだけであり[11]，まだ反応に応用された例はない．今後，より精緻な金属ナノ構造を作製することが可能になれば，従来，禁制遷移であったさまざまな分子の励起状態を近接場で生成させることができるようになり，新たな光反応制御に繋がると予想される．これらの近接場を利用した光化学の研究の歴史はまだ浅く，まさに黎明期であり，今後，本研究分野のさらなる発展を期待している．

◆ 文　献 ◆

[1] T. Iida, H. Ishihara, *Phys. Status Solidi. A*, **206**, 980 (2009).

[2] M. Faraday, *Philosoph. Transact.*, **147**, 145 (1857).

[3] K. L. Kelly, E. Coronado, L. L. Zhao, G. C. Schatz, *J. Phys. Chem. B*, **107**, 668 (2003).

[4] Q. Sun, H. Yu, K. Ueno, A. Kubo, Y. Matsuo, H. Misawa, *ACS Nano*, **10**, 3835 (2016).

[5] S. Gao, K. Ueno, H. Misawa, *Accounts. Chem. Res.*, **44**, 251 (2011).

[6] K. Ueno, S. Juodkazis, T. Shibuya, Y. Yokota, V. Mizeikis, K. Sasaki, H. Misawa, *J. Am. Chem. Soc.*, **130**, 6928 (2008).

[7] C. Sönnichsen, T. Franzl, T. Wilk, G. von Plessen, J. Feldmann, O. Wilson, P. Mulvaney, *Phys. Rev. Lett.*, **88**, 077402 (2002).

[8] A. O. Govorov, H. Zhang, Y. K. Gun'ko. *J. Phys. Chem. C*, **117**, 16616 (2013).

[9] J. Yang, Q. Sun, K. Ueno, X. Shi, T. Oshikiri, H. Misawa, Q. Gong. *Nat. Commun.*, **9**, 4858 (2018).

[10] X. Shi, K. Ueno, T. Oshikiri, Q. Sun, K. Sasaki, H. Misawa, *Nat. Nanotechnol.*, **13**, 953 (2018).

[11] M. Takase, H. Ajiki, Y. Mizumoto, K. Komeda, M. Nara, H. Nabika, S. Yasuda, H. Ishihara, K. Murakoshi. *Nat. Photonics*, **7**, 550 (2013).

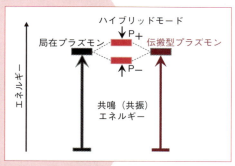

図13 強結合によるハイブリッドモード形成を示すエネルギーダイアグラム
（ハイブリッドモード；P_-：結合性モード，P_+：反結合性モード）

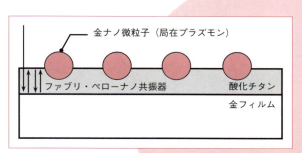

図14 局在プラズモンとファブリ・ペローナノ共振器との強結合をしめす光電極の模式図

フロントランナーに聞く ▶▶▶▶▶▶ 座談会

(前列左より)栗原和枝(東北大学,司会),石原 一(大阪大学・大阪府立大学),三澤弘明(北海道大学),
(後列左より)村越 敬(北海道大学),笹木敬司(北海道大学),岡本裕巳(分子科学研究所),笹倉英史(株式会社AGC総研),鳥本 司(名古屋大学)

光が関わるナノサイエンスの最前線

Profile

石原 一(いしはら はじめ)
大阪大学大学院基礎工学研究科教授／大阪府立大学大学院工学研究科教授

岡本 裕巳(おかもと ひろみ)
分子科学研究所メゾスコピック計測研究センター教授

栗原 和枝(くりはら かずえ)
東北大学未来科学技術共同研究センター教授

笹木 敬司(ささき けいじ)
北海道大学電子科学研究所教授

笹倉 英史(ささくら ひでし)
株式会社AGC総研 取締役 調査研究部長

鳥本 司(とりもと つかさ)
名古屋大学大学院工学研究科教授

三澤 弘明(みさわ ひろあき)
北海道大学電子科学研究所教授

村越 敬(むらこし けい)
北海道大学大学院理学研究院教授

プラズモンと光圧が変えるナノ物質科学の未来

　光とナノ物質を強く相互作用させた際に発現する，ユニークな現象や物性が注目されている．とくにプラズモンと光圧はナノ物質の構造，物性，機能制御に重要である．光圧研究では，Arthur Ashkin教授が2018年のノーベル物理学賞を受賞した．この特異な物性を積極的に利用し，エネルギー変換，ナノ物質操作，光センシング，光操作などさまざまな技術に革新がもたらす研究が展開されている．

　この分野を先導する三澤弘明先生，石原　一先生，笹木敬司先生，岡本裕巳先生，村越　敬先生，鳥本　司先生と，産業界からは笹倉英史先生をお招きし，栗原和枝先生を司会としてプラズモンと光圧の科学の歴史を振り返りながら，未来の若手に向けて，研究の醍醐味を存分に語っていただいた．

1 研究のきっかけ

専門と光研究との関わり

栗原　本日は光とナノ構造物質をご専門とする先生方にお集まりいただきました．プラズモン[※1]の面白さと光圧[※2]の面白さを存分に語っていただきます．初めに，先生方のご専門と研究のきっかけをお聞かせください．パイオニアの三澤先生からお願いします．

三澤　金属ナノ微粒子の局在表面プラズモン共鳴で一番面白いのは，光に対する性質がバルクの物質とは全く異なるところです．たとえば緑色をしたペットボトルは，サイズを半分にしても緑色です．けれど，局在表面プラズモンを示す金属ナノ微粒子の場合，緑色だったものが，サイズを半分にすると，色が青色に変わってしまいます．研究者としてはとても興味をそそられる現象で…．サイズが変わると，なぜ色が変わってしまうのか不思議ですよね．それと局在表面プラズモンは光を閉じ込める性質ももっていて光化学を研究していた私はそこにも興味をもちました．

　私は20年ぐらい前に，フェムト秒レーザー加工を行っていました．波長800 nmに発振波長があるフェムト秒レーザー光を，回折限界まで絞り込んで，透明材料を多光子吸収させて加工したりしていたのです．尖頭値の高いレーザーを集光して照射すれば何か起きるだろうと．

　研究を続けるうちに，レーザーだけでなく，太陽光や普通のランプで強い光をつくりたくなり，光を閉じ込めることができる局在表面プラズモンの研究に移ってきました．最初はプラズモンによる強い光電場増強を使った多光子重合反応とか，プラズモンが緩和する過程で生成するホットキャリア[※3]を電荷分離して，水の分解を行ったり

※1　プラズモン
プラズマ振動の量子であり，光電場の振動により金属中の自由電子が集団的に振動して擬似的な粒子として振る舞っている状態をいう．

※2　光圧
放射圧，輻射圧ともいう．光の運動量が起源となり光電磁場中の物体の表面に働く圧力である．

※3　ホットキャリア
金属ナノ微粒子のプラズモン共鳴が緩和する過程で金属ナノ微粒子が励起されて生成するエネルギーの高い電子（ホットエレクトロン）と正孔（ホットホール）のこと．

しました．この分野に入ったきっかけです．

栗原 光とナノ構造物質の研究は，化学と物理学の両分野からアプローチされますが，化学者の岡本先生はいかがですか．

岡本 私はもともと分光屋でして，この世界に入る前は超高速分光，振動分光学を中心に研究してきました．超高速分光が中心でしたが，そこに行き詰まりを感じていて，空間的なものを入れないと，なかなか物事の本質がわかってこないと常々思いながら研究していました．その流れで近接場光学に興味をもち，近接場光学顕微鏡を使った研究を，2000年ごろから始めました．そこからプラズモンに興味をもったわけです．電場を集中させることが近接場の研究では重要なので，そういう立場でいろいろ調べていくうちに，プラズモンに遭遇して，そこから抜けられなくなったという感じです．

栗原 ありがとうございます．さらに化学・材料の分野から鳥本先生お願いします．

鳥本 私の場合は，半導体ナノ粒子の光電気化学・光触媒特性評価という分野で，学部学生のときに研究を開始しました．現在は，おもに半導体ナノ粒子（量子ドット）を新規合成して，その発光材料・エネルギー変換材料・光触媒などへの応用を研究しています．

プラズモンに出合ったきっかけは，北海道大学で在職中に，偶然にも三澤先生が隣の研究室に異動されてきたことです．それ以来，研究会などで三澤先生の研究を拝見する機会が多くあり，プラズモンに興味をもちました．ナノ粒子という点から見ると，AuやAgなどの金属ナノ粒子では比較的容易に表面プラズモン共鳴ピークを制御できますので，自分のもっていたナノ材料と，新しく注目され始めたプラズモン材料の組み合わせという形から研究をスタートしました．

栗原 電気化学を研究されていた村越先生はいかがでしょうか．

村越 私が博士課程の学生だった1980年代当時，金属内の電子励起状態がプラズモンに変わり発光するという話があって，そういうものがあるのだなと知って興味をもちました．1990年代の後半にある学会に行ったときに，化学的な合成手法で調製した金属ナノロッドが明瞭な局在プラズモンの光学特性を示して，それが形状に依存してきれいに変わるのを純粋に面白いと思いました．私自身は，光励起よりも先の電子励起のイメージから，何か形をきちんとすると，ナノ領域に励起状態のエネルギーが集中することを知っていたので，いろいろな電気化学反応や微細構造制御技術に使えるのではと思いました．そのときどんどん研究のイメージが広がって行ったことを憶えています．その後，三澤先生や石原先生と一緒に研究をさせていただくようになって，プラズモンのエネルギー集中によって物質中の電子励起の選択則が変わる可能性があるということを伺い，

これは面白い，今までにない新しい研究分野になる，と思いました．

栗原 物理学者の石原先生，笹木先生はいかがでしょうか．

石原 私は学生時代のテーマが表面のある系の光学応答でしたが，そこから自然とナノ物質を相手にする研究に移っていきました．1990年代当時面白いなと思っていたのは，ナノ物質の多様性とデザイン性です．先ほど三澤先生がお話になりましたが，普通のバルクの物質と違ってデザイン性があって，ちょっと形を変えたり，サイズを変えたときに，すごく性質が変わってしまうところが興味深いですね．

1990年代中頃，笹木先生が研究室に来られて，セミナーをしていただきました．そのときに，ルイ・ヴィトンのマークをポリマーの光マニピュレーション[※4]でつくるというビデオを見せていただいて，ものすごく衝撃を受けました．光でこんなことができるんだと．笹木先生はこのときの御研究でルイヴィトン国際科学賞を受賞されていますね．

それを見せてもらったとき，量子ドットであれをやったらどうなるのだろうということを考えたんです．そうすると，量子ドットに閉じ込められた電子の状態が，物質のマクロな運動にも現れてくるのではないかと．

粒子のマクロな運動とそこに閉じ込められた電子のミクロな運動がリンクするような，これは新しい世界になるのではないかということに思いが至って，自分が研究してきた固体物性と，光マニピュレーションとの融合みたいなことができるのではないかと思い，光圧の方にも踏み出してみようと思いました．

笹木 私は，応用物理の光学が専門ですが，1980年代後半の学生時代に，プラズモンと出合いました．プラズモンセンサーが流行り始めたその時期，研究室のほかの学生がプラズモンの研究をしていたので，私も勉強を始めました．

1989年に増原先生のERATOプロジェクト[※5]に入り，そこで三澤先生と出会いました．三澤先生と研究テーマを探すなかで，柳田先生の講演会でArthur Ashkin[※6]の光トラッピングのお話を聞いたのが，光圧の研究を始めたきっかけです．全然センスの違う三澤先生と私が共同研究すると，全く違うやり方で実験にアプローチして，できないことがどんどんできるようになりました．最初の数カ月でいろいろな結果が出て，非常に楽しい時期でした．

2000年代に入り，三澤先生とプラ

※4 光マニピュレーション
光圧を用いて微粒子を非接触で捕捉し，任意の位置に移動できる技術．

※5 ERATOプロジェクト
(独)科学技術振興機構が実施する戦略的創造研究推進事業におけるプログラムの一つ．

※6 Arthur Ashkin
ベル研究所とルーセント・テクノロジーで働いていたアメリカ合衆国の物理学者である．1960年代後半にレーザー光の光圧によって微粒子を操作する研究を始め，1986年に光ピンセットを発明した．最終的に原子や生物細胞を操作できる光トラッピング法も開発した．2018年，光ピンセットの父として多くの人に認められたことから，ノーベル物理学賞を受賞した．

※7 **メタマテリアル**
電磁波に対して自然界に無い特性を示す人工物質のことである．とくに負の屈折率をもった物質を指して用いられることが多い．

ズモンについて深くディスカッションしました．プラズモンが面白いなと思ったのは，ナノ空間で光が増強するところです．光学の感覚では，増強するというよりは，光が回折限界を超えてナノの領域まで絞り込めるという意味で非常に面白い現象だと感じたところが始まりでした．光学としてもいろいろな展開ができるのではないかと考えました．ナノの空間に絞り込んだ光の場を使えば，光圧そのものを自在に制御できるという観点で，いまは石原先生のプロジェクトで，新しい光圧としてのプラズモン場を使った研究を進めています．

栗原 笹木先生は，光のマニピュレーションでは，一番進んでおられますね．企業の研究者の立場で，笹倉さんはいかがでしょうか．

笹倉 私は鳥本先生と同じく半導体ナノ粒子が始まりです．2001年のナノ粒子プロジェクトで，CdSe を ZnS コートした半導体ナノ粒子をつくったり，それをパターニングしたことが，ナノ物質に携わるきっかけになりました．

金属ナノ構造と光が強く結合する場をつくると微弱なインコヒーレントな光でも二光子励起が起きるという，三澤先生の論文に衝撃を受けました．また 2000 年ごろからメタマテリアル[※7]が注目され始めて，当初電波の領域だったのですが，どんどん対象となる波長が短くなって光の波長領域にまでなりました．プラズモンを使ったフィッシュネット構造で，光通信で使用されている 1.5 µm やコンパクトディスクで使用されている 780 nm の波長にまで短くなりました．そのころからプラズモンに興味をもって実際に自分で研究を始めました．

2 研究の魅力

印象に残った研究

栗原 最近の研究動向や印象に残った研究をお聞かせください．

三澤 酸化チタンの半導体基板の上に金ナノ微粒子を担持してそのプラズモンを励起すると，水を電子源とした光電変換ができるという研究を，われわれはしてきたのですが，いかんせん効率が悪いんですね．変換効率だと 0.1 % とかで．大きな原因は，金ナノ微粒子 1 層では，入射した光を完全に吸収することができなくて，だいたい 60 % ぐらいの光は透過して出ていってしまうんです．われわれは，それをできるだけ 100 % 近くまで吸収できるような構造をつくろうということで，最近非常に薄い酸化チタンの膜と，金フィルムを貼り合わせた構造，鏡のような構造ですが，その酸化チタンの上に金ナノ微粒子を担持すると，鏡のような構造が光共振器になる．光共振器の中に光が閉じ込められて，上に担持した金ナノ微粒子と非常に強く相互作

用する.

　強結合※8をつくるんです．化学では水素原子が二つ近づいてきたときに，水素分子をつくりますが，水素の原子軌道が接近して分子軌道をつくるときに，結合性の軌道と反結合性の軌道ができます．同様に，プラズモンのモード（エネルギー準位）と，光共振器のモードがほぼ同じエネルギーレベルだと，水素原子の場合と同じようにそれらのモードが相互作用して，結合性のモードと反結合性のモードの二つのモードができ，吸収帯が非常に幅広くなるんですね．

　また，光共振器の中に光が閉じ込められているので，吸収強度も非常に高くなる．最近われわれが『Nature Nanotechnology』に報告した内容※9ですと，可視光の約85％を吸収できるというような構造をつくることができました．それを光電極にすると，1％程度の光エネルギー変換効率が実現できたのです．

村越　エネルギー変換効率の定義には注意が必要ですが，世界最高の光触媒でも6％の効率ですので，まったく新しいアプローチで1％の効率で水を分解できるということは新しい可能性を感じさせます．今後の方向性の一つとして次のことが考えられます．光で生成したプラズモンを金属構造を制御して，特定の部分に集中させると近傍にある物質内において，通常起こらない電子励起，たとえば，禁制励起※10が誘起されます．電気化学の人間として面白いと思ったのは，普通は物質が決まると，特定の波長の光で生成する電子と正孔のエネルギーは決まります．ところが，禁制励起が許容になると，同じ波長の光を用いてもいろいろなエ

ネルギーの電子と正孔ができることになります．これは，化学の人間にとって非常に意味があります．今まで，できなかった反応ができるようになる可能性があります．

栗原　それはすごいですね．できないものが，できるようになる事例を教えていただけますか．

村越　物質がどのように光を吸収しているかを，ラマン散乱分光※11という方法で評価しているときに，プラズモン励起を使うと，通常見えないカーボンナノチューブが，分光のシグナルに引っ掛かるようになってくるという現象が見つかりました．それを解析していくと，本来励起できない電子準位が，プラズモンで励起されているということがわかりました．石原先生に理論計算をお願いしたところ，その現象は非常に小さい体積に光のエネルギーを閉じ込めるカーボンナノチューブと相互作用させることで通常，禁制である電子励起プロセスが許容となったため，ということが証明されました．この禁制遷移が誘起されると，励起される電子準位が非常に深いポテンシャルエネルギーにあったり，また励起先の電子準位が高いポテンシャルエネルギーにあったりするので，生成した正孔や電子は強い酸化還元力をもつことになり

※8　強結合
金ナノ微粒子が示す局在プラズモンとファブリ・ペローナノ共振器とが空間的に近接し，それぞれの共振周波数が近い場合，それらの共鳴状態が生じてエネルギー的に二つのハイブリッド状態が生成する．

※9　『Nature Nanotechnology』に報告した内容
金ナノ微粒子/TiO_2薄膜/金フィルムの積層構造が強結合を示すこと，またこれを光電極として可視光により水を電子源とする光電流の発生や，水の完全分解が可能であることが示された．金ナノ微粒子/TiO_2薄膜電極に比べ強結合電極を用いれば水の光分解は効率が6倍以上増加する．

※10　禁制励起
光の波長が電子波動関数より十分に長いという近似のもとで，遷移確率がきわめて小さいもの励起をいう．電気双極子遷移以外の電気四極子遷移，磁気双極子遷移などの多重極子遷移は禁制遷移である．

※11　ラマン分光
物質にある振動数の単色光を照射すると，振動数が物質の固有振動数（分子内振動など）だけずれた光が散乱され，これをラマン散乱とよぶ．ラマン散乱の振動数や強度を測定・解析することで，物質のエネルギー準位を求めたり，物質の同定・定量を行う方法をラマン分光法とよぶ．

ます．すなわちプラズモン励起を用いるとこれまでの光照射では進行しなかった反応ができるようになる可能性があります．

栗原 禁制遷移を起こすことが出来る，出来ない反応ができる，ということはすごく重要ですね．

岡本 私自身は近接場光学顕微鏡を扱うようになって，わりと初期の段階から，禁制の光学遷移が起こるということは，実感していました．

われわれが見たのは，分子レベルではなくて，もっと大きいスケールではあるのですが，普通に双極子近似[※12]では禁制になるようなモードが，近接場を使うと実際に活性な振動モードとして見えてくる．近接場光学顕微鏡を使って3年ぐらいしたころから見えてきていました．それがプラズモンの小さい構造を使うと極限的にできて，分子レベルまでそれが落とし込めるということなのではないかと思います．

いまの私の興味は，キラリティー[※13]です．普通，キラルなものが光学活性でキラルではないものが光学不活性なのですが，ナノスケールのローカルな光学活性を見ると，それも破れてきます．やはり，光が局在したときに出てくる特性なのかなという気がします．結果として，キラルではなくてもいいのですが，ナノ構造があると，その近所にある分子の光学活性がものすごく上がるという現象もあるのです．

栗原 これは何かしら光の場が不斉[※13]でないといけないのですね．

岡本 そうです．プラズモンなどを使って小さい空間スケールをもった光の場をつくることによって，その光の不斉も増強するというか．強度だけではなくて構造がすごくローカルになるので，不斉の構造もローカルになるのです．それによって分子の不斉に基づく信号も増強されるみたいなことがあるようです．

栗原 非常に興味深い基礎的な現象が次々に発見されている印象を受けますが，企業ではいかがでしょうか．

笹倉 企業では，エレクトロンビームが使われている工程もありますが，非常に限られた領域です．大面積になった場合には，Roll to Roll法で塗布というようなプロセスも重要になります．リソグラフィーも使用されていますが，光の波長よりもかなり小さくなった場合には，現時点では難しいと思います．DNAとか，何か選択的に構造をつくるようなものを使って，大面積につくることが今後，産業界では重要になってくると思います．それで，プラズモンの特異的な物性が有望かなと感じます．

※12 **双極子近似**
光による物質の励起において，電気双極子，即ち正と負の電荷が空間的に2極に分極する振動の寄与が支配的であるとする近似．入射光の波長に比べて物質のサイズが十分小さい場合にはよい近似となる．

※13 **キラリティー，不斉**
ある物体（一般的には時間を含めた「現象」も対象となる）が，その鏡像と重ね合わせることができない構造をもつ性質．右手と左手の関係が典型例として取り上げられる．

3 プラズモンの歴史

その歴史は古い

笹木 光学の立場でプラズモンを見ると，紀元前から色ガラスはあり，歴史は非常に古いですが，理論研究としては，1908年にGustav Mie[※14]が光散乱[※15]理論を導いています．これは厳密解であって，1個の球形粒子に対する光散乱現象を完全に解いています．Mieは金属粒子で光がどのような振る舞いをするかを明らかにしています．Max BornとEmil Wolfが1959年に書いた『Principles of Optics』という有名な教科書では，Mie散乱の理論を「Optics of Metals」という章で説明しています．

では，いまなぜプラズモンかと考えてみたときに，2000年ぐらいからさまざまなプラズモン研究が流行っていますが，一つの理由は，先ほどから出ている微細加工技術が進歩してきて，ナノ構造が比較的容易に作製できるようになってきたことです．化学の研究者が得意とする金属微粒子の作成法とか，その配列化の技術が進歩してきたのも理由だと思います．もう一つ，光学の立場からすると，コンピューターが進歩してシミュレーションの技術がどんどん向上してきたことです．Mie散乱理論で解けることは，基本的には1個の球形微粒子に対する光の振る舞いですが，粒子がナノの配列構造や特殊なナノ形状をつくったときに，いったいどんな光の場ができるか？ これは計算機で解くしかなくて，そのシミュレーション技術が2000年以降かなり進歩してきたという要因が二つ目です．さらに，1992年にAllenが『軌道角運動量をもった光』という光渦に関する論文を出したのを契機に，プラズモンの世界でも，プラズモン場の軌道角運動量の研究が大きな流行になってきています．

では，なぜいま化学の分野でプラズモンかと考えてみますと，一つの理由は，プラズモンを光共振器として見たときに，Q値はそれほど高くないけどモード体積がナノサイズで微小であることです．私見ですが，物理学者の関心は，非常にスペクトル線幅の狭い原子系なので，Q値として非常に高い共振器を必要とします．しかし，化学者は，一般的にはブロードなスペクトルの常温の分子を対象としますから，それほどQ値が高くない共振器のほうが好ましいと思われます．プラズモン共振器は，分子系に対して適当なQ値をもった共振器であるところが，非常に相性の良い点ではないかと考えます．また，化学の分野では，古くから電気化学の電極や微粒子などで金属を扱った研究分野がたくさんありますので，それらの研究とのマッチングが良かったことが第二の理由と思います．

※14 **Gustav Mie**
ドイツの物理学者．光散乱現象について理論的に体系化した．

※15 **光散乱**
光を物質に入射させたとき，これを吸収すると同時に光を四方八方に放出する現象をいう．物質の大きさ，形状，材質によって放出の角度分布が異なる．

※16 光ピンセット
集光したレーザー光により微小物体(おもに透明な誘電体物質)をその焦点位置の近傍に捕捉し,さらには動かすことのできる装置および技術である.

※17 Steven Chu
アメリカ合衆国の実験物理学者,政治家.レーザー冷却により原子を捕捉する技術の研究で知られ,1997年にノーベル物理学賞を受賞した.第12代アメリカ合衆国エネルギー長官.スタンフォード大学教授.

さらに光学の立場からいうと,プラズモン共振器は,cavityといっても閉じた空間ではなく,金属の表面に共振器をつくりますから,気体や液体と接したところに光増強場ができるという点で,光反応場などへの応用が非常に容易な共振器であることが,化学の分野で注目されている大きな要因ではないかなと考えています.

栗原 ありがとうございます.光が化学とどういうところで相互作用できるかを明快に示していただきました.

4 ノーベル物理学賞受賞

ブレークスルーの技術

栗原 2018年のノーベル物理学賞は,「光ピンセット」※16を開発したArthur Ashkin※6らが受賞しました.物理から見た光圧や光の場の研究についてお聞かせください.

石原 あのノーベル賞は非常に意外でしたが,取るべき方が取ったといううれしさが凄くありました.もともとAshkinのグループにいたSteven Chu※17が,Ashkinたちのアイデアを実際に原子に適用し,原子冷却ということをやってノーベル賞を取った.

光圧の応用が多方面に広がっていった先で,源流のAshkinが受賞したことは非常に喜ばしいことと思います.光が物質に力を及ぼす,ということはあまり知られていませんでしたが,今後広く知られることになるのではないでしょうか.

栗原 生物物理では非常にポピュラーになりましたね.

石原 Ashkinやその後のバイオ研究者らがトラップしているのはマイクロサイズのポリマービーズなのですが,その先にいろいろ,DNAなどもっと小さいものを結びつけて,生体分子のダイナミクスまで見ているという,その手法は本当にすごいと感心します.

でもわれわれはもっと欲張りで,いっそナノ物質を直接に光でトラップし,操れたら,ともくろんでいます.原子冷却やレーザーピンセットでは,物質が光にどのように応答するか自体は比較的良く研究された基礎があり,その基礎の上に光技術として完成しています.ところが,光とナノ物質,特に複雑な環境と相互作用しているナノ物質の場合,光への応答の仕方や,力が働いたとしてどのように運動するのかなど,実際ややこしい問題がいっぱいあります.逆にそのぶん,光圧を観測してナノ構造と光,あるいはナノ構造と環境の相互作用が分かってくるかも知れません.光がもっている色々な自由度と,一つ一つの個性のあるナノ物質に閉じ込められた電子とのインタープレイがナノ物質の運動自体に反映されるところが面白く,それだけ操作の自由度も高いのではないかと思います.

光圧でナノ構造にアプローチする光圧研究は，実はこれまであまり意識されていなかったところですが，今後の発展が楽しみな領域だと思います．

栗原 最近の一番進んでいる研究を教えてください．

石原 いま，論文作成中なので，あまり大きな声では言えないのですが……（苦笑）．NV センターという発光中心を含んだナノダイヤモンドを NV センターがあるかないかで，光圧の違いを使って選別すると手法を笹木先生のグループと開発しています．

要は，ナノダイヤの中に NV センターがあるかないか，量子力学的な活性が一つあるかないかということになりますが，これを光で選別できるとなると，象徴的な一つの実験になると思います．今後，類似の問題解決にいろいろと発展していくのではないかと思います．

もう一つは，分子の結晶化です．これはプラズモニクスとも非常に関連する話です．奈良先端大学院大学の杉山先生のところで，金属のナノ構造を使って，そこの増強場を使って円偏光を強め，エナンチオ選択的にどちらかのキラリティーをもったものを結晶成長させる．

岡本 私が先ほど申し上げたことと，密接に関係していますね．

石原 はい，これも象徴的な実験結果だと思っています．光圧のポテンシャルの一つを端的に示しています．

笹倉 エナンチオマーで S か R か，どちらか一方が結晶化されるというのは非常に興味深いです．最近の有機合成

のトレンドでは，おそらく SR の制御だと思いますが，どうしてもラセミ化したりする．片方だけ結晶化できるということは，分離が容易にできるという，再結晶みたいなものですよね．そういう安価な精製法への応用は非常に期待されると思います．

わたしどもの事例では，ガラスの表面に銀薄膜をコーティングし赤外光を反射させる省エネ用窓ガラスを多く商品化してきました．一方興味深い例では，富士フイルムさんが六角形の板状銀ナノ粒子を並べて，透過率を確保しながら，銀ナノ粒子全体のプラズモン共鳴で IR 光を反射させるというようなフィルムを商品化されていたりして，いままであまり「プラズモン」と言わずに使っている製品は結構あります．生体診断では例えばエクソソームが注目されています．エクソソームに含まれるマイクロ RNA などが，正常細胞とがん細胞で異なると言われていて，多くの先生方が研究しています．そういう非常に微量なマーカーのようなものが，選択的に高感度検出することができれば，プラズモンの有望な応用技術になると思います．

5 未来に向けて

若い世代へ　異分野の交流が大切

栗原　この分野の未来へ向けて，期待や若い世代へのアドバイスをお願いします．

鳥本　現在は，理論的に期待される機能を実現する材料が，必ずしも実験的に容易に作製できるわけではありません．それを可能にする合成手法や新規機能を発現する材料を開発するのが，化学分野の研究者の仕事と思います．理論と実験をつなぐ材料，それをつくるのが私たち化学者の仕事と感じています．

石原　最近感じることは，物性物理の研究者が行っていた，第一原理計算も含めた表面プラズモンの理論研究と，化学やオプティクスの人たちが行っているプラズモン研究の，それぞれコミュニティーの交流があまり見えてこないところが，大変もったいないことだと．今日話題にしているテーマは異分野の交流のチャンスが沢山あるテーマだと思います．

光圧研究についてですが，光圧でないとできなかった計測とか，動かしてみて初めてわかった物理パラメーターとか，光圧で実際に力学的に動かしてみて，1個の分子の吸収スペクトルを取りましょう，なんていうことができれば良いなと思っています．通常は分光学的に信号を見ているので1個の分子の吸収の観測はおそらく無理ですが，理論上，力のスペクトルと吸収スペクトルは非常によく一致するので，光圧による運動の観測から突破口が見えないかな，と夢見ています．将来，光圧光物性とか，光圧光化学とか，そんな教科書が書けるような話に展開したら面白いです．

今後，次世代の人たちが研究するときには，一見できないようなことへのチャレンジを積極的にしてほしいですね．理屈で考えすぎてこれはできないと思うのではなくて，やれたら面白いと思うことがあったら，とりあえず好奇心一杯のアホになってやってみてほしい（笑）．

それから産業界の方には，ぜひニーズの観点からの提言やフィードバックをいただきたいです．われわれの視野に入っていない大事な視点が沢山あるように思います．

三澤　石原先生がおっしゃったように，若い人には，異分野の人の話をしっかり聞いてほしいですね．自分の研究にこの異分野の研究がどれくらい利用できるかという立場に立って，真剣に聞く．そのなかから新しいアイデアは出てくるものだと思います．

岡本　そうですね，いろいろな分野の人たちが集まってディスカッションするなかで，意外なものが出てきて，その意外性が一番発展のもとになってい

るような気がします．たとえば，磁性とプラズモンの間には何らかの非常に密接な関係が実はある．磁性の研究者の一部の人は，プラズモンに非常に興味をもっている．ですから，磁性の人たちとプラズモンの人たちの融合が若い世代の人たちで進んでいけば，いままで考えられないような物性が出てくる気がします．そこに期待したいです．

笹木 プラズモンも光圧も物理の研究から始まりましたが，実際にそれらが使われ始めているのは，化学や生物というように別の分野です．私自身，増原先生の化学のプロジェクトに入って初めて，光圧やプラズモンの研究を始めました．違う分野のなかで自分のもっているものを活かすと，いろいろ新しい研究が展開できることを経験しています．若い人には異分野の方といろいろな共同研究をして，新しいことを生み出してほしいと思います．

笹倉 大学でも企業でも，若い人には，納得がいくまでとことんやってほしいと思います．理学系の方には，理論を深く掘り下げていただき，工学系の方に応用のアイデアや試作品を提案していただく．産業界はそれを製品化まで落とし込んでいくという役割分担で，今後もやっていけたらいいですね．

村越 私自身，プラズモンを使うと非常に強い摂動が分子レベルでできるということが化学者として純粋に面白くて研究をしています．先程，強結合という話が出ましたが，ここでは光と光もカップルするし，光と電子系も結合

するという現象が知られています．私が思うのは，光としてプラズモンを用いると分子同士がプラズモンを介して何かコミュニケーションしているというか，相関が出るような印象を受けていて，それは，化学反応を決定的に変える可能性があるのではないかと期待しています．今後，この光を介した現象をベースにした効率の良い化学反応が，必ずこの分野で見いだされるのではないかと思っています．若い人たちには，既存の方法ではできない，困難なことに対して自分なりに問題意識として捉えて，それを異分野の人と交流しながら，それにぜひ挑戦してほしいなと思います．

栗原 「異分野の人と交流しながらチャレンジしてほしい」は，今日は何度も出ました．学術界に対する期待として大変貴重なメッセージですね．

　本日は，化学の先生と物理の先生にお集まりいただき，プラズモンと光圧の融合が見せる新しい可能性について，大変貴重なお話を聞かせていただきました．ありがとうございました．

Chap 4

研究会・国際シンポジウムの紹介

三澤 弘明
(北海道大学電子科学研究所)

　筆者が研究代表者を務めた文部科学省科研費特定領域研究「光—分子強結合反応場の創成」(研究期間2007年度～2010年度)には，日本国内の15の計画班研究室と50以上の公募班研究室が参画し，プラズモンを介して強く結合する光と分子の相互作用を用いて従来の常識を越える高感度分光分析や，まったく新しい光化学反応の実現を目指す革新的な研究が展開された．4年間の研究活動の結果として，新奇な光エネルギー変換システム，およびプロセスの構築や発見に成功し，プラズモン太陽電池やナノ構造光触媒などの新たな応用技術の展開にも繋がった．それらの研究成果は，本分野において活躍する海外の著名な研究者を招待し，2012年6月2日から6日までの5日間，東京の日本科学未来館で開催された第66回山田コンファレンス「ナノ・マイクロ構造を利用した効率的光エネルギー変換(Conference on the Nanostructured-Enhanced Photo-Energy Conversion)」において報告され，海外の研究者からも高い評価を受けた．写真は本コンファレンスの集合写真である．

▲ 第66回山田コンファレンス「ナノ・マイクロ構造を利用した効率的光エネルギー変換」での様子(東京にて，2012年6月撮影)

Part II

研究最前線

Part II 研究最前線

Chap 1
光圧によるナノ物質操作と新しい物質科学への展開
Nano-Structure Manipulation with Optical Force Toward the New Frontiers of Materials Science

石原 一
（大阪府立大学・大阪大学）

Overview

光と物質の相互作用は，物質からの光応答や化学反応などに現れるだけでなく，「光圧」を通して物質の力学的運動にも反映される．近年，光とナノ物質の相互作用が多様な分野で主要な研究課題となるにつれて，光圧研究においても，その操作対象としてナノ物質が強く意識されるようになってきた．そこでは物質の微視的自由度が果たす役割を通して，光圧技術と物質科学の新たな接点が視野に入ってくる．

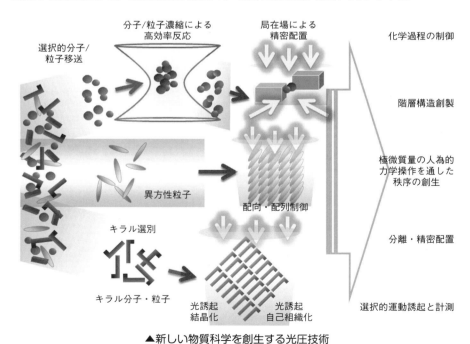

▲新しい物質科学を創生する光圧技術

■ **KEYWORD** 📖マークは用語解説参照

- ■光圧 (optical force) 📖
- ■光ピンセット (laser tweezers) 📖
- ■共鳴光学応答 (resonant optical response)

はじめに

　光波長ほどの光子の波動関数の広がりに比べ，ナノ粒子や分子の電子波動関数の広がりは桁違いに小さい．このため，光子に対する的として見たときのナノ物質は非常に小さく，両者が出会う確率は本質的に小さい．この確率をいかにして大きくするかという問題は，さまざまな研究分野における長年の中心課題の一つであった．

　物質に対し高密度に光子を投入できるレーザーの発明は，物質科学における光の利用，および，物質による光の制御法を根本的に変えた．たとえば，非線形光学効果を用いた各種の分光や，光信号制御の新しい技術の発展が，光に関連するさまざまな科学技術を新しい段階に押し上げた．さらにはレーザーの開発が，マイクロ微粒子などの力学的運動を制御する光ピンセット技術に結びついたことも，発明者であるAshkinの2018年ノーベル物理学賞受賞により広く認識されるところとなった．

　さらに近年では，自然光や，少数光子状態といった，必ずしも高密度ではない光に対しても，光と物質を有効に相互作用させる試みが盛んになっている．たとえば，光のエネルギーを，光波動関数の広がりに比べて圧倒的に狭い体積へ追い込む工夫や，あるいは，電子遷移に対する共鳴や波動関数のコヒーレント体積の伸張によって光子に対する物質の的を広げる工夫が，物質科学の視点も交えてなされてきた．前者においては，微小共振器や，さらにモード体積の縮小が可能な局在表面プラズモンの利用によって新しい光物性，光化学の世界が拓かれ[1]，また後者においては，光と強く相互作用する電子−正孔対，すなわち励起子との共鳴効果や，あるいは励起子波動関数の巨大な広がりを利用する研究が行われてきた[2]．

　そのようななか，レーザーにより実現した光圧操作においても，さらに光と物質の強い相互作用を実現することによって，ナノ物質など，より小さな物質を自由に操作しようとする新しいタイプの研究が現れてきた．とくに，光エネルギーを空間的に閉じ込める局在表面プラズモンと，光子に対する目標物質の的を拡大する電子的共鳴効果の協奏は，今後の

ナノ物質の光圧操作技術の実現において，重要な役割を果たすと考えられる．本章では，このような視点から，光圧による新しいナノ物質操作実現への展開を概観する．

1　ナノ物質の光圧操作

　本章では，光の存在下で中性物質を構成する荷電粒子にかかるローレンツ力の総和を"光圧"と定義する．ローレンツ力による表式をマクスウェル方程式により書き換えると，光圧の表式は物質が存在する場所での電場と誘起分極によって表すことができる[3]．通常はこの量を，物質の運動を観測するのに十分長い時間で平均したものを光圧とする．このような光圧は，光の運動量が吸収や散乱されることによって物質に移動して生じる散逸力と，光の電場と誘起分極の電磁気的相互作用として現れる勾配力の和として表すことができる．勾配力は，電場強度の不均一があると，分極した物質がその勾配によるポテンシャルを感じることによって発生する．

　光ピンセットでは，強く集光したレーザーの焦点近傍で光の散乱や電場勾配が生じた結果，マイクロサイズの微粒子が集光点へ引き寄せられる[4]．Ashkinらはこの技術により，ウイルスや生きた細胞を捕捉する実験を行った[5,6]．その後，この技術は分子生物学分野の研究者によって，生体分子の運動観測や精細な力計測へ応用され，たとえば微小管上を運動する分子モーターのステップバイステップの詳細な運動の様子が解明されている[7]．

　光ピンセットは，基本的に吸収の少ない近赤外領域の光を用いてなされ，捕捉対象のサイズについては，物質が光を十分に散乱する，あるいは屈折させるような，光波長より大きなミクロンサイズのもの

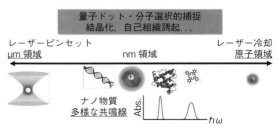

図1-1　光圧操作の未開拓領域であるnm領域

が想定されてきた．しかし近年，強い集光ビームを用いて，より小さな，ナノスケールの物質を捕捉，操作しようとする試みが盛んになってきた．

ナノスケールの操作対象物質としては，色素などの有機分子や量子ドット，ナノカーボンなど，多様な物質に興味がもたれている（図1-1）．ナノ物質への光圧によるアプローチは，単に強くレーザーを集光しただけでは容易ではないが，近接場光による強い勾配力を用いる手法が有効として，理論的に提案された[8,9]．誘電体界面の近傍や，微小開口，あるいは金属先端に発生する近接場は，ナノスケールの強い電場強度勾配をもつため，集光ビームに比べてはるかに強い勾配力が発生し，ナノ物質に対しても有効な捕捉ポテンシャルが形成される[10]．このようなアイデアが発展し，近年では，金属微細構造に発生する局在表面プラズモンを利用した，ナノ物質捕捉の研究が盛んになっている[11]．本書Part Ⅱの笹木らによる3章，また坪井らによる5章に，わが国での代表的な研究例の紹介がある．

2 共鳴を用いた光圧操作

局在表面プラズモンによって，ナノ物質に対し有効な光圧を発生させる研究の一方で，ナノ物質の電子準位間の遷移に共鳴する光を利用することで，光圧を増強させる提案もなされた．量子ドットや分子などの電子状態は，量子閉じ込め効果によって離散化していることはよく知られている．レーザーを，このような離散化準位間の遷移に共鳴する周波数（エネルギー）に合わせると，吸収や散乱が共鳴的に起こり，誘起分極が増大する．また，これに従って誘起される光圧も，増大することが期待される[12,13]．とくに，このような共鳴吸収を用いた光圧操作の興味深い点は，個々のナノ物質の量子力学的な特性に対して，選択的に光圧が働くということである（図1-2）．たとえば，量子ドットの遷移エネルギーは，ドットのサイズに依存することが知られているが，特定の周波数の光を照射すると，その周波数に共鳴する遷移エネルギーをもつ量子ドットに対し，選択的に力が働くことになる．このような共鳴効果を用いた量子ドットの光輸送については，実験的にもそ

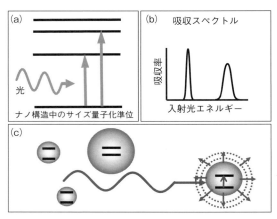

図1-2 共鳴を用いた光圧操作
(a)ナノ粒子においてサイズ量子化された電子準位間の遷移に共鳴する光．(b)特定の入射光エネルギーで吸収が共鳴増大する．(c)特定の入射光に対して，電子遷移エネルギーが共鳴条件を満たす粒子にのみ光圧が発生する（イメージ）．

の有意性が確かめられ[14]，また，最近では，カーボンナノチューブのカイラリティ選択的な輸送についても，理論予測や実験結果が報告されている[15,16]．

このように，ナノ物質の電子的共鳴を利用した光圧操作においては，閉じ込められた電子状態がもつ自由度と光の自由度の協奏が，さまざまなかたちでナノ物質の力学的運動に反映する可能性があり，従来の光ピンセットに比べて，物質科学との接点がより明瞭に現れてくる．また，物質の励起を伴う現象でもあるため，後述するように，光の強度によっては非線形光学現象も伴い，物質の運動自由度がさらに広がることになる．

3 二重共鳴による光圧操作

一方，金属のナノ，サブマイクロ構造において誘起される電子集団励起と，光の結合状態である局在表面プラズモンにおいても，その共鳴条件は構造のサイズや形状に強く依存する．また，付随して現れる増強電場の局在性から，電場の空間構造自体が金属の試料構造によって制御可能である．実際，笹木らは，金属ナノ構造に対し，軌道角運動量をもつ光を入射させるなどして，光電場の多様なナノ空間構造を実現している（本書，Part Ⅱの3章参照）．

このような局在表面プラズモンにおける多様な光

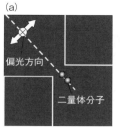
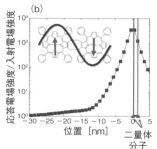

図1-3　金属ナノ構造近傍での電場強度を離散双極子近似によって計算した例

(a)金属ナノギャップ近傍に置かれた色素分子二量体のサイズのイメージ．金属構造は $L = T = 30$ nm，$H = 10$ nm のサイズをもつ直方体．ギャップは 2.82 nm（図はギャップ近傍の部分のみ表示）．(b)図(a)中に示した偏光の光（エネルギーは 1.932 eV）が垂直に入射した際の白点線に沿った電場強度．分子が存在しない条件で，離散双極子近似によって計算された．縦線は分子二量体のそれぞれの分子での電場強度をわかりやすくするために表示．挿入図は分子二量体における光学禁制な誘起分極パターンを示す．

周波数での電場増強とナノ空間構造の自由度を用いれば，単に強い勾配力によってナノ物質を捕捉するだけでなく，ナノ物質の微視的自由度と組み合わせることによって，より多彩な光圧操作が実現できると期待される．

図1-3 は，金属ナノ構造近傍での電場強度を離散双極子近似によって計算した例である[17]．この図に見るように，たとえば色素分子の二量体程度のサイズであっても，配置によっては分子内での電場強度は不均一となり，図1-3(b)挿入図のような，四重極的な誘起分極構造をもつ，光学禁制な状態も励起されうる．図1-4 は金属ナノギャップ近傍の二量体分子の吸収断面積の計算例であるが，光学禁制準位が，金属のごく近傍だけにおいて励起されることがわかる．実際，このような単一分子程度のサイズにおける禁制準位の励起は，金属ナノギャップ内での単層カーボンナノチューブのラマン散乱実験で観測され，理論解析も行われている[18]．このことから，たとえば金属ナノギャップ近傍で光圧捕捉を試みた場合，禁制準位に当たる光周波数において捕捉することも可能性であり，その捕捉状況から，暗励起状態の情報を得ることもできるかもしれない．

4　電場の非長波長性による光圧操作

局在電場の非長波長性から来る光圧操作のもう一つの可能性に，トルク制御がある．図1-5 に，金属ナノギャップ近傍にあるフタロシアニンに生じる光圧，およびトルクの計算結果を示した[19]．先述したように，局在表面プラズモン下では，単一有機分子のサイズ内で電場強度の不均一性が現れるため，たとえば色素のような一軸性分子の場合，電場の強度勾配による単純な引力・斥力のほかに，分子の方向に依存したさまざまなトルクが働くと予想される．図1-5 では，光のナノスケールな空間変動（非長波長性）を正しく取り扱う，拡張された離散双極子近似により計算した光圧の例を示している．図1-5(a)，(b)より，分子の方向によって働く力のマップが異なることがわかる．また，図1-5(c)，(d)には分子に働くトルクのマップを示した．これら両方の図から，分子はその分極方向を金属構造の辺方向に揃えるように回転しながら，金属辺の方向へ引き寄せられていくことがわかる．溶媒中などの実際の環境下では，分子の運動は光圧以外にもさまざまな要因に左右されるので，単純にこのような運動が起こるとは限らないが，上の結果は，局在表面プラズモン共鳴と電子共鳴の協奏の効果をうまく利用することによって，分子集合体の秩序化ができる可能性を示している．

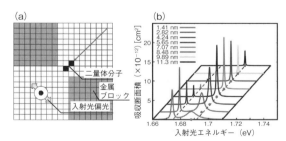

図1-4　金属ナノギャップ近傍の二量体分子における吸収断面積の計算例

(a)金属ナノギャップ近傍に置かれた色素分子二量体の模式図．金属構造は $L = T = 28$ nm，$H = 4$ nm のサイズをもつ直方体．ギャップは 2.82 nm（図はギャップ近傍の部分のみ表示）．(b)図(a)中に示した偏光の光が垂直に入射した際の，分子二量体の吸収断面積スペクトル．図(a)の斜線に沿って場所を変化させた．ギャップに近づくに従い，低エネルギー側にある禁制遷移のピークが現れ，また許容遷移のピークがブロードニングとシフトを示す．

| Part II | 研究最前線

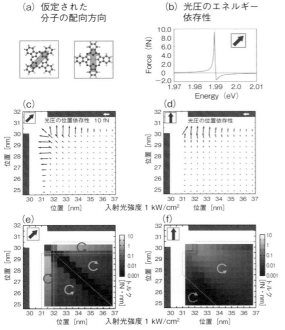

図 1-5 金属ナノギャップ近傍にあるフタロシアニンに生じる光圧，およびトルクの計算結果

(a)計算に用いられたフタロシアニン分子の構造と誘起分極の方向．(b) $L = T = 30$ nm, $H = 10$ nm, およびギャップ 2.82 nm の金ブロックのギャップ近傍[(c)に示された向き]に置かれた分子にかかる光圧．計算は非局所応答を考慮した拡張離散双極子近似による．(c, d)図中に示した分子の方向に対する光圧の位置依存性．各図中右上の黒矢印の長さは 10 fN を示す．金属構造はギャップ近傍の一部のみ示している．(e, f)図中に示した分子の方向に対するトルクの位置依存性．円形の矢印の方向は，点線で囲まれた各ブロックでのトルクの方向を示す．図 1-5 に示した計算の詳細については，文献[19]を参照のこと．[カラー口絵参照]

5 局在表面プラズモンと非線形光学効果の協奏

通常，ナノ物質を光圧で操作するためには，強いレーザー光を照射する必要があるため，電子的共鳴条件では，光学非線形性が起こりやすくなる．光ピンセットにおいて，初めて実験的に光学非線形性の役割が議論されたのは，Jiang らによる金属ナノ粒子を用いた実験においてであった[20]．そこでは尖塔値の高いパルスレーザーが，金属微粒子の三次非線形性を誘起し，捕捉ポテンシャルが二つの極小をもつようになることが明らかにされている．一方，筆者らは，有機分子などが強いレーザーに晒され，

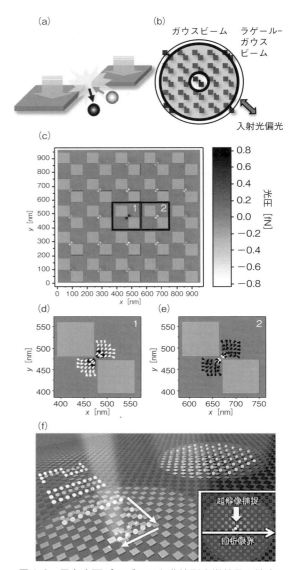

図 1-6 局在表面プラズモンと非線形光学効果の協奏

(a)金属ナノギャップ近傍のナノ粒子の励起準位占有率が反転すると，力の方向が反転する．(b)金属ナノ構造の配列にガウスビームとラゲールガウスビーム（ドーナッツ型の光渦）を照射したときのイメージ．二つのビームが重なったところでは，ナノ微粒子が利得をもつため力の向きが反転し，ラゲールガウスビームの電場振幅のない中心点でのみ捕捉が起こる．(c)図(b)で示した構造にビーム照射した際の，ナノ微粒子に発生する光圧のマップ(計算結果)．矢印の黒と白はそれぞれナノギャップに近づく方向と遠ざかる方向の力を表す．(d, e)図(c)中の 1, 2 のセルの拡大図．黒の領域と白の領域で力の方向が反転していることに注意．詳しい計算条件等は文献[26]を参照のこと．(f)超解像捕捉により作製される精細パターンのイメージ．[カラー口絵参照]

励起準位の占有確率が反転するような状況での光圧現象について議論した[21]. 通常, 光の散乱や吸収などの分極率の虚部から現れる力(散逸力)を増強する目的には共鳴条件は適しているが, 集光ビームでの捕捉には, 散逸力が勾配力を大きく上回ってしまうため, 適さないと考えられていた. しかしながら, これまでの分子捕捉の実験においては, 共鳴条件で, しかも勾配力が斥力となるはずの共鳴より高エネルギー側の条件で, 捕捉力が強くなることが示されていた[22〜24]. 筆者らのグループでは, これが強励起によって励起準位の占有率が反転することにより起こることを, 理論的に明らかにした. 非線形効果が強くなってくると, 散逸力が飽和するとともに, 励起準位占有率の反転のため, 誘起分極の位相が反転し, 共鳴準位より高エネルギー側で引力が働く. このような捕捉機構は, 最近になり, 共鳴条件での非線形効果を系統的に調べる実験によっても実証されている[25].

さて, 上述のように強い非線形効果は, 光励起による励起準位占有率の反転によって, 力の方向を反転させることがある. 最近になって, 同様の効果が局在表面プラズモンによる光圧においても起こりうることが理論的に予言され, このことを利用した超解像捕捉の提案もなされた[26]. 金属ナノギャップなど, 電場強度の強い所では, 微粒子の共鳴周波数近辺で非線形効果が起こりやすいと考えられる. 上に述べたのと同様機構で, 励起準位占有率の反転が起こると, やはり引力と斥力の反転が起こるが, これを用いると, たとえば次のような操作が考えられる. 金属ナノ構造が配列し, 多くのホットスポットが存在する場合, 通常のガウスビームの照射では, 回折限界のため多数のホットスポットで粒子が捕捉される〔図1-6(a)〕. 一方, 同時にラゲールガウスビームなどのドーナッツ型の電場強度分布をもつビームを同軸で照射し, 励起準位占有率の反転を起こすと, ビームの電場が重なったところでは力の符号が反転して, 斥力となる〔図1-6(b)〕. このため, 引力はドーナッツビームの中央部だけで働くことになり, STED顕微鏡[27]と似た機構で超解像捕捉が可能になると期待される〔図1-6(c)〕. このように, 局在表面プラズモン共鳴と電子共鳴を組み合わせることによって, 光圧による微粒子操作の自由度の拡大が可能と期待される.

6 二重共鳴による複合捕捉

光がもつ自由度と, 並列性, さらには非線形効果をうまく組み合わせれば, 従来のトップダウンやボトムアップだけでは実現が不可能なナノ構造を創り出せる可能性がある. また, そのような光の自由度に, 局在表面プラズモン共鳴と電子共鳴の効果を相乗させれば, 新奇なナノ構造や機能を造り出すための多様な操作が可能となる. 図1-7に, 期待される光圧操作の一例を示した[28]. ここでは, 長辺, 短辺

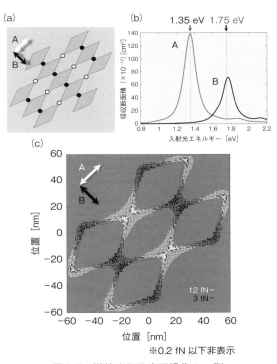

図1-7 期待される光圧操作の一例

(a)菱形の金属構造と光圧を用いて作製したヘテロナノ構造のイメージ. A, Bそれぞれの偏光で異なる場所に増強場を発生させ, 対応する遷移エネルギーをもつナノ粒子を捕捉する.
(b)菱形ナノ金属構造に対するA, Bそれぞれの偏光の場合の吸収断面積(離散双極子近似を用いた計算による). (c)四つの菱形に対して, A, Bそれぞれの偏光の光(それぞれ 1.3484 eV, および 1.7484 eV)を照射した場合の2種のナノ微粒子(遷移エネルギーが, それぞれ 1.35 eV, および 1.75 eV)に生じる光圧の空間マップ. (a)のイメージのように, 2種の微粒子が異なる場所に捕捉される可能性が示されている.

のある菱形の金属構造が，ナノギャップの配列を形成している状況を考えた．この構造体に図1-7(a)のような二種の偏光をもつ光を照射した際の，それぞれの偏光における金属構造の吸収断面積（入射エネルギー依存性）を，図1-7(b)に示した．長辺，短辺のナノギャップで，応答が強くなる周波数が異なることがわかる．対応する周波数の光を，それぞれのナノギャップで電場が増強する偏光にして，同時に照射することを考える．図1-7(c)は，それぞれのプラズモンピークに近い共鳴エネルギーをもつ，2種のナノ粒子に対する力のマップである．この図から，2種類のナノ粒子がヘテロ構造をとって整列する可能性が見てとれる．通常，トップダウンやボトムアップだけでは，所望の光学特性をもつ異種の粒子を，ナノスケールでヘテロ配列させるのは容易ではない．しかし，共鳴光学応答を通して，物質の光学特性に直接アプローチし，それをプラズモン共鳴によりアシストさせれば，光圧特有の可能性を引き出すことができる．

7 まとめと今後の展望

ナノ物質特有の，多様な物質自由度に基づいた光機能を十分に引き出すには，本来は弱い「光と物質の相互作用」を増大させる機構が必要である．光子とナノ物質に閉じ込められた量子状態が出会うチャンスを拡大するために，光エネルギーを単一量子状態の的の広さに見合った極小の空間に閉じ込める，あるいは，電子的共鳴条件を用いることによって的自体を拡大する，という戦略は，物質の光学応答を主題とするさまざまな研究分野で基本となる．このような戦略のもと，局在表面プラズモンや電子共鳴条件の利用によって増強された光と物質の相互作用は，単に光学応答に現れるだけでなく，本章で説明したようなナノ物質の光圧操作においても，重要な役割を果たす．とくに本章では，それらの二つのアプローチを相乗させることによって現れる，新しい光圧操作の自由度について議論した．今後，光がもつ周波数，偏光，角運動量などの各種の自由度と，量子力学に基づく物質の微視的自由度の協奏により，新たな光圧操作の手法が開発されることが期待され

る．さらにそのような光圧現象の観測により，運動を通してのみ可能となる物性・化学特性の解明や，新しいナノ構造・機能の創生を可能にするための環境は整いつつある．

本稿で紹介した研究例は，理論的な予想が中心であるが，現在，文部科学省科研費新学術領域研究「光圧によるナノ物質操作と秩序の創成」などを中心に，このような予想に対する実証実験が進められている．近い将来，これらの予言の多くが実現することを期待したい．

◆ 文 献 ◆

[1] M. Peltan, *Nat. Photon.*, **9**, 427 (2015).

[2] (a) M. Ichimiya, M. Ashida, H. Yasuda, H. Ishihara, T. Itoh, *Phys. Rev. Lett.*, **103**, 257401 (2009); (b) M. Takahata, K. Tanaka, N. Naka, *Phys. Rev. Lett.*, **121**, 173604 (2018).

[3] T. Iida, H. Ishihara, *Phys. Rev. B*, **77**, 245319 (2008).

[4] A. Ashkin, J. M. Dziedzic, J. E. Bjorkholm, S. Chu, *Opt. Lett.*, **11**, 288 (1986).

[5] A. Ashkin J. M. Dziedzic, *Science*, **235**, 1517 (1987).

[6] A. Ashkin, J. M. Dziedzic, T. Yamane, *Nature*, **330**, 769 (1987).

[7] K. Svoboda, C. F. Schmidt, B. J. Schnapp, S. M. Block, *Nature*, **365**, 721 (1993).

[8] T. Sugiura, S. Kawata, *Bioimaging*, **1**, 1 (1993).

[9] L. Novotny, R. X. Bian, X. S. Xie, *Phys. Rev. Lett.*, **79**, 645 (1997).

[10] K. Okamoto, S. Kawata, *Phys. Rev. Lett.*, **83**, 4534 (1999).

[11] M. L. Juan, M. Righini, R. Quidant, *Nat. Photon.*, **5**, 349 (2011).

[12] R. R. Agayan, F. Gittes, R. Kopelman, C. F. Schmidt, *Appl. Opt.*, **41**, 2318 (2002).

[13] T. Iida, H. Ishihara, *Phys. Rev. Lett.*, **90**, 057403 (2003).

[14] K. Inaba, K. Imaizumi, K. Katayama, M. Ichimiya, M. Ashida, T. Iida, H. Ishihara, T. Itoh, *Phys. Stat. Sol. (b)*, **243**, 3829 (2006).

[15] H. Ajiki, T. Iida, T. Ishikawa, S. Uryu, H. Ishihara, *Phys. Rev. B*, **80**, 115437 (2009).

[16] S. E. S. Apesyvtseva, S. Shoji, S. Kawata, *Phys. Rev. Appl.*, **3**, 044003 (2015).

[17] A. Ishikawa, K. Osono, A. Nobuhiro, Y. Mizumoto, T. Torimoto, H. Ishihara, *Phys. Chem. Chem. Phys.*, **15**, 4214 (2013).

[18] M. Takase, H. Ajiki, Y. Mizumoto, K. Komeda, M. Nara, H. Nabika, S. Yasuda, H. Ishihara, K. Murakoshi, *Nat. Photon.*, **7**, 550 (2013).

[19] Y. Mizumoto, H. Ishihara, *Proc. of SPIE*, **8097**, 80971C (2011).

[20] Y. Jiang, T. Narushima, H. Okamoto, *Nat. Phys.*, **6**, 1005 (2010).

[21] T. Kudo, H. Ishihara, *Phys. Rev. Lett.*, **109**, 087402 (2012).

[22] M. A. Osborne, S. Balasubramanian, W. S. Furey, D. Klenerman, *J. Phys. Chem. B*, **102**, 3160 (1998).

[23] G. Chirico, C. Fumagalli, G. Baldini, *J. Phys. Chem. B*, **106**, 2508 (2002).

[24] H. Li, D. Zhou, H. Browne, D. Klenerman, *J. Am. Chem. Soc.*, **8**, 5711 (2006).

[25] T. Kudo, H. Ishihara, H. Masuhara, *Opt. Exp.*, **25**, 4655 (2017).

[26] M. Hoshina, N. Yokoshi, H. Okamoto, H. Ishihara, *ACS Photon.*, **5**, 318 (2018).

[27] S. W. Hell, J. Wichmann, *Opt. Lett.*, **19**, 780 (1994).

[28] Y. Yamada, T. Yokoyama, H. Ishihara (unpublished).

Part II 研究最前線

Chap 2

プラズモン共鳴の エキゾチックな時空間構造
Exotic Time-Space Structures of Plasmon Resonances

岡本 裕巳
(分子科学研究所)

Overview

金属ナノ構造に励起される表面プラズモン共鳴は，構造体のサイズや形状によってその共鳴挙動が大きく変化して特異な時空間構造を示し，それが特異な光学特性の起源となっている．局在した光，遅い光や負の屈折率などが発生し，また伝搬光と強く相互作用してきわめて高速の放射緩和が起こり，それが表面増強分光の重要な要因となる．キラルな構造をもつプラズモン共鳴は，巨大な光学活性を引き起こすとともに，分子のキラリティに起因する光学活性信号を増強する．こうした特異な性質は，分光手法や電磁気学計算のほか，最近では顕微分光手法によっても明らかとなってきている．プラズモンのエキゾチックな特性と分子物質との組み合わせなどにより，さらに新たな物質特性・操作を可能とすることも期待される．

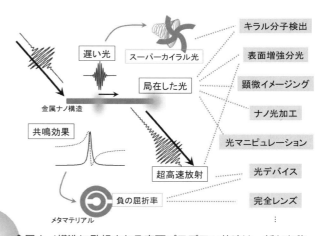

▲金属ナノ構造に励起される表面プラズモン共鳴は，新たな物性・操作を可能にする

■ **KEYWORD** 📖マークは用語解説参照

- 分散関係 (dispersion relation)
- メタマテリアル (meta-material) 📖
- 超高速放射緩和 (ultrafast radiative relaxation)
- 波束の伝搬 (wave packet propagation)
- 光学活性 (optical activity)
- スーパーカイラル光 (superchiral light) 📖
- 走査型近接場光学顕微鏡 (scanning near-field optical microscope) 📖

はじめに

金属ナノ構造物質は，紫外域から可視域にかけて強く光と共鳴する表面プラズモン共鳴を発生するため，特有の光学特性を示す．球状微粒子のほか，さまざまな形状の異方性をもつ微粒子が，それぞれの形状・サイズに特有のプラズモン共鳴を示す．半導体加工技術として発展した電子線描画法などのナノ構造作成技術が進歩し，とくに二次元構造は任意の形状が作成可能となり，三次元的な構造も一部で設計した構造の作成が可能となった．これらもそれぞれに特有の光学特性を示し，また電磁気学計算手法を併用することで，欲しい光学特性を実現するナノ構造を設計して作成することも条件によっては可能である．このような作成技術の発展によって，従来の物質の光学特性とは異なる特性をもつ物質の作成に興味がもたれるようになってきている．本章では，新しいプラズモン物質が示すいくつかの特徴的な光学特性について，初歩的な解説を試みる．

ユニークな光学的特性の代表的なものの一つは，負の屈折率をもつメタマテリアルであろう[1,2]．物質の屈折率 n は比誘電率 ε の平方根と比透磁率 μ の平方根の積 $n=\sqrt{\varepsilon}\sqrt{\mu}$ で与えられ，負の屈折率は，誘電率と透磁率がいずれも負の場合に実現できると考えられている．誘電率は金属材料で負値となるが，透磁率が負の材料は自然界には存在しない．金属ナノ構造の形状を設計して表面プラズモン共鳴の特性を利用することで，ある波長範囲において透磁率が負となる物質を作成して，負の屈折率を実現する試みが広く行われている[3,4]．その要点は，以下のように考えることができる．金属ナノ構造は，光の振動数領域でコンデンサー，インダクタンス，抵抗からなる回路と見なすことができ，プラズモン共鳴はその回路の共鳴に対応する．この回路に含まれるインダクタンスには，磁場が誘起され，その大きさは共鳴振動数付近で大きく変化する．共鳴振動数よりも高い振動数において，磁場の位相が反転し，条件によって負の透磁率が実現する．これによって負の屈折率が得られることになる（図2-1）．メタマテリアルによる負の屈折率をもつ物質については，多くの文献，書籍があり，詳細はそれらの解説に譲る[2]．

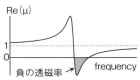

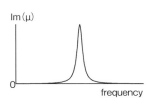

図2-1 金属ナノ構造(a)とその光振動数領域における等価回路(b)，透磁率（実部，虚部）の振動数依存性と負の透磁率発現の概念(c)

この例に見るように，プラズモン物質の光学特性は，広い範囲の設計可能性をもっている．もちろん材料の光学特性による限界もあり，また開発しようとした意図とは異なる意外な特性が見いだされることもある．以下ではまず，そうしたプラズモン物質の特異な光学特性の基礎となる，表面プラズモンポラリトンの分散関係と，プラズモン共鳴のスペクトルバンド形状に関係する緩和過程および超高速過程についてまとめる．続いてプラズモンによる特異な光学特性の顕著な例の一つとして，キラルなプラズモンについて解説する．またプラズモンに特有の電磁気学的結合に起因する特異なスペクトル特性について解説する．

1 表面プラズモンの波，分散関係

金属表面近傍では，電荷の疎密波と電磁場が結合した表面プラズモンポラリトン（ここでは単に表面プラズモンとよぶ）とよばれる波が存在し，金属表面場を伝播することができる（伝搬型プラズモン）．二次元に広がった平面の金属表面では，その角振動数 ω と波の空間的な波数 k の関係（分散関係）は，

$$k = \frac{\omega}{c}\sqrt{\frac{\varepsilon\varepsilon_m}{\varepsilon+\varepsilon_m}} \qquad (1)$$

であり[5]，その状況を図2-2に示す．ここで，c は真空中の光速度，ε, ε_m はそれぞれ金属と媒質の誘

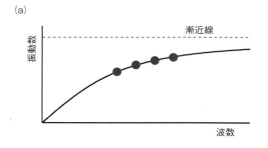

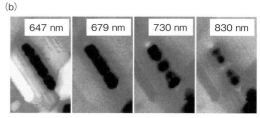

図2-2 金属表面における表面プラズモンポラリトンの分散曲線(a)と金ナノロッドの近接場イメージ[9](b)

(a)の分散曲線上の四つの黒丸は，(b)の近接場イメージと共鳴振動数から得られたプラズモンモードの波数，振動数を，適当なスケールをかけてプロットしたもの．

Reproduced with permission. Copyright (2006) The Royal Society of Chemistry.

誘電率(振動数に依存)である．通常の伝搬光の場合，媒質の誘電率を ε_m とすると $k = \frac{\omega}{c}\sqrt{\varepsilon_m}$ であり，波数は振動数に比例する．上記の式(1)では，金属の誘電率の振動数依存性のため，k は ω に比例しない．金属の誘電率は，一般に負値で低振動数(すなわち長波長)ではその絶対値が大きく，高振動数(短波長)になるに従い小さくなる．したがって，低振動数の極限では k は ω に比例し，高振動数になるに従い比例関係が崩れて，急激に k が増加するようになり，$\varepsilon + \varepsilon_m = 0$ となる振動数(金属の種類に依存)で，漸近的に k は無限大となる(実際には金属の誘電率は複素数で，無輻射緩和に関係する虚部があり，分散関係もその影響を受ける)．この振動数に近い領域では，プラズモン波の波数は同じ振動数の伝搬光よりもはるかに大きくなる(つまり空間的に波長が短くなる)．また波の位相速度 $v_p = \omega/k$ や，群速度 $v_g = d\omega/dk$ は，この振動数に近づくとゼロに近づき，プラズモンの波はきわめて遅く進むことになる．こ

のことが，プラズモンのユニークな光学特性を解釈するうえで重要な要因となっている．

式(1)は，二次元平面の金属表面に関するものであるが，一次元的な金属ナノワイヤ上のプラズモンについても，同様の分散関係があり，ある振動数に向かって漸近的に波数が大きくなっていく．無限長のワイヤでは，プラズモン波は任意の波数を取りうるが，有限長のワイヤ(あるいはロッド)形状の微粒子では，その長さで決まる離散的な値の波数のみが現れる[6]．実際に，このような貴金属ナノロッド上に発生するプラズモンの定在波(局在型プラズモン)は，高い空間分解能をもつ近接場光学顕微鏡[7]や電子顕微鏡[8]の手法によって観察されている(図2-2)[9]．

2 表面プラズモンの緩和，超高速過程

プラズモンは，伝導電子が集団平均として秩序をもって振動することで発生する．この集団平均としての振動の振幅がさまざまな要因で小さくなることで，プラズモンが緩和する．無限の広がりをもつ二次元平面や一次元ワイヤでは，前述のようなプラズモンの分散関係があり，表面プラズモンの波数は同じ振動数の光の波数(真空中)よりも常に大きくなる．このため，プラズモンと光は位相が合わず，プラズモンと光の間のエネルギーのやりとりができないので，表面プラズモンから光が放出されることはない．しかし，ナノ構造をもつ金属表面や金属のナノ微粒子では，この位相に関する条件が緩和され，プラズモンと光は強く相互作用する．その結果，金属ナノ微粒子や金属ナノ構造のプラズモン共鳴は，その振動数の光を強く放出して緩和する．プラズモンと光の相互作用が強く，きわめて高速の輻射緩和が起こり，また材質によっては無輻射緩和も高速で起こるため，多くの物質でプラズモン共鳴は，緩和がきわめて高速な励起状態となる．たとえば金のナノ微粒子では，その形状・サイズや共鳴の振動数にもよるが，プラズモンの寿命はほぼ 20 fs(femto second)以下である(図2-3)[10〜13]．このような超高速の緩和は，単一微粒子の顕微分光法によるプラズモン共鳴スペクトルのバンド幅の解析から，系統的な解析が

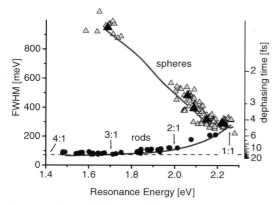

図2-3 金ナノ微粒子(球状微粒子および棒状微粒子)のプラズモンの緩和時間と共鳴エネルギーの相関[12]

Reproduced with permission. Copyright (2002) American Physical Society.

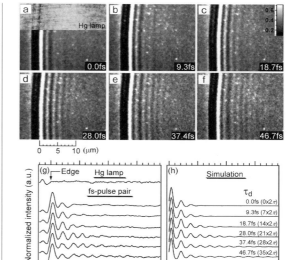

図2-4 銀薄膜上の伝搬型プラズモンの時間分解光電子顕微鏡による観察[15]

Reproduced with permission. Copyright (2007) American Chemical Society.

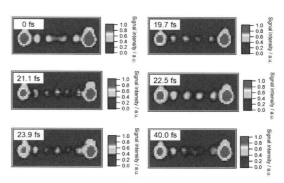

図2-5 金ナノロッドにおけるプラズモン波束の運動の時間分解近接場光学イメージングによる観察[16]

Reproduced with permission. Copyright (2015) American Chemical Society.

なされているほか,単一微粒子の顕微超高速分光法によっても直接情報が得られている.

プラズモンが関与する動的過程は,すべてこの短い寿命の中で完了することになる.たとえばプラズモンが局所的に瞬間的に励起されると,プラズモンの波束が発生し,それが空間的に伝搬するが,この伝搬の到達距離は群速度と寿命で決まることになる.このようなプラズモン波束の伝搬を直接可視化するには,数fs以下の時間分解能で,顕微イメージングを行う必要がある.通常の光学顕微鏡では,プラズモンの波束を直接観察するのに十分な空間分解能は得られず,近接場光学顕微鏡や電子顕微鏡の空間分解能が必要である(例外として,干渉によってプラズモン波を低い波数に変換して光学顕微鏡で観察した例がある[14]).また数fsの時間分解能は,光を用いて初めて実現する.したがってこのような実験研究には,超短光パルスを用いた近接場光学顕微鏡や,光電子顕微鏡が必要になる.図2-4に,銀薄膜表面のプラズモン波束が,時間とともに伝搬・減衰する状況を,光電子顕微鏡で観察した例を示す[15].この例では,銀薄膜上にサブミクロンオーダーのスリットを設け,それを光励起することでプラズモン波束を発生・伝搬させ,プローブパルスを照射して,fsオーダーで波束の動きを反映する時間分解光電子顕

微イメージを得ている.有限長の一次元系であるナノロッド上のプラズモン波束の動きの,超高速近接場光学顕微鏡イメージングによる観察も報告されている.図2-5にその例を示す[16].ここでは,ロッド上のある位置で光励起により波束を発生させ,同じ位置でプローブパルスを照射して,その光学応答を観測している.これを試料上の各点で行い,波束の

動きを反映する時間分解イメージングを実現している．遅延時間 20 fs 付近から，ロッドの中心付近で波束が動く状況が見られる．このような高速な波の伝搬が見られるのは，物質励起と光が強く結合し，特異な分散関係を示す表面プラズモンポラリトンの特徴であり，これによって，ナノデバイスによる高速情報処理・情報伝達などへの応用が期待されている．

3 キラルな構造をもつプラズモン

キラリティ（chirality，掌性）とは，系（物体のみならず，場，現象などを含む）がその鏡像と重ならない性質のことで，対称性の観点からは，回映軸がない系がキラル（chiral）で，ある系がアキラル（achiral）である．分子のキラリティはその典型であるといえる．円偏光の電磁場はキラルな構造をもっており，左回りと右回りの円偏光が存在する．キラルな構造物は左円偏光と右円偏光に対して異なる応答を示し，キラルな分子の光学活性はその例となっている．キラルな構造をもつ分子の吸収スペクトルは，左円偏光と右円偏光で異なり，これは円偏光二色性（circular dichroism：CD）とよばれる．また直線偏光（同じ振幅の左円偏光と右円偏光の重ね合わせと見なせる）をキラルな分子に入射すると，透過光の偏光方向は入射光のそれから回転し，これは旋光性（optical rotation：OR）とよばれ，これらが代表的な光学活性である．

最近では，化学合成によるさまざまな金属ナノ構造微粒子の作成法や，電子線描画法による二次元・三次元金属ナノ構造作成法が精密化・一般化し，それらの表面プラズモンに関する光学活性の研究が注目されるようになってきた．また，そのような金属ナノ構造体の光学活性を利用した，キラル分子・超分子の高感度検出手法が報告され，注目されている．この節では，プラズモンに特徴的なキラルな光学的相互作用に関する基礎的な解説と，光学活性信号の増強，キラルなプラズモンのイメージングについて概要を述べる．

3-1 円偏光と物質のキラルな相互作用

円偏光は，電磁場が螺旋状のキラルな構造をもつ光である．自由空間を伝搬する円偏光の螺旋構造のピッチは光の波長に一致する．CD，OR の検出に通常用いられる赤外～近紫外域の光の波長は数百 nm であり，これが光のキラリティの空間スケールである．一方，分子のキラル構造の空間スケールは数 nm かそれ以下のオーダーである．分子の空間スケールでは，自由空間中の光の電磁場はほぼ一定ということになり，したがって円偏光が照射されても，分子はそのキラリティを感じることがほとんどできない．このような光と分子の空間スケールの大きなミスマッチのため，通常，分子の光学活性信号は非常に小さく，光学活性分光法の感度は低くて，多量の試料が必要であるといわれる．大きな分子，分子集合体などでキラリティの空間スケールが大きい場合は，大きな光学活性信号が生じる場合がある．

電磁場のキラリティの程度を表す指標として，optical chirality という量が用いられる（適切な和訳がないので，英語で表記する）[17,18]．

$$C \equiv \frac{\varepsilon_0}{2} E \cdot \nabla \times E + \frac{1}{2\mu_0} B \cdot \nabla \times B$$

$$= -\frac{\omega \varepsilon_0}{2} \mathrm{Im}(E^* \cdot B) \qquad (2)$$

この C は，円偏光の角運動量と比例関係にあり，直線偏光でゼロ，左右円偏光で逆符号の有限値となる．一定の光強度の条件下では，完全な円偏光となった時に C の絶対値が最大となる．また円偏光（あるいは楕円偏光）の螺旋構造のピッチが短いほど C は大きくなる．つまり，電磁場の空間的なねじれが大きいほど，C が大きい．ただし，C は電場と磁場の大きさに比例する量であるため，光の強度にも比例する因子があることには注意が必要である．光と物質のキラルな相互作用は，C が大きいほど大きくなると考えられている．光学活性信号も，C の大きな電磁場によって大きくなることが期待される．キラルなプラズモンを用いることで，それが可能になる．

3-2 キラルな金属ナノ構造の光学特性

平面上の卍型，S 字型の構造は，回転対称性をもつが，二次元面内にある限りは自身の鏡像と重ならない構造であり，二次元面内のキラル構造である．二次元の金属ナノ構造を作成する技術は，電子線描

画法などによって十分確立しており、それによって作成された、二次元キラル貴金属ナノ構造の光学活性に関する研究が行われるようになってきた。典型的な例として、2005年に報告された卍型金ナノ構造体配列試料とその鏡像体、関連するアキラル構造（十字状構造）試料の光学活性（CD, OR）スペクトルを図2-6に示す[19]。この波長領域に強いプラズモン共鳴があり、キラルナノ構造体では強いCDとORが観測され、鏡像体でたがいに逆符号となっている。アキラルナノ構造体では、光学活性信号は誤差の範囲で観測されていない。電子線による描画プロセスを複数回経ることで、三次元的なナノ構造の作成も可能となってきており、そのような手法で作成されたキラル金属ナノ構造試料でも、強い光学活性信号が観測されている[20]。また電子線描画法によらずに三次元的なキラル金属ナノ微粒子を作成する方法も開発されており[21]、化学的な合成手法で比較的大量作成も可能となっている[22]。そのような方法では、溶液中にキラル金ナノ微粒子を分散させた試料も作成可能で、それらの試料においても強い光学活性が観測されている。

これらの強い光学活性の起源に関しても議論がなされている。一つの要因として、金属ナノ構造近傍の電磁場（近接場）で、optical chirality が自由空間中の円偏光のそれよりも大きくなることが考えられている。2-1節で述べたように、プラズモン物質においては、プラズモン波が遅く進むという特異な性質があり、プラズモンと結合した近傍の電磁場も自由空間における光の速度よりも遅く進む結果、近接場領域では、円偏光電場の螺旋構造のピッチが実質的に短くなると考えられる。このような効果によって、プラズモン物質表面付近では、強くねじれた、optical chirality の大きな電磁場が発生すると考えられ、それが強い光学活性の一つの起源であると考えられる。このような自由空間よりも optical chirality が大きくなった、強くねじれた構造をもつ電磁場は、superchiral light（スーパーカイラル光）とよばれる。プラズモン物質における強い光学活性の機構には、このほかにもいくつかの要因があると考えられており、物理的な起源がまだ完全に理解されてはいない。

3-3 プラズモン物質によるキラル分子の超高感度検出

前述のように、プラズモン物質の近傍では optical chirality が増大し、分子スケールのキラリティと電磁場のねじれの空間スケールのミスマッチが、緩和されると考えられる。その結果、分子スケールの物質と電磁場のキラルな相互作用が増強することが期待される。キラル金属ナノ構造配列の光学活性信号を用いて、キラル分子の高感度検出が可能であることが報告されている。図2-7にその例を示す[23]。この例では、卍型金ナノ構造とその鏡像体のCDスペクトルを測定し、金の表面にβ-ラクトグロブリンが吸着した際のCDピークのシフトを観測している。卍型金ナノ構造のCDピークは、β-ラクトグロブリンの吸着で短波長シフトするが、鏡像体では長波長シフトしている。この波長シフトの分子数に対する

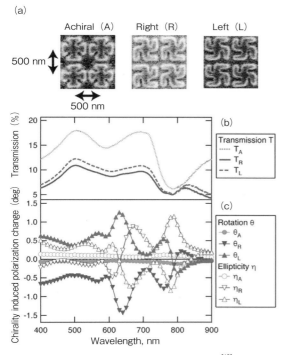

図2-6　卍型金ナノ構造の光学活性[19]
（a）金ナノ構造資料の電子顕微鏡像、（b）透過スペクトル、（c）円偏光二色性（η）および旋光性（θ）スペクトル．
Reproduced with permission. Copyright (2005) American Physical Society.

| Part II | 研究最前線 |

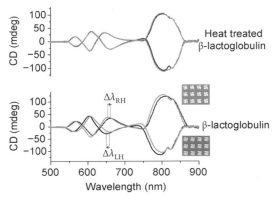

図2-7　プラズモンポラリメトリによるタンパク分子の高感度検出[23]

卍型金ナノ構造表面に吸着した微量のタンパク分子により，プラズモン共鳴の波長がシフトし，その大きさが卍型の掌性によって異なる．
Reproduced with permission. Copyright (2010) Springer Nature.

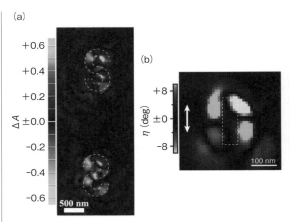

図2-8　金ナノ構造の近接場光学活性イメージ

(a) S字型金ナノ構造の近接場円偏光二色性イメージ[24]，および(b)長方形金ナノ構造の近接場ポラリメトリによる楕円率イメージ[25]．
Reproduced with permission. Copyright (2013, 2018) American Chemical Society.
[カラー口絵参照]

感度は，通常のCDによる測定に比べて，6桁程度も高いと見積もられており，これにはキラル金ナノ構造近傍のsuperchiral lightが関与していると考えられている．

3-4　キラルなプラズモンのイメージング

プラズモン物質のキラルな光学特性の起源を解明し，キラルなプラズモンの特性を設計するうえで，キラルなプラズモンの空間構造を可視化することが有効であると考えられる．たとえば電磁気学計算によって，optical chiralityの空間分布をシミュレーションで求めることも可能であるが，実験的にキラルな光学特性を局所的に計測して顕微イメージングを行い，それを解析することで，キラルなプラズモンに関する理解が進むことが期待される．これまでに，光学活性による近接場および遠方場のイメージングがいくつか報告されている．ここではその例として，近接場光学顕微鏡による二次元キラルおよびアキラル金ナノ構造試料に対する，光学活性イメージングを紹介する．

二次元キラル構造であるS字型金ナノ構造とその鏡像体について，局所的なCD信号を近接場光学顕微鏡でイメージとして測定した例を，図2-8(a)に示す[24]．単一のS字型構造体の中に正負のCD信号が混在し，また鏡像体でその分布の状況が反転している．注目すべきことは，これらの試料の局所的なCD信号強度が，同じ試料のマクロに測定したCD信号よりも，2桁程度も大きいことである．金ナノ構造上で局所的には強くねじれた，superchiral lightが発生しており，それにより強いCD信号が発生したと考えられる．定性的には，単一の構造の中で正負のCD信号が混在しているために，マクロな測定では，平均として残余の小さな信号が得られたと考えることができよう．

このように，物質のマクロな光学活性と局所的な光学活性は一般的に大きく異なる特性をもつ．極端な例は，アキラルなナノ構造物質の局所光学活性である．図2-8(b)は，金ナノロッドの近接場領域の局所光学活性を，CDに相当するある方法で観測したイメージである[25]．ナノロッドは二次元面内でアキラルな構造であり，マクロな光学活性は現れない．しかし図に示すとおり，局所的にはS字型の例と同様，正負の非常に強い光学活性信号が分布する．試料の構造を局所的に見ると，たとえばロッドの左上の部分と右上の部分はたがいに鏡像関係にあり，環境が左右反転している．すなわち局所的にはキラルであることがわかる．ロッドは全体としてアキラ

+ COLUMN +

★いま一番気になっている研究者

Alexander Govorov
（アメリカ・オハイオ大学物理・天文学科 名誉教授）

　Govorov教授は，ロシア出身アメリカ在住の理論研究者である．1991年にノボシビルスクの半導体物理学研究所でPhDを取得後，そこで引き続き研究者のキャリアを経て，2001年にアメリカ・オハイオ大学に渡り，2010年に教授に就任した．多くの海外の研究機関で客員教授・併任教授も務めている．光物性理論，とくにナノ構造物質の光学特性・電子特性の分野で独創的な研究成果を数多く発表しており，多数の国際共同研究を精力的に行っている．プラズモンの関連では，プラズモン励起に伴うホットエレクトロン生成や熱発生のモデルを提唱し，理論的に解析・解明した業績がよく知られているほか，ナノ構造の光学活性とキラルなプラズモンと物質の相互作用に関して，重要な研究成果を多数報告しており，キラルプラズモンの理論的研究においては世界的な第一人者である．キラルプラズモンに関しては，スピンや磁性との相互作用にも研究を拡張している．Govorov教授は，実験研究者との共同発表論文を多数公表しており，実験の解析，実験研究をインスパイアする理論の構築を非常に重視している．このことが，ユニークな発想でインパクトの高い成果を次々と発表している原動力の一つになっているのだろう．

ルであるが，局所的にはキラルであり，superchiral lightが発生して，光学活性を示していると考えられる．

4　まとめと今後の展望

　この章では，表面プラズモン共鳴を示す物質が，ほかの物質とは大きく異なる特徴的な光学特性を示すことを，キラル光学特性の例を中心に解説した．文中に述べたように，これらの特異な光学特性は，表面プラズモンが光と強く結合した表面プラズモンポラリトンを形成すること，またその特徴的な分散関係に起因し，構造を設計することで，特性を柔軟に変化させることが可能であることに依っている．紙数の関係で述べなかったが，構造を適切に選択することで，光学的に許容な(すなわち励起可能な)プラズモンモードと光学的に禁制のモードが近接した振動数に位置する場合，それらの間に相互作用が生じると，Fano共鳴や電磁誘導透明化などと関連する特異なスペクトル特性が現れることが報告されており[26]，それに起因する特徴的な光学特性や動的特性も見込まれる．プラズモンに起因するこれらのエキゾチックな光学特性が，近い将来さらに，新たな物質特性や物質操作を引き出す基礎となることが期待される．

◆ 文　献 ◆

[1] J. B. Pendry, *Phys. Rev. Lett.*, **85**, 3966 (2000).
[2] 田中拓男，『光メタマテリアル入門』，丸善 (2016).
[3] D. R. Smith, J. B. Pendry, M. C. K. Wiltshire, *Science*, **305**, 788 (2004).
[4] S. Linden, C. Enkrich, M. Wegener, J. Zhou, T. Koschny, C. M. Soukoulis, *Science*, **306**, 1351 (2004).
[5] 斎木敏治，戸田泰則，『ナノスケールの光物性』，オーム社 (2004), p.15.
[6] G. Schider, J. R. Krenn, A. Hohenau, H. Ditlbacher, A. Leitner, F. R. Aussenegg, *Phys. Rev. B*, **68**, 155427 (2003).
[7] K. Imura, T. Nagahara, H. Okamoto, *J. Chem. Phys.*, **122**, 154701 (2005).
[8] D. Rossouw, M. Couillard, J. Vickery, E. Kumacheva, G. A. Botton, *Nano Lett.*, **11**, 1499 (2011).
[9] H. Okamoto, K. Imura, *J. Mater. Chem.*, **16**, 3920 (2006).
[10] B. Lamprecht, J. R. Krenn, A. Leitner, F. R. Aussenegg, *Appl. Phys. B*, **69**, 223 (1999).

[11] Y. Liau, A. N. Unterreiner, Q. Chang, N. F. Scherer, *J. Phys. Chem. B*, **105**, 2135 (2001).

[12] C. Sönnichsen, T. Franzl, T. Wilk, G. von Plessen, J. Feldmann, O. Wilson, P. Mulvaney, *Phys. Rev. Lett.*, **88**, 077402 (2002).

[13] Y. Nishiyama, K. Imaeda, K. Imura, H. Okamoto, *J. Phys. Chem. C*, **119**, 16215 (2015).

[14] T. Hattori, A. Kubo, K. Oguri, H. Nakano, H. T. Miyazaki, *Jpn. J. Appl. Phys.*, **51**, 04DG03 (2012).

[15] A. Kubo, N. Pontius, H. Petek, *Nano Lett.*, **7**, 470 (2007).

[16] Y. Nishiyama, K. Imura, H. Okamoto, *Nano Lett.*, **15**, 7657 (2015).

[17] Y. Tang, A. E. Cohen, *Phys. Rev. Lett.*, **104**, 163901 (2010).

[18] T. J. Davis, E. Hendry, *Phys. Rev. B*, **87**, 085405 (2013).

[19] M. Kuwata-Gonokami, N. Saito, Y. Ino, M. Kauranen, K. Jefimovs, T. Vallius, J. Turunen, Y. Svirko, *Phys. Rev. Lett.*, **95**, 227401 (2005).

[20] M. Hentschel, M. Schäferling, B. Metzger, H. Giessen, *Nano Lett.*, **13**, 600 (2013).

[21] A. G. Mark, J. G. Gibbs, T.-C. Lee, P. Fischer, *Nat. Mater.*, **12**, 802 (2013).

[22] H.-E. Lee, H.-Y. Ahn, J. Mun, Y. Y. Lee, M. Kim, N. H. Cho, K. Chang, W. S. Kim, J. Rho, K. T. Nam, *Nature*, **556**, 360 (2018).

[23] E. Hendry, T. Carpy, J. Johnston, M. Popland, R. V. Mikhaylovskiy, A. J. Lapthorn, S. M. Kelly, L. D. Barron, N. Gadegaard, M. Kadodwala, *Nat. Nanotechnol.*, **5**, 783 (2010).

[24] T. Narushima, H. Okamoto, *J. Phys. Chem. C*, **117**, 23964 (2013).

[25] S. Hashiyada, T. Narushima, H. Okamoto, *ACS Photon.*, **5**, 1486 (2018).

[26] N. Liu, L. Langguth, T. Weiss, J. Kästel, M. Fleischhauer, T. Pfau, H. Giessen, *Nat. Mater.*, **8**, 758 (2009).

Chap 3

光ナノシェーピングと光圧トルク操作

Optical Nano-Shaping and Nano-Manipulation Using Photon Angular Momenta

笹木 敬司
（北海道大学電子科学研究所）

Overview

局在プラズモンを利用して光をナノサイズまで絞り込むとともに，局在場の振幅・位相・偏光の空間分布をシングルナノスケールで自在に成形する光ナノシェーピング技術について解説する．まず，スピン・軌道角運動量をもつ光渦ビームの基礎について概説し，光から局在プラズモンに角運動量が転写されて多重極子プラズモンが選択的に励振される現象を説明する．次に，金属多量体構造のナノギャップ部に増強光渦場を形成し，照射光の角運動量を制御してナノ局在場の形状制御を実現する手法を紹介する．この光ナノシェーピングにより，電子遷移の選択則を完全に打ち破る光反応プロセスを実現したり，ナノ成形場の光圧トルクを用いてナノ物質のナノ回転運動を誘起することが可能になる．

▲プラズモニック多量体構造によるナノ局在光渦場の形成と分子励起ダイナミクス制御・ナノ空間光回転操作への応用

■ KEYWORD 📖マークは用語解説参照

- ■光渦（optical vortex）
- ■スピン・軌道角運動量（spin and orbital angular momenta）📖
- ■多重極子プラズモン（multipole plasmons）
- ■光ナノ回転操作（optical nano-rotational manipulation）

はじめに

レーザー技術の進歩が最先端の光計測・分光技術を生み出し，さらに光化学・光物理など光サイエンスの発展に貢献してきたことはいうまでもない．最近の超短パルスレーザーは高次高調波発生技術によってアト秒領域に達し，原子内の電子の軌道運動を直接観測し操作する研究が実現しつつある．時間幅の「短さ」だけでなく，周波数と位相を自在にコントロールしてパルス内の光電場の時間プロファイル「形」を制御する技術や，光コムのような超精密波形の光源技術は，革新的な計測・解析技術への展開が期待される(CSJ カレントレビューⅡ 18『強光子場の化学：分子の超高速ダイナミクス』に詳しい)．

時間的な光閉じ込めの一方で，空間的な光閉じ込めの技術も光科学・光計測・光操作の研究に新しいフィールドを拓いている．プラズモニック技術や近接場光制御技術の進展は，回折限界を超えてナノサイズまで光を絞り込むことを可能にした．光子と分子の相互作用は，分子の吸収断面積(nm^2オーダー)と光子のモード面積(回折限界として~μm^2)の「サイズミスマッチ」によりきわめて低い効率であるのに対し，金属ナノ構造体の電子集団振動と光のカップリングにより生成する局在プラズモンは，光をナノサイズの空間に絞り込む機能(光アンテナ効果)があり，分子の励起確率を4桁以上増強して発光過程，ラマン散乱，光反応プロセス，非線形光学過程，光圧発生などの超高効率化を実現することができる[1,2]．

さらに光スポットの「小ささ」だけでなく，局在プラズモン場における光電場の振幅・位相・偏光の空間分布をナノスケールで自在に成形する技術も開発されつつある．光子と分子のサイズだけをマッチングしても，分子の励起ダイナミクスを自在に制御することはできない．たとえば，電気双極子遷移(許容遷移)はサイズマッチングした光子によって高効率に誘起できるが，電気四重極子遷移・磁気双極子遷移や高次多重極子遷移(禁制遷移)は，光子と分子の「形状ミスマッチ」によって励起することはできない[3,4]．光の「形」を電子の波動関数や分子の立体構造とマッチングさせる技術により，電子遷移の選択則を完全に打ち破り，これまでの常識を超えた光物理現象や光反応プロセスが実現できれば，高機能光デバイス，光エネルギー変換材料，医療創薬の開発をはじめさまざまな物質科学においてブレークスルーとなりうる新しい展開が期待される．

本章では，角運動量をもつ光と金属ナノ構造体の多重極子プラズモンのカップリングについて解説するとともに，金属ギャップ構造の局在プラズモン場に光の角運動量を転写してナノ空間における増強光電場の振幅・位相・偏光の自在な制御を実現する「光ナノシェーピング技術」の原理について概説する．また，ナノ成形光が発生する光圧トルクを利用してナノ物質のナノ軌道回転運動を誘起する研究「光圧トルク操作」やその応用について紹介する．

1 光のスピン角運動量と軌道角運動量

光の電場を記述するパラメータとして，振幅，位相，振動数，波数以外に偏光がある．光電場ベクトルが二次元平面でどのように振動するかを表すのが偏光である．その一種である円偏光は，空間の一点における光電場ベクトルが円形に回転する状態であり，光の進行方向に対して右回転が右円偏光，左回転が左円偏光である．直線偏光を含む任意の偏光状態は右円偏光と左円偏光の線形和で表すことができる．量子光学によると，右・左円偏光は光子1個当たり，それぞれ±$\hbar$($\hbar$は換算プランク定数)のスピン角運動量をもち，$s=\pm 1$の円偏光モードとよぶ．参考までに，光子1個の運動量は$\hbar k$(kは波数)で与えられる．

このスピン角運動量に加えて軌道角運動量をもつ光が形成できることを，1992年，Allenらが論文発表した[5]．図3-1(a)は，軌道角運動量をもたない円偏光ガウスビームの電場分布である．各点の矢印は電場ベクトルを表し，すべての点の電場ベクトルが方向を揃えて(同位相で)回転振動する．1秒間の回転数が光の振動数(可視光では数百THz)である．図3-1(b)は，スピン角運動量と軌道角運動量を併せもつ光の電場分布を示している．各点の電場ベクトルが回転する円偏光状態は図3-1(a)と同じだが，電場ベクトルの向き(位相)がビーム中心を原点とし

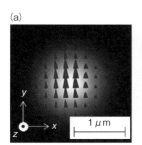 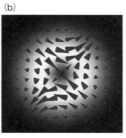

図 3-1 スピン角運動量をもつ円偏光ガウスビームの電場分布(a)とスピン・軌道角運動量を併せもつラゲール・ガウス(光渦)ビームの電場分布(b)

各点の電場ベクトル(矢印)は時間とともに回転する．

た方位角に依存して変化している．この図の場合，方位角が 2π 変化するのに対して，電場ベクトルの向きが右回りに1周(位相が 2π)回転している．この状態を $l=1$ のラゲール・ガウスモード(LG モード)とよび，量子光学によると，光子1個当たり軌道角運動量 $\hbar$ をもつ．方位角1回転に対して電場ベクトルが右回り2周(4π 位相変化)する状態は $l=2$，右・左回りに l 周する状態はそれぞれ $\pm l$ 次の LG モードであり，光子1個当たり $\pm l\hbar$ の軌道角運動量を運ぶビームとなる．この LG モードビームは等位相面が l 重の螺旋状になるため，光渦ともよばれる．ビームの中心は位相が定まらない特異点となるため，光電場がゼロであり，光渦はドーナツ状の光強度分布をもつ．

直線偏光から円偏光への変換，すなわち光にスピン角運動量を与えるには，複屈折性材料を使った波長板を用いることはよく知られている．一方，光渦の生成についても，方位角に依存して板厚が変化する螺旋位相板や空間位相変調器を利用すれば，ガウスビームから LG モードビームへの変換，すなわち軌道角運動量をもつ光渦を生成することが容易に実現できる．ただし，波長板，螺旋位相板，空間位相変調器ともに波長依存性があるため，波長域の広い光源を光渦に変換する場合は注意が必要である．

2 光からプラズモンへの角運動量転写

光の軌道角運動量を原子・分子の電子波動関数に転写すれば，電気四重極子遷移などの禁制遷移を励起することが可能となり，長波長近似に基づく選択則の制約をまったく受けない光励起ダイナミクスが実現できる．すでに，光渦により冷却カルシウムイオンの四重極遷移を励起する実験が報告されている[6]．しかし，光渦ビームをレンズで絞り込んでも，回折限界によってスポットサイズは μm オーダーより小さくはできず，電子波動関数の nm サイズとは大きなミスマッチがある．そのため，軌道角運動量を電子の運動に転写して禁制遷移を励起する効率はきわめて低く，特殊な物質系・実験系にしか適用できないという限界がある．一方，光の軌道角運動量を μm サイズの粒子に転写して光圧トルクを発生させ，微粒子の軌道回転運動を誘起する実験も報告されている．しかし，この光回転操作も，光渦ビームの回折限界のため，μm オーダー以下の微小な回転は不可能であり，また，nm サイズの粒子を操作するための強力な光圧トルクを発生させることは，現実的には難しいという問題がある．

そこで，局在プラズモン共鳴の光アンテナ効果を

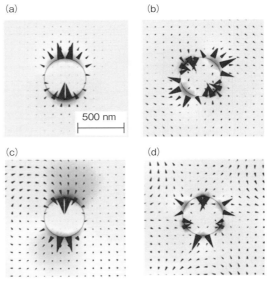

図 3-2 金ディスク構造に光渦ビームを垂直方向から集光したときの局在プラズモンの電場分布

光渦ビームのモード次数 (l, s) は，(a) (0, -1)，(b) (-1, -1)，(c) (-2, 1)，(d) (-2, -1)．各点の電場ベクトル(矢印)は時間とともに回転する．金ディスクに励振された局在プラズモンは，それぞれ，(a), (c) 双極子モード，(b) 四重極子モード，(d) 六重極子モードである．

利用して，角運動量をもつ光の場をナノ空間に局在化する技術を紹介する．ここではまず，伝搬する光のスピン・軌道角運動量が局在プラズモンに転写される機構について説明する[7~9]．図3-2は，シンプルな系として，金のディスク構造体(直径400 nm，厚さ30 nm)に光渦ビームを垂直方向から集光したときの局在プラズモンの電場分布を，有限要素法を用いてシミュレーション解析した結果である．図3-2(a)～(f)は，照射する光渦ビームの軌道角運動量($l\hbar$)とスピン角運動量($s\hbar$)が，それぞれ，(l, s) = (0, -1)，(-1, -1)，(-2, 1)，(-2, -1)の場合である．図から，励振された局在プラズモンのモードは，ディスク周囲に生じた正負の極の数から，(a)双極子，(b)四重極子，(c)双極子，(d)六重極子であることがわかる．これらの図は，ある時刻における電場ベクトル分布であるが，円偏光の回転振動とともに分布は回転し，円偏光1回転当たり，双極子の場合は1回転，四重極子は1/2回転，六重極子は1/3回転する．図3-3(a)～(d)は，図3-2のそれぞれに対応する近接場増強スペクトルである．双極子，四重極子，六重極子の順にピークが短波長シフトし，線幅が狭くなっている．図3-2と図3-3が示す重要なポイントは，光渦ビームの個々のモードに対して1個ずつの多重極子プラズモンモードが選択的に励振されていることであり，そのとき，軌道角運動量とスピン角運動量の和である全角運動量($J = l + s$)の絶対値が極の数の1/2と一致している．また，全角運動量の正負によって電場ベクトル分布の右左の回転方向が決まる．すなわち，光渦から局在プラズモンに角運動量が転写されるとき，全角運動量の保存則が成立する．

金属ナノ粒子に形成する四重極子や六重極子プラズモンモードは，ダークモードともよばれ，双極子モードに比べて線幅が狭く放射損失が小さいほか，双極子モードとの干渉からFano共鳴が現れるなどの特徴をもち，光と分子の相互作用を増強することが可能である．上記のように，光渦を利用すれば，金属ナノディスクの四重極子や六重極子モードを選択的かつ効率的に励振することが実現できる．ただし，シンプルな形状のディスク構造では全角運動量が保存されるが，金属ナノ構造が非対称性をもつ形状の場合，形や大きさに依存して軌道角運動量やスピン角運動量が複雑に変換された光電場が形成されるため[10, 11]，照射する光をコントロールして局在プラズモン場の角運動量を自在に制御することは困難となる．

3 プラズモニックギャップ構造によるナノ光渦形成

金属ナノディスク構造を用いて光渦からプラズモニック渦場に角運動量を転写することにより，渦場のダウンサイズが可能となる．しかしながら，その大きさは数百 nm オーダーであり，電子の波動関数の拡がりとは大きく隔たっている．渦場をさらに縮小するためにディスク径を小さくすると，プラズモン共鳴が短波長シフトして金属の共鳴波長域から外れてしまい，高強度の局在場が生成できなくなる．そのため，数十 nm 以下の単一金属ナノ構造に，多重極子プラズモンモードを励振することは困難である．そこで，シングルナノ(< 10 nm)スケールの高強度な光渦場形成を実現するために，ギャッププラ

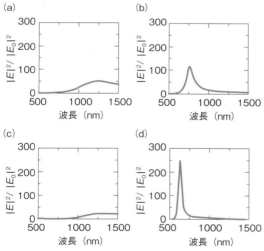

図3-3 光渦ビームを集光した金ディスク構造に生成した局在プラズモンの近接場スペクトル

光渦ビームのモード次数(l, s)は，(a) (0, -1)，(b) (-1, -1)，(c) (-2, 1)，(d) (-2, -1)．ピーク波長は，それぞれ，(a), (c)1250 nm，(b)760 nm，(d)630 nm．ピーク幅は，それぞれ，(a)，(c)600 nm，(b)130 nm，(d)40 nm である．

ズモンに着目してデザインした金属ナノ多量体構造の研究が進められている[12,13].

まず,プラズモニックギャップ構造としてよく知られている金属二量体構造(ボウタイアンテナ構造)への角運動量転写について説明する.図3-4(a)は,スピン角運動量をもつ円偏光の集光ガウスビームを金の三角形二量体構造(1辺150 nm,厚さ30 nm,ギャップ長10 nm)に照射したときの,ギャップ部における電場分布をシミュレーション解析した結果である.照射する光の波長は,ギャップ局在場が最も増強する共鳴ピークに設定している.円偏光で励起しているにもかかわらず,ギャップ部の電場ベクトルは回転せずに直線偏光になる.すなわち,光のスピン角運動量はナノギャッププラズモンに転写できない.その理由は,二量体構造の場合,対向する金三角形のギャップ先端部に正負の電荷が強く局在し,その正負の極がギャップ内の電場を形成するが,2極では一次元空間しか張れないために,回転する電場ベクトルは形成できず直線偏光になるためである.そこで,ギャップ構造の自由度を上げて二次元空間を張るために,ギャップ部を三つの三角形が取り囲む三量体構造を設計してみる.図3-4(b)は,金の三角形三量体構造(ギャップ径10 nm)に円偏光ガウスビームを照射したときの,電場分布の解析結果である.ギャップ中心部の電場ベクトルは回転し,円偏光状態が保持されており,スピン角運動量がシングルナノ空間の局在場に転写されることがわかる.照射光に対するギャップ局在円偏光場の増強度は4桁に達している.この増強ナノ円偏光場を利用すれば,円二色性分光の超高感度化が可能であり,少数分子のキラリティー計測などへの応用が研究されている.また,ナノ物質のキラリティーに依存した,ナノ円偏光場の光圧によるキラル結晶化やキラル識別光捕捉・操作などの研究にも展開が期待される.

次に,二次元空間を張る三量体構造に軌道角運動量をもつ光渦ビームを照射すると,局在プラズモン渦場が生成されるかどうか解析を行ってみる.すると,ギャップ部には円偏光場が生じるが,位相が方位角に依存した渦場は現れない.これは,複雑な電場ベクトル分布をもつ渦場を形成するには,三量体構造の3個の極では自由度が足りないためである.そこで,ギャップ構造の自由度をさらに上げて金の五量体ナノギャップ構造をデザインし,光渦ビーム($l=-1$, $s=-1$)を集光して照射したときの,電場分布シミュレーション解析を行った結果を図3-4(c)に示す.ナノギャップ部の電場は,方位角によって位相が2πシフトする円偏光渦場となっている.すなわち,光渦ビームのスピン・軌道角運動量が,シングルナノサイズの局在プラズモン場に転写されることが示されている.このとき,ナノ局在円偏光の場合よりはるかに大きい7桁以上の電場増強度を得ることができる.また,この金五量体ギャップ構造を

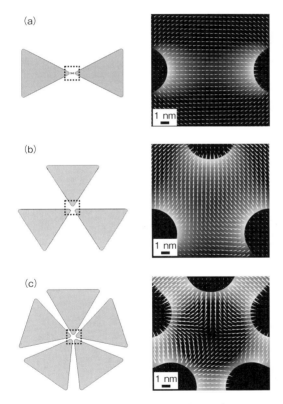

図3-4 金属多量体構造によるナノギャップ局在場の角運動量解析[カラー口絵参照]

(a)金三角形二量体構造(左)に円偏光ガウスビームを照射したときのギャップ局在場の電場分布(右).各点の電場ベクトル(矢印)は2極の方向に振動する直線偏光である.(b)円偏光を照射した金三量体構造(左)のギャップ電場分布(右).局在円偏光場となっている.(c)金五量体構造(左)に円偏光光渦ビームを照射したときのギャップ電場分布(右).スピン・軌道角運動量が転写されて局在円偏光渦場が形成している.

用いれば，円偏光光渦($l=-1$, $s=-1$) より次数が低い直線偏光($l=0$, $s=0$) や円偏光($l=0$, $s=\pm1$) も，選択的にナノ局在場として形成することが可能であり，照射光のスピン・軌道角運動量を制御することによって，ギャップ局在プラズモン場の自在な形状制御を実現することができる[14,15].

このナノ局在プラズモン渦場を用いれば，電子状態の禁制遷移を高効率にかつ選択的に励起することができる．すなわち，局在プラズモンを介して光渦の軌道角運動量を電子の軌道運動に受け渡すことによって，許容遷移である電気双極子遷移は禁制となり，電気四重極子遷移などの禁制遷移が許容となる．つまり，電子遷移の選択則を完全に打ち破ることが可能である．これは，多量体ギャップ構造のナノ局在効果によって，渦場と電子波動関数のサイズミスマッチが大幅に解消されるためである．ここで示したシミュレーション解析では，現実的な微細加工技術の精度を考慮して，金多量体構造の三角形の先端は5 nm径で丸めてある．先端をさらに尖らせて局在プラズモン渦場を微小化すれば，電場強度も増強させることができ，励起効率をさらに向上することが可能となる．

4 局在プラズモン角運動量によるナノ空間光トルク

局在プラズモン渦場と電子波動関数の相互作用に加えて，ナノ局在渦場をナノ物質やナノ粒子が散乱・吸収すると，渦場の軌道角運動量が転写されて光圧トルクが発生し，ナノ空間における回転運動やキラルな構造形成を誘起することができる[16]．ここでは，電子線描画装置で作製した金三量体ナノギャップ構造〔図3-5(a)〕に円偏光ビーム（波長 1064 nm）を照射し，直径 100 nm のポリスチレン粒子を捕捉したときの粒子の運動を計測した実験結果を紹介する．図3-5(b)は，ナノ粒子にドープした色素を別の微弱なレーザー光（波長 532 nm）で励起し，蛍光像を CCD カメラで観測して，粒子中心位置の時間変化をナノメートル精度で解析し，時間波形としてプロットしたグラフである．100 nm 以下の空間内で，ナノ粒子が運動していることがわかる．軌

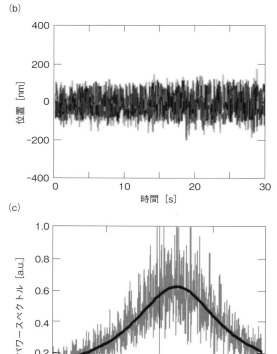

図 3-5　ナノ粒子の光圧トルク回転操作
(a) 電子線描画装置で作製した金三量体構造の電子顕微鏡写真．(b) 金三量体構造に円偏光を照射してポリスチレン粒子（直径 100 nm）を捕捉したときの粒子中心位置の時間変動波形．(c) 粒子位置の x 座標を実部，y 座標を虚部とした時間波形のパワースペクトル．正の周波数は左回り，負の周波数は右回りの回転数を表している．

道回転運動を解析するために，x 座標を実部，y 座標を虚部とした時間波形をフーリエ変換して，パワースペクトルを計算した結果が図3-5(c)である．正の周波数は左回り，負の周波数は右回りの回転数を表している．ブラウン運動によってスペクトルは拡がっているが，ピーク周波数は +3.6 Hz であり，

秒単位で左回転していることを示している．照射する円偏光の回転を反転すると，ナノ粒子の軌道回転運動の方向が逆転し，また，レーザー光強度を上げると回転数が上昇することも確認している．前述のシミュレーション解析で示された，光子から局在プラズモン場への角運動量転写が本実験により実証されている．ただし，スピン角運動量を局在場に転写する三量体構造でナノ粒子の軌道回転運動が誘起されるのは，全角運動量を保存したままスピン角運動量から軌道角運動量への変換が起きる機構により，理論的に説明することができる．このナノ局在場の光圧トルクを分子系に作用して操作すれば，分子のナノ空間回転運動（分子ナノ渦）を誘起し，分子集合体形成におけるキラリティーなどの構造制御を実現することが期待できる．

5 まとめと今後の展望

本章では，ナノ空間における光電場の振幅・位相・偏光を自在に制御する「光ナノシェーピング技術」について解説した．光がもつスピン・軌道角運動量は，全角運動量を保存しながら局在プラズモンに転写することが可能である．また，デザインした金属多量体ナノギャップ構造を用いることにより，軌道角運動量をもつ光渦ビームを，回折限界を超えてシングルナノスケールまでダウンサイジングすることが実現できる．さらに，ナノ局在プラズモン場の角運動量を利用して，ナノ粒子のナノ回転運動を誘起する実験について紹介した．光ナノシェーピング技術は，光と物質の相互作用の研究においても，これまでの選択則を完全に打ち破る光遷移ダイナミクスの実現や新規光機能の発現・自在制御を実現することが期待される．

◆ 文献 ◆

[1] Y. Tanaka, A. Sanada, K. Sasaki, *Sci. Rep.*, **2**, 764 (2012).
[2] 笹木敬司，田中嘉人，レーザー研究，**42**, 761 (2014).
[3] M. Takase, H. Ajiki, Y. Mizumoto, M. Komeda, M. Nara, H. Nabika, S. Yasuda, H. Ishihara, K. Murakoshi, *Nat. Photonics*, **7**, 550 (2013).
[4] T. Iida, Y. Aiba, H. Ishihara, *Appl. Phys. Lett.*, **98**, 053108 (2011).
[5] L. Allen, M. W. Beijersbergen, R. J. C. Spreeuw, J. P. Woerdman, *Phys. Rev. A*, **45**, 8185 (1992).
[6] C. T. Schmiegelow, J. Schulz, H. Kaufmann, T. Ruster, U. G. Poschinger, F. Schmidt-Kaler, *Nat. Commun.*, **7**, 12998 (2016).
[7] K. Sakai, K. Nomura, T. Yamamoto, K. Sasaki, *Sci. Rep.*, **5**, 8431 (2015).
[8] K. Sakai, K. Nomura, T. Yamamoto, T. Omura, K. Sasaki, *Sci. Rep.*, **6**, 34967 (2016).
[9] 酒井恭輔，笹木敬司，光学，**46**, 80 (2017).
[10] Y. Gorodetski, A. Drezet, C. Genet, T. W. Ebbesen, *Phys. Rev. Lett.*, **110**, 203906 (2013).
[11] H. Kim, J. Park, S.-W. Cho, S.-Y. Lee, M. Kang, B. Lee, *Nano Lett.*, **10**, 529 (2010).
[12] Y. Tanaka, S. Kaneda, K. Sasaki, *Nano Lett.*, **13**, 2146 (2013).
[13] Y. Tanaka, M. Komatsu, H. Fujiwara, K. Sasaki, *Nano Lett.*, **15**, 7086 (2015).
[14] K. Sakai, T. Yamamoto, K. Sasaki, *Sci. Rep.*, **8**, 7746 (2018).
[15] 笹木敬司，酒井恭輔，石田周太郎，レーザー研究，**46**, 178 (2018).
[16] S. Ishida, K. Sudo, K. Sasaki, *Proc. SPIE*, **10252**, 1025210 (2017).

Chap 4

光圧のタンパク質化学への展開：結晶化とアミロイド線維創成

Photon Force Toward Protein Chemistry: Crystallization and Amyloid Fibril Formation

杉山 輝樹

(国立交通大学理学院・奈良先端科学技術大学院大学)

Overview

近年，集光レーザービームの光圧をタンパク質の高濃度溶液系へと適用することにより，光圧技術をタンパク質化学の分野へと展開する研究が注目を集めている．光圧を用いることにより，液中での局所的なタンパク質の分子クラスターの濃縮・配向制御を自由自在に行うことができれば，結果として誘起される結晶化やアミロイド線維の形成などの相転移を時空間制御的にコントロールすることが可能となる．さらに，各種分光分析法を顕微鏡へ導入することで，タンパク質凝集の初期過程をリアルタイムで観察，分析することが可能となる．光圧を用いることにより，これまで未知の領域とされた結晶化やアミロイド線維形成の詳細なメカニズムの解明が期待される．

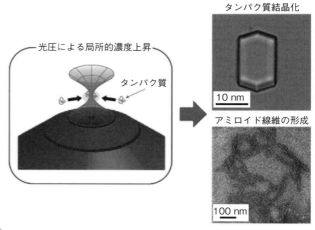

▲光圧によるタンパク質の濃縮
[カラー口絵参照]

■ KEYWORD 📖マークは用語解説参照

- ■光圧(photon force)
- ■タンパク質(protein)
- ■卵白リゾチーム(hen egg white lysozyme) 📖
- ■結晶化(crystallization)
- ■シトクロム c (cytochrome c) 📖
- ■アミロイド線維(amyloid fibril) 📖

はじめに

本章では，光誘起結晶化現象の歴史を振り返り，光圧を用いたタンパク質化学への展開とその最先端の研究結果について概説する．人類の体内では，数十万種類のタンパク質が創成されている．各種のタンパク質は，体内でさまざまな機能をもち，その酵素活性は立体構造に密接に関連している．ゆえに，タンパク質の立体構造を決定することは，タンパク質科学において非常に重要なミッションであり，日本においても2002年からの5年間，ゲノム創薬の実現を目指した「タンパク3000プロジェクト」により，タンパク質の立体構造が集中的に解析されてきた．一方，立体構造を決定する最も一般的な手法は，X線結晶構造解析法であり，その測定のためには高品質かつある程度大きなサイズのタンパク質結晶の作製が不可欠である．

一方最近十年，光を用いたタンパク質の結晶化の研究が盛んに行われている．一般的に光誘起結晶化は，ターゲット化合物を溶解させた溶液中に直接光照射することによって実現され，結晶核形成過程に，光化学反応が含まれる場合と含まれない場合の2種類に大別される．前者の，光化学反応により誘起される結晶化の研究の歴史は古く，約120年前にまで遡る[1]．1980年代には，Tamらがレーザーによる化学気相成長により，雪の結晶を作製することに成功している[2]．これらの報告例は，いずれの場合も光反応により反応物が生成し，その反応物が結晶核として振る舞い，結晶成長へと導かれる．最近では，奥津らにより光反応をトリガーとした卵白リゾチームの結晶化が実験実証され，そのメカニズムについて詳細に議論されている[3]．一方，光化学反応を含まない場合には，光照射により溶液中の分子やクラスターに対して"物理的"な外力を加えることにより，結晶化が誘起される．具体的な物理的な外力としては，光学カー効果[4]，キャビテーション[5]，そして本章で紹介する"光圧"などが知られている．それぞれ結晶化のメカニズムは異なるが，基本的に系に対して光反応を経由せずに，どのように物理的に外力を与えるかということに帰着される．

次に，本章の本題である光圧の化学分野での発展の歴史について紹介する．アメリカのAshkinは，光圧の実験実証とそのバイオ応用への貢献によって，2018年にノーベル物理学賞を受賞している．本受賞理由にふさわしく，これまで光圧は，細胞などのマイクロメートルの対象物を，液中で非接触かつ三次元的に操作できる手法として大きく発展してきた．その一方で，光圧の化学への発展は後発的であった．1980年から1990年代，増原らは光圧に関する研究を化学的な視点から捉え，マイクロサイズの粒子のさまざまな捕捉，パターニング，分光手法を開発し，その後捕捉対象をナノメートルサイズの高分子，ミセル，デンドリマー，金属粒子などへと発展させ，溶液中で三次元的に凝集体を作製することに成功している[6]．これが，光圧を化学の研究分野へ系統的に展開させた最初の例である．2007年に筆者らは，光圧の捕捉対象物をナノメートルからさらに小さな分子クラスターへと発展させ，時空間制御されたグリシンの結晶化に世界で初めて成功した[7]．本手法は，光圧によって分子クラスターを連続的に捕捉することにより，約1 μmの集光点における分子濃度を上昇させ，結晶核化のエネルギー障壁を超え，最終的に結晶化へと導くものである．一般的に，結晶化が誘起される位置や時間を予期することはできないが，光圧による結晶化の制御分解能は，空間的には波長オーダー，時間的にはビデオフレームの33 msとなり，結晶化効率と結晶成長速度を従来の方法に比べて数十倍以上短縮できる．

本章では，光圧のタンパク分子への応用について概説する．本研究分野の歴史は最近10年程度と新しく，これまでに，タンパク質凝集体の形成，結晶化，アミロイド線維の形成などが報告されている．

1 光圧によるタンパク質結晶化の制御

光圧を用いたタンパク質の結晶化に関する研究結果について紹介する．2007年，坪井や喜多村らにより，光圧を利用した重水中でのタンパク質（卵白リゾチーム）結晶化に関する研究結果が初めて報告された[8]．この実験では，光圧を重水中の卵白リゾチームに作用させることにより，卵白リゾチームのクラスターが集光点に集められ，1〜2時間後には

数 μm 程度の凝集体が生成する．その生成した凝集体は，ラマン分光法により確かに卵白リゾチームであることも確認されている．さらに凝集体生成 12 時間後には，実験容器の底に多くの結晶が観察され，生成した結晶の個数が，自然結晶化の場合に比べてはるかに多くなることが報告されている．本現象は，光圧によって集光点のタンパク質濃度を上昇させ，多くの結晶核化を誘発したためであると考察されており，光圧によるタンパク質分子の核形成誘起を強く支持する結果である．

一方，筆者らは 2018 年に，光圧を用いた新しいタンパク質結晶化へのアプローチを報告している[9]．光圧をタンパク質溶液内に作用させている間は結晶化は誘起されず，レーザー照射を"止める"ことにより，結晶化が誘起される現象を見いだした．さらに，析出結晶は，空間的には集光点周り直径約 5 mm に集中し，時間的には自然結晶化と比較して 20 分の 1 に短縮されていた．以下にその実験結果について概説する．

サンプルとして卵白リゾチームのリン酸バッファー溶液を用いた．卵白リゾチームは非常に結晶化しやすいタンパク質であり，タンパク質に関するさまざまな物理および化学実験の標準サンプルとして多く用いられている．さらに，基礎的な化学および物理データも多く報告されていることから，タンパク質結晶化に対する光圧効果を議論するには，最適なタンパク質である．本実験で使用した溶液条件では，自然結晶化により 24 時間後に数 μm 程度の結晶が 10 個程度観察される．溶媒は温度上昇を抑えるために，水の代わりに重水を使用している．この溶液をサンプルチャンバーに入れ〔図 4-1(a)〕，1064 nm の集光近赤外連続発振レーザーを，カバーグラスから 3 μm の場所に 1 時間照射した〔図 4-1(b)〕．1 時間後にレーザー照射を止めると，30 分後には数十 μm 程度の結晶が 10 個程度，集光点の周り数 mm の範囲にのみ観察された．本実験を 10 回程度繰り返した結果，いずれの場合においても，集光点付近での集中的な結晶析出が観察された．析出したすべての結晶の位置を図 4-1(c)に示す．

本研究結果で最も興味深いのは，なぜ析出した結晶が集光点の周りだけに集中するのか，また，なぜレーザー照射中ではなく，レーザー照射を止めた場合にのみ，結晶化が誘起されるのかの 2 点である．このことを議論する前に，光圧による結晶化の実験において，頻繁に観察される光圧誘起現象について紹介する〔図 4-2(a)，(b)〕．光圧は，光と物質が空間的に相互作用することによって生じる．すなわち，光圧によってナノメートルサイズの物質が集光点に集められて凝集体を形成する場合，一般的に，その凝集体の大きさは集光点の大きさ(用いたレーザーの波長と同程度)とほぼ等しくなる〔図 4-2(a)〕．しかしながら，集光点に高濃度な液体が生成する場合，局所濃度が上昇していく過程，すなわち集光点内の屈折率が上昇していく過程で，分子やクラスターの濃度や配列が，レーザーの強度や偏光に強く影響を受け，それらの回転，並進運動が制限されるように

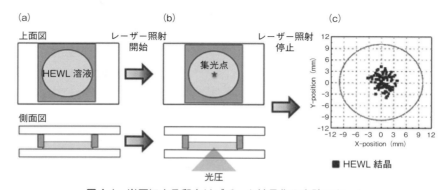

図 4-1　光圧による卵白リゾチーム結晶化の実験スキーム
(a)レーザー照射前，(b)レーザー照射 1 時間，(c)照射停止後 30 分の結晶の分布図．

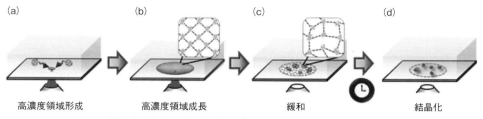

図 4-2　光圧による卵白リゾチーム結晶化のメカニズム
(a) 光圧による局所濃度上昇，(b) 高濃度領域の成長，(c) クラスターの回転，並進運動の緩和，
(d) 集光点近傍における集中的な結晶析出．

なる．その結果，集光点に局所的に生成した高濃度溶液は，光圧条件下で安定化し，集光点周りのクラスターを吸収しながら，集光点の外側へと成長し広がっていく〔図4-2(b)〕．実際に，卵白リゾチームのN末端に，蛍光標識して上述と同様の実験を行うことにより，蛍光強度が集光点だけではなく，その周辺に集光点の100倍以上の範囲に広がっていることを見いだしている[9]．さまざまな実験結果から，集光点付近に生成した高濃度液滴は，最終的に数mm程度に広がっていると考えられ，このことは，析出した結晶が集光点の周り数mmに集中している理由を説明する．

次にレーザー照射を停止した場合にのみ，結晶が析出する理由について考察する．最初に頭に思い浮かべるのは，集光点における温度上昇であろう．温度上昇により，集光点付近の溶液の過飽和度が下がり，その結果，結晶化が抑制されるという考えである．すでに集光点における温度上昇についてはいくつかの報告があり，上記の実験条件では，5K程度上昇すると見積もられている[10]．この集光点での温度上昇は，集光点から離れるに従い急激に減少し，40μmではすでに10%程度になることが報告されている[11]．このように，析出する結晶の範囲と温度分布とに空間的な大きな隔たりがあり，温度による影響は限定的であるといえる．それでは，結晶化を妨げているのは何であろうか？ 現在のところ，上述した光圧による高濃度液滴内における分子，クラスターの回転，並進運動が制限を受けることが原因であると考察している．結晶内の分子配列が，光圧条件下で制限されている分子，クラスターの配列と大きく異なっている場合には，たとえ濃度が結晶化に対して十分に高い場合であっても，結晶化は誘起されない．一方，レーザー照射をやめると，それまで制限されていた分子やクラスターの回転，並進運動が緩和され，分子やクラスターが結晶化が起こるように再配列する〔図4-2(c), (d)〕．ちなみに，レーザー照射時間を3時間連続で行っても，照射中に結晶が析出することはない．その一方で，レーザー照射時間を半分の30分に短縮すると，レーザー照射を止めて30分では結晶は析出せず，自然結晶化の場合と同様，24時間後に結晶が析出する．

ここでは，光圧により，集光点およびその周辺におけるタンパク質濃度を特異的に上昇させ，タンパク質分子の回転，並進運動を制限し，その後レーザーを止めることによって，結晶化を誘起するまったく新しいタンパク質結晶化手法を紹介した．本手法は，原理的にはさまざまなタンパク質に応用可能であり，今後，さまざまなタンパク質の結晶化の実験実証により，高い汎用性を示すことが求められている．

2　光圧によるタンパク質のアミロイド線維の形成

ここでは，光圧を用いたタンパク質の，アミロイド線維形成に関する研究結果について紹介する[12]．アミロイド線維の体内での沈着は，アルツハイマー型認知症，パーキンソン病など，さまざまな疾患の発症に強く関与している．これらの疾患の治療や予防法を開発するには，アミロイド線維の生成メカニズムを理解することが不可欠である．アミロイド線維のメカニズムは，現在以下のように理解されている．まず，タンパク質濃度の上昇，温度の上昇，超

音波などの外力，溶液の酸性度の変化などに起因して，タンパク質の部分的な構造変化が誘起される．その後，構造変化したタンパク質が凝集することにより，アミロイド繊維の核が形成し，続いて線維の成長が起こる．このように，結晶の生成メカニズムとの類似点が非常に多く，よって結晶化と同様に，アミロイド線維が生成する場所や時間を予知，特定することはきわめて困難であり，生成メカニズムはいまだ完全に明らかにはされていない．ここでは，結晶化と同様，光圧により，タンパク質を1立方マイクロメートル程度の極小領域に集め，狙った場所，望む時間にアミロイド線維を人工的に作製した結果について概説する．

対象化合物として，人間の心臓内に多く存在しているタンパク質である，シトクロム c の単量体および二量体の溶液を用いた．タンパク質は，酸性またはアルカリ条件において，安定な天然構造が維持できず，不規則に凝集する場合がある．一方，アミロイド線維も，タンパク質の凝集体の一種ではあるが，その構造は結晶のように規則性がある．さらには，アミロイド線維形成とタンパク質の構造安定性には，密接な関連性があることが知られている．そのため，本研究におけるシトクロム c の単量体および二量体の構造安定性とアミロイド線維形成との関連性を調べることも，非常に重要である．

光圧を，シトクロム c の単量体および二量体の重水溶液中に強く集光することにより，単量体および二量体を集光点に局所的に集めた．単量体については，構造変化を起こさず光圧捕捉可能であることはすでに報告されている[13]．本実験においても，レーザー照射により，1 μm 程度の透明な凝集体を形成し，引き続きレーザーを照射しても，それ以上，大きさに変化は見られなかった．この現象は，一般的に知られた光圧による凝集体の生成であり，光と物質が作用している空間，すなわち集光点における波長程度のサイズを有する凝集体の形成である〔図4-3(a)〕．一方，二量体の場合，レーザーの照射により，まずは単量体の場合と同様に，透明の 1 μm 程度の凝集体が形成される．しかしながら，単量体の場合とは異なり，その後続けてレーザー照射すると，凝集体は徐々に大きくなり始め，最終的に 10 μm 程度にまで成長する〔図4-3(b)〕．使用した溶液には，あらかじめ色素チオフラビンTを共存させてある．チオフラビンTは，アミロイド線維の染色に最も特異性の高い染料であり，染色した標本を蛍光顕微鏡で観察することにより，アミロイド線維の生成を確認することが可能である[14]．レーザー照射初期，すなわち凝集体のサイズが小さいときには，蛍光はほとんど観察することはできないが，大きく成長し始めると同時に，非常に強い蛍光が観察される．生成凝集体を超音波処理によってほどき，構造を透過型電子顕微鏡によって観察すると，アミロイドに特徴的な線維構造が観察された〔図4-3(c)〕．これらの結果から，二量体で生成した凝集体には，アミロイ

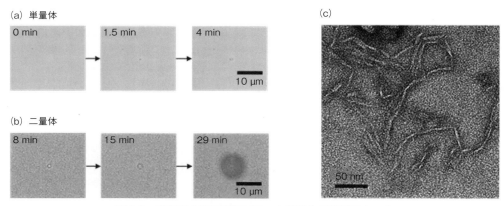

図4-3　光圧による卵白リゾチーム結晶化の実験スキーム
(a)単量体の凝集過程，(b)二量体の凝集過程，(c)透過型顕微鏡によるアミロイド線維の観察．

> **+ COLUMN +**
>
> ★いま一番気になっている研究者
>
> ## Klaas Wynne
> （イギリス・グラスゴー大学 教授）
>
> 　Wynee 教授は，1990 年にオランダ・アムステルダム大学の Joop van Voorst 教授のもとで，博士の学位を取得し，その後，1996 年から 2010 年までストラスクライド大学で教授を務め，長年，過冷却状態の液体，溶液の構造，ダイナミクスの研究を行っている．現在は，アメリカ化学会により発行されている，Journal of the American Chemical Society の Associate Editor も務めている．最近になって，光圧誘起結晶化の研究を開始し，光圧誘起の液－液，液－固相分離を 2018 年に Nature Chemistry に発表した．今後，溶液論の研究背景を基に，本研究分野の発展に大きく貢献することは間違いない．

ド線維が含まれていることがわかる．このことから，単量体より不安定な構造をもつ二量体の方が，アミロイド線維を形成しやすいことがわかり，核化に構造変化を必要とするアミロイド線維形成のメカニズムに矛盾がない．このように，光圧を使ってシトクロム c の二量体のアミロイド線維を，非常に極微な 1 μm の領域に人工的に作製することに成功した．ちなみに，この溶液条件では，高温条件下（80℃以上）で長時間超音波処理を 24 時間行ってもアミロイド線維は形成されず，アミロイド線維形成に対する本手法の高いポテンシャルを示すものである．

　アミロイド線維は，非常に強固な構造をもつことが知られており，次世代のナノテクノロジーの素材としても大きく期待されている[15]．実際，原子顕微鏡のチップなどにすでに実用化されており，またアミロイド線維が液晶の性質を示すことも報告されている．本実験で生成したアミロイド線維の球状凝集体は，光圧を用いることにより，基板上に連続的に配列したり，液中で斜めに並べて配列したりすることも可能である（図 4-4）．アミロイド線維は非常に高い疎水性をもち，また球状体の表面には無数のアミロイド線維が突き出ていると考えられ，凝集体間の相互作用が非常に強くなり，三次元的な配列が可能となる．興味深いことに，直線状に配列した構造には異方性があることがわかっており，このことは，凝集体内部でアミロイド線維が規則正しく配列していることを示している．このように，空間的に自由自在にアミロイド線維を配列することにより，次世代のナノ機能材料の開発が期待されている．

　本実験では，光圧を使うことにより，アミロイド線維の凝集体を狙った場所，望む時間に人工的に作製することに世界で初めて成功した．シトクロム c

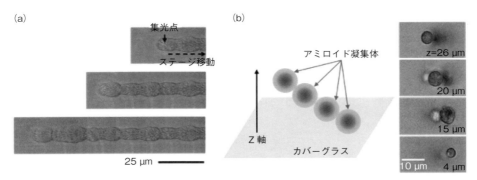

図 4-4　光圧によるアミロイド線維凝集体の二，三次元的空間配列
（a）アミロイド線維凝集体の直線状配列，（b）球状アミロイド線維凝集体の三次元配列．

に限らず，多くのタンパク質がアミロイド線維を形成することから，今後さらにさまざまなタンパク質に対して本手法が有効であることを示すことによって，より多くの疾患のメカニズムの解明が期待できる．また，さまざまなタンパク質のアミロイド線維を，自由自在に配列することにより，新しい機能を望む場所，望む時間に付与することが可能となり，これにより，アミロイド線維の新しい科学・工学が切り拓かれることが大いに期待される．

3 まとめと今後の展望

本章で紹介したタンパク質の結晶化並びにアミロイド線維の形成は，どちらも，光圧による局所的なタンパク質濃度の上昇が要因となり実現されたものである．ここで生じる疑問は，どのような場合には結晶化が誘起され，どのような場合にはアミロイド線維が形成するのか？ということである．残念ながら，現在のところ溶液の初期条件に大きく依存するといわざるをえない．すなわち，初期溶液が自然結晶化の起きやすい条件である場合には，光圧を用いた場合にも結晶化が誘起され，アミロイド線維が形成されやすい場合には，アミロイドが形成されるということである．しかしながら，とくに後で述べたアミロイドの形成に関しては，シトクロム c 自体が非常にアミロイド線維が形成されにくく，通常のアミロイド線維生成法では生成しないことがわかっている[16]．将来，レーザーの波長，強度，偏光などを最適化することにより，双方の現象を自由に制御することが可能となるであろう．

◆ 文　献 ◆

[1] J. Tyndall, *Philos. Mag.*, **37**, 384（1896）.
[2] A. Tam, G. Moe, W. Happer, *Phys. Rev. Lett.*, **35**, 1630（1975）.
[3] T. Okutsu, K. Furuta, T. Terao, H. Hiratsuka, A. Yamano, N. Ferté, S. Veesler, *Cryst. Growth Des.*, **5**, 1393（2005）.
[4] J. Zaccaro, J. Matic, A. S. Myerson, B. A. Garetz, *Cryst. Growth Des.*, **1**, 5（2001）.
[5] H. Adachi, K. Takano, Y. Hosokawa, T. Inoue, Y. Mori, H. Matsumura, M. Yoshimura, Y. Tsunaka, M. Morikawa, S. Kanaya, H. Masuhara, Y. Kai, T. Sasaki, *Jpn. J. Appl. Phys.*, **42**, L798（2003）.
[6] J. Hotta, K. Sasaki, H. Masuhara, *J. Am. Chem. Soc.*, **118**, 11968（1996）.
[7] T. Sugiyama, T. Adachi, H. Masuhara, *Chem. Lett.*, **36**, 1480（2007）.
[8] Y. Tsuboi, T. Shoji, N. Kitamura, *Jpn. J. Appl. Phys.*, **46**, L1234（2007）.
[9] K. Yuyama, K.-D. Chang, J.-R. Tu, H. Masuhara, T. Sugiyama, *Phys. Chem. Chem. Phys.*, **20**, 6034（2018）.
[10] S. Ito, T. Sugiyama, N. Toitani, G. Katayama, H. Miyasaka, *J. Phys. Chem. B*, **111**, 2365（2007）.
[11] F. Catala, F. Marsa, M. Montes-Usategui, A. Farre, E. Martin-Badosa, *Sci. Rep.*, **7**, 16052（2017）.
[12] K. Yuyama, M. Ueda, S. Nagao, S. Hirota, T. Sugiyama, H. Masuhara, *Angew. Chem. Int. Ed.*, **56**, 6739（2017）.
[13] Y. Tsuboi, T. Shoji, M. Nishino, S. Masuda, K. Ishimori, N. Kitamura, *Appl. Surf. Sci.*, **255**, 9906（2009）.
[14] M. Biancalana, S. Koide, *Biochim. Biophys. Acta*, **1804**, 1405（2010）.
[15] T. P. Knowles, A. W. Fitzpatrick, S. Meehan, H. R. Mott, M. Vendruscolo, C. M. Dobson, M. E. Welland, *Science*, **318**, 1900（2007）.
[16] Y. Lin, J. Kardos, M. Imai, T. Ikenoue, M. Kinoshita, T. Sugiki, K. Ishimori, Y. Goto, Y.-H. Lee, *Langmuir*, **32**, 2010（2016）.

Chap 5

光ナノピンセット
Optical Nano-Tweezer

深港 豪　坪井 泰之
(熊本大学大学院先端科学研究部)　(大阪市立大学大学院理学研究科)

Overview

プラズモン増感による光化学・光物理過程の効率の著しい促進は，プラズモン化学の最も面白い現象の一つである．本章では，最も代表的でかつシンプルな光化学反応である"光異性化反応"について取り上げ，光異性化反応によるプラズモン特性の光制御や，プラズモン増強電場による光異性化反応に対する効果の具体例や，機構と展望を詳しく述べる．また，このような光反応性分子を微小領域のプラズモン活性サイトに捕集できる可能性があるプラズモン光ピンセットについても，最近の研究成果を交えて，その有用性や将来性について解説する．

▲プラズモン光ピンセットの概念図

■ **KEYWORD** マークは用語解説参照

- 光異性化 (photoisomerization)
- プラズモン (plasmon)
- 増感 (sensitization)
- 光ピンセット (optical tweezer)

はじめに

これまで述べられてきたように，プラズモンによる光電場の増強は，さまざまな光電変換プロセスや光化学反応を促進する．このような光電場の増強が起こっている時，プラズモンナノ構造の近傍に微小な物体やナノ物質(高分子や量子ドットなど)が近づけば，その物体・物質には強い光の圧力(輻射圧，光圧とよぶ)が働く．その結果，これらの生体高分子や量子ドットなどのナノ物質を，効率良くプラズモンホットサイトに捕集できる(プラズモン光ピンセット)．そこでは，「光子」，「ナノ物質」，「プラズモン」が同時にナノ空間に閉じ込められ，強く相互作用できる理想的な光反応場が形成される．

また，逆に見れば，貴金属表面に物質が存在することにより，自由電子が摂動を受け，プラズモン特性(共鳴周波数など)が変化する．熱，電気，光などの外部刺激により可逆的に変化・反応を起こす分子で貴金属表面を覆えば，外部刺激によりプラズモン特性を変調制御することができる．

これらを念頭に，本章ではさまざまな外部刺激や，最も代表的でかつシンプルな光化学反応である光異性化反応によるプラズモン特性制御，そして光反応のプラズモン増強について取り上げ，その具体例や機構，展望を詳しく述べる．そして，このような光反応性分子をプラズモン活性サイトに捕集できる可能性がある，プラズモン光ピンセットについて解説する．

1 物質の外部刺激応答を利用したプラズモン特性制御

プラズモンによる電場増強効果は，貴金属表面からせいぜい10 nm程度にしか及ばず，表面からの距離の関数として急激に減少する．したがって，プラズモンと分子系を相互作用させようと思えば，反応化学種を貴金属表面近傍に留めておくことが効率的である．そのために真っ先に思い浮かぶ手法は，化学種の貴金属表面への化学修飾(固定)もしくは薄膜コーティングである．

実際，プラズモン共鳴を発生させる金属表面を，種々の機能性分子で修飾することで，外部刺激によりそのプラズモン共鳴の特性を制御する試みが活発に行われている．たとえば，金ナノ粒子の表面を熱応答性のポリ(N-イソプロピルアクリルアミド)(NIPAM)や，pH応答性をもつポリ(4-ビニルピリジン)で被覆することで，熱やpHに応答して，表面プラズモン共鳴の波長を制御できることが報告されている[1, 2]．また別の例として，粒子間でネットワーク構造を形成する金ナノ粒子に，光応答性のアゾベンゼン分子を導入することで，アゾベンゼンのシス-トランス光異性化反応により粒子間の距離が変化し，それに伴い金ナノ粒子ネットワークに由来する表面プラズモン共鳴バンドが可逆的に変化することも報告されている[3]．これらの現象は，溶液中における粒子間の凝集状態を外部刺激により制御することで，粒子間の表面プラズモン共鳴バンドの特性を変化させるものであり，溶液中での使用が前提となっている．しかしながら，実際のデバイスなどにプラズモン共鳴の特性を応用する場合，熱のような直接的な接触や酸・塩基などの添加も必要とせず，非接触の刺激で固体状態においても効率良く応答することが望ましい．

この観点に基づいた，表面プラズモン共鳴バンドを制御するための新しいアプローチがいくつか報告されている．たとえば，Zhengら[4]は，金ナノディスク上に還元状態を制御可能なロタキサン分子を吸着させ，電気化学的に表面プラズモン共鳴バンドを制御できることを報告している．また，van der Molenら[5]は，金ナノ粒子間をジアリールエテン分子で繋いだネットワーク構造を構築し，その光異性化反応により，金ナノ粒子の表面プラズモン共鳴バンドが可逆的にシフトすることを報告している．この様子を図5-1に示した．

これらの結果は，金ナノディスク上や金ナノ粒子表面の屈折率変化に起因するものと考えられるが，そのシフト幅は10 nm以下と非常にわずかであった．表面プラズモン共鳴バンドをより大きく変化させるためには，表面プラズモン共鳴バンド付近の波長の屈折率を，外部刺激により大きく変化させる必要がある．そのためには，金属表面の分子数や金属粒子のサイズを最適化する必要がある．この観点から小

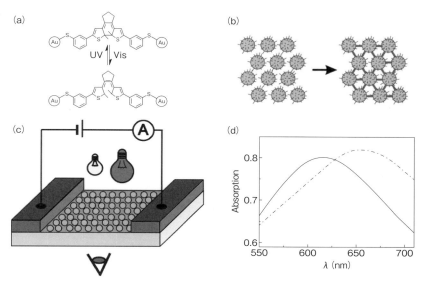

図 5-1　金ナノ粒子間をジアリールエテン分子で繋いだネットワーク構造によるプラズモン制御
(a) 用いたジアリールエテンの分子構造．(b) 異性化反応に伴う二次元ネットワーク構造形成の概念図．(c) 異性化反応によるコンダクタンスのスイッチング実験の概念図．(d) 異性化反応による表面プラズモン共鳴バンドの可逆的な変化．
（文献 [5] より転載）

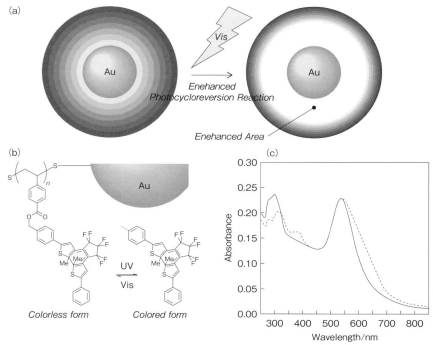

図 5-2　光異性化反応に伴う表面プラズモン共鳴バンドのシフト幅についての調査
(a) ジアリールエテンポリマーで被覆した金ナノ粒子のプラズモン制御の概念図．(b) ジアリールエテンポリマーの分子構造．(c) 異性化反応による表面プラズモン共鳴バンドの可逆的にシフト．
（文献 [6] より転載）

畠ら[6,7]は，サイズの異なる金ナノ粒子をジアリールエテンポリマー（厚み：10 nm）で被覆し，光異性化反応に伴う表面プラズモン共鳴バンドのシフト幅について調査した．この様子を図5-2に示した．

その結果，光異性化反応の反応収率と，コアとなる金ナノ粒子のサイズに依存して，表面プラズモン共鳴バンドのシフト幅が変化することが見いだされた．金ナノ粒子の直径が5～7 nm程度の場合，光異性化反応に伴う表面プラズモン共鳴バンドの変化はまったく観測されないのに対し，金ナノ粒子のサイズが10 nm以上の場合，光異性化反応が進むにつれて，表面プラズモン共鳴バンドのピーク波長が長波長側へシフトしていく様子が認められた．さらに，ジアリールエテンで被覆された金ナノ粒子のトルエン溶液を，石英基板上にキャストすると，光異性化反応に伴う表面プラズモン共鳴バンドのシフト幅がさらに増大することが認められた．このことは，固体状態にすることで，金ナノ粒子間の距離が短くなることに加え，表面を被覆しているジアリールエテンの密度が増大し，光異性化反応による周囲の屈折率変化がより大きくなるためだと考えられている．実際に，この現象はミー理論をベースとした理論解析によっても，定性的に説明できることが明らかとされている．

これらの結果は，フォトクロミック分子で修飾した金ナノ粒子が，固体状態で簡便に表面プラズモン共鳴バンドを制御できる，新しいプラズモン材料として利用できることを示すものと考えられる．最近では，有機色素の励起子と表面プラズモン間の強結合を，フォトクロミック反応で制御する試みが活発になっており[8,9]，有機色素とプラズモン場を融合した新しい材料開発が期待される．

2 プラズモンによる光反応の促進

また，有機分子が貴金属微粒子表面（のごく近傍）に存在するとき，その光反応特性は，貴金属微粒子のプラズモン電場の影響を受けることになるため，表面プラズモン共鳴が起こる領域は，特別な反応場としての利用も期待される．しかしながら，貴金属は表面上に存在する色素の電子励起状態を，エネルギー移動や電子移動により容易に失活（消光）することが知られている[10,11]．このエネルギー移動や電子移動の速度定数は，おおよそ数ピコ秒であり，ナノ秒で起こる蛍光などの過程はほとんどの場合，消光されてしまう．しかしながら，光異性化などの過程は，サブピコ秒という速いタイムスケールで起こるため，電子励起状態の消光過程と競合し，貴金属表面上においても光反応を起こすことができる．この時，貴金属微粒子のプラズモン共鳴波長と有機色素の吸収波長が重なり合えば，通常の光照射条件下では起こせないような，高効率な光反応を誘起できる可能性がある．ここでは，プラズモン光電場における光反応に関する研究を例に挙げながら，光異性化反応に対するプラズモン増強電場の効果の具体例や機構，展望などを詳しく述べる．

プラズモン電場を利用した光反応に関する研究は古くから行われているものの，用いる金属構造のサイズや形状を再現性良く作製することが難しい．そのため，金属構造のサイズや形状に依存して特性を鋭敏に変化させる，局在表面プラズモンの光学特性や光電場増強効果を正しく理解することは，困難とされていた．それに対し，上野ら[12]は，ガラス基板上にナノメートルサイズのギャップをもつ金構造体を，半導体微細加工技術により再現性良く作製し，その基板上でレジスト材料の2光子重合反応を微弱なインコヒーレント光源（レーザーではない通常のランプ光源）で実現できることを明らかにした．この実験で用いられたネガ型フォトレジストに含まれる反応開始剤は，400 nm以下の波長にのみ吸収をもつため，600～900 nmの光は吸収されず，光重合反応は起こりえない．しかしながら，ナノギャップでは，入射光に対して10^4倍程度の光増強が誘起されるため，その光がレジスト剤中の反応開始剤の2光子励起を誘起した結果，光重合が促進されたものと考えられている．この結果は，微弱なインコヒーレント光を用いて2光子反応を実現した初めての研究例であり，ナノギャップを有する金属ナノ構造が，光子を捕捉して局在化させる光アンテナ機能をもつ新しい光反応場となることを示す，重要な研究成果である．しかしながら，重合が起こったか否

かは，光照射後に基盤を洗い流し，SEM観察で，重合により形成された構造パターンが確認できることのみで判断されており，その反応過程を分光学的に解析することはできていなかった．プラズモン光電場を利用した光反応を確立するためには，光強度に対する反応収率を，分光学的なアプローチにより定量的に評価することが不可欠となる．このことを可能とする材料として，光により可逆的に電子状態を変化させるフォトクロミック色素が有用である．とくに，光開環反応－光閉環反応により，開環体と閉環体の間で可逆的に構造を変化させ，その両異性体が熱的に安定なジアリールエテン誘導体[13]は，プラズモン光電場で発生する熱の影響をほとんど考えなくてよいため，その光反応を詳細に議論できることから，実験と理論の両観点から数多くの研究成果が報告されている．筆者ら[14]は，このジアリールエテンの閉環体が吸収をもたない近赤外領域のCWレーザー光を照射することで，2光子フォトクロミック反応により閉環体から開環体への光異性化反応を誘起できることを報告している．金ナノ粒子を集積したガラス基板上に，ジアリールエテンを含有するPMMAのトルエン溶液をスピンコートすることで，金ナノ粒子の直径よりも薄い膜を作製した試料と，金ナノ粒子のない普通のガラス基板上に同じ条件でスピンコートした薄膜試料を用意し，808 nmのCWレーザー光を照射下における光反応過程を，分光学的に追跡した．この時，金ナノ粒子の集積時間を変え，数時間の集積時間で作製した赤色に対応する532 nm付近にプラズモンバンドを示す基盤(タイプI)と，1日集積させて作製した600～900 nmに青色のプラズモンバンドを示す基盤(タイプII)の2種類を作製した．タイプIIの600～900 nmの吸収バンドは，ナノ粒子間のギャップモードに対応しており，このバンドを励起することにより，増強電場で光反応を誘起できるものと期待された．実際に，これらの基盤に808 nmの近赤外CWレーザー光を照射し，ジアリールエテンの2光子開環反応を検討した結果，金ナノ粒子を集積していない基板やタイプIの基盤では，高強度のレーザー光を長時間照射しても，観測される吸収スペクトルに変化は認められなかった．この結果は，ジアリールエテンの閉環体は808 nmに吸収をもたないため，2光子吸収が起こらない場合，当然の結果といえる．一方のタイプIIの基盤の場合，808 nmの近赤外CWレーザー光($100 mW/cm^2$)の照射に伴い，閉環体に起因する吸収バンドが徐々に減少することが認められた．吸収バンドがある程度減少した状態に紫外光を照射すると，再び元の閉環体の吸収バンドが回復し，この吸収変化は繰り返し行えることから，このスペクトル変化がジアリールエテンのフォトクロミック反応に由来するものであることが確認された．さらに，この光開環反応収率が照射光強度の2乗に比例することから，この光反応が2光子過程で進行していることも確認された．これらの結果は，プラズモン光増強電場を利用することで，$100 mW/cm^2$という比較的弱い光強度でも，2光子フォトクロミック反応を誘起できることを示しており，表面プラズモン共鳴を光反応場として用いる有用性を実証した重要な研究成果といえる．このプラズモン光増強電場を利用した光反応は，2光子過程に限定されるものではなく，通常の1光子光反応に対しても適用できる．たとえば，小畠ら[15]や筆者ら[16]は，ジアリールエテンポリマーで表面を被覆した金ナノ粒子や金基板上に，ジアリールエテンを含むポリマーをスピンコートした試料を用いて，プラズモン光増強電場の影響を受ける領域に存在するジアリールエテンの光開環反応の速度が，加速されることを見いだしている．また，三澤ら[17]は，ナノギャップをもつ金属構造体を用いることで，分子を基盤に固定していない溶液中の状態においても，ジアリールエテンの2光子開環反応を誘起できることを，定量的に評価することに成功している．このように，表面プラズモン共鳴により生み出される反応場は，通常では不可能な光反応を簡便に引き起こすことが可能であり，プラズモン特性と有機色素の間の光相互作用を巧みに利用した，新しい光化学反応の開拓が期待される．

3 プラズモンによるナノ物質の捕集(プラズモン光ピンセット)

すでに述べたように,反応を促進するプラズモンホットサイトに「分子をもってくる」ツールとして真っ先に考えられるのが,「増強光圧による光捕捉(プラズモン光ピンセット)」であろう.2018年度のノーベル物理学賞が,光ピンセットを発明したA. Ashkin(アメリカ)に授与されたのは記憶に新しい.プラズモン光ピンセットで反応化学種や分子を捕捉・捕集できるであろうか?

分子は光の波長よりも十分小さいので,1個の電気双極子と見なすことができる.レイリー散乱の理論によると,この電気双極子が光の電磁場から受ける光圧Fは,散乱力を無視すると

$$F = \frac{1}{2}\alpha\nabla E^2 \quad (1)$$

また,光圧による捕捉のポテンシャルUは

$$U = -\int F dr = \frac{1}{2}\alpha E \quad (2)$$

と表される.ここでEは入射光の電場強度であり,αは媒質中におけるナノ微粒子(分子)の分極率であり,微粒子の体積に比例する.ここがポイントである.つまり,微粒子が小さくなると,捕捉力も捕捉のポテンシャルも急激に小さくなる.たとえば,微粒子のサイズが1 μmから100 nmへと小さくなると,捕捉力も捕捉のポテンシャルも1000分の1となってしまう.安定な捕捉・捕集を成し遂げるには,Uが熱揺らぎエネルギーkTよりも5倍程度大きいことが必要である.しかし,分子や分子集合体のようなナノスケール物質に対しては,通常の集光レーザービーム型の光ピンセットでは,この条件を達成することは容易ではない.数十ワットを超える出力のレーザー光を顕微鏡に導入すれば,計算上は可能かもしれないが,現実的ではない.

この条件をクリアし,分子をも捕捉・捕集できる可能性があるのは,プラズモン光ピンセットである.Part Ⅱの第1章で述べられているように,光電場は貴金属ナノギャップで著しく増強する.このギャップモード・プラズモン増強効果による微粒子の光捕捉は,理論的に以前から予測されていたのだが,実験的な実証は,2008年のGrigorenkoらによる報告が初めてである[18].ここでは,筆者らの研究を紹介したい[19].図5-3にプラズモン光ピンセットの概念図を示した.筆者らは,サイズ70 nm程度の金ナノピラミッドダイマーが集積配列したガラス基板を,プラズモン発生場に用いている.この金属ナノ構造基板はangular-resolved nanosphere lithography(AR-NSL)法で作製する.この方法は,

図5-3　プラズモン光ピンセットの概念図

化学ウェットプロセスと真空蒸着過程を含む工程で，比較的安価な方法で作製でき，cmスケールの作製も可能である．このナノ構造は，共鳴波長を700 nm～1000 nmの近赤外域にもち，この波長域の光が照射されると，ピラミッドの底部のギャップでおよそ5000倍程度，光電場(E^2)が増強する．この基板をセルの底部に使用し，ナノ粒子が分散した水溶液に，ナノピラミッドを接触させる．共焦点型蛍光顕微鏡に，ギャップモード・プラズモンを励起する近赤外域発振半導体レーザー光(808 nm)と，試料ナノ粒子の蛍光を励起する可視域発振半導体レーザー光を同軸に集光照射し，プラズモン光捕捉の様子を蛍光観察している．

筆者らはこの実験手法により，2010年に，水中に分散した半導体ナノ結晶(量子ドット)の光捕捉に成功した[20]．ここではわかりやすい例として，蛍光染色したポリスチレン微小球のプラズモン捕捉を紹介する[21]．このようなポリマービーズは，光ピンセットの研究によく用いられている．直径500 nmの微小球を対象に，プラズモン光捕捉を試みた．すると，プラズモン励起光強度が1 kW/cm²を超えると，金ナノ構造表面に微小球が"吸い付くように"捕捉されるのが観測された．プラズモンの寄与がない通常の集光レーザービーム型光ピンセットでは，このサイズのポリマー微小球を安定に細く使用すれば，数百kW/cm²の光強度が必要となる．つまり，プラズモンの光電場増強効果により，捕捉に必要な光強度を1/100以下にできる．

励起エリアを直径10 μmの円にすると，その円内のナノ構造表面上に次々と微小球が捕捉される様子が観測された．励起エリア円内が微小球で一杯になると，もうそれ以上の捕捉は起こらなかった．微小球は捕捉されながら微かに熱運動でゆらゆらと二次元に揺らいでいる様子も観測された．この揺らぎにより，微小球はお互いの相互作用で，熱力学的に最も安定な配置を取ろうとする．その結果，プラズモン光捕捉された微粒子は，ヘキサゴンの最密充填構造を自発的に取ることを実時間で観測できた〔図5-4(a)〕．

また，筆者らはソフトマター系のナノ物質にとくに関心をもっており，鎖状高分子や色素ナノ結晶の光捕捉に成功している．温度応答性高分子系の捕捉では，個性的なパターン形成がたくさん見いだされている．ここではDNAに関して述べる[22]．筆者らは，ガラス球などの微粒子が結合していない，DNAそのもののプラズモン光捕捉に成功し，DNA固有と思われる特徴的な捕捉挙動を見いだした．まず，上述の実験で使用した連続発振(CW)型のレーザーでプラズモンを励起すると，DNAは捕捉され，リング状のパターンを形成した〔図5-4(b)〕．プラズモン励起を停止してもDNAは散逸せず，ナノ構造基板に半永続的にリングパターン状に固定された．

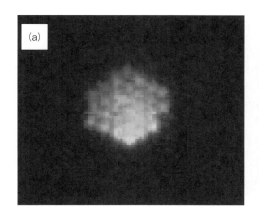 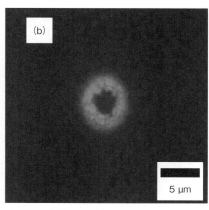

図5-4　プラズモン光ピンセットによる捕集の実例
(a)直径500 nmのポリマービーズが捕集され，自己組織化により最密充填構造を形成している様子．
(b)λ-DNAが捕集され，プラズモンナノ構造表面に固定されている様子．

一方，CW 型でなく，フェムト秒超短パルス発振レーザーでプラズモンを励起すると，DNA はポリスチレン微小球で観られたような "trap-and-release" 型の捕捉挙動を示した．つまり，プラズモンの励起モードを CW-パルスと切り替えることで，固定型か "trap-and-release" 型に捕捉挙動をスイッチできる．これは今のところ，筆者らの DNA でのみ達成されているユニークな光捕捉である．

4 まとめと今後の展望

化学反応への応用を念頭に，分子系ナノ物質をターゲットに絞り，プラズモン光捕捉・捕集の研究をしているのは，世界的にも筆者らだけであるが，おそらく今後は海外の研究者が参入し，競争は激化するだろう．分子系といっても，まだ高分子が捕捉できているだけで，低分子の捕捉を実現するには超えるべきハードルは少なくない．今後はナノ構造のデザイン，共鳴効果の導入，非線形光学効果(非線形分極など)の利用など，さまざまな作用を複合的に用い，光圧を一桁以上高め，分子捕捉を実現したい．また，「捕捉した後」の分子系ナノ物質も応用性に富んでいる．実際，筆者らはプラズモン光捕捉した高分子集合体が，新たな抽出・検出の分析化学を助ける機能をもつことをごく最近報告した．この他の実例に関しては，2014 年の筆者らの Feature Article[20]や他誌での解説[23]などを参照されたい．

◆ 文 献 ◆

[1] M.-Q. Zhu, L.-Q. Wang, G. J. Exarhos, A. D. Q. Li, *J. Am. Chem. Soc.*, **126**, 2656 (2004).
[2] D. Li, Q. He, Y. Yang, H. Möhwald, J. Li, *Macromolecules*, **41**, 7254 (2008).
[3] D. S. Sidhaye, S. Kashyap, M. Sastry, S. Hotha, B. L. V. Prasad, *Langmuir*, **21**, 7979 (2005).
[4] Y. B. Zheng, Y.-W. Yang, L. Jensen, L. Fang, B. K. Juluri, A. H. Flood, P. S. Weiss, J. F. Stoddart, T. J. Huang, *Nano Lett.*, **9**, 819 (2009).
[5] S. J. van der Molen, J. Liao, T. Kudernac, J. S. Agustsson, L. Bernard, M. Calame, B. J. van Wees, B. L. Feringa, C. Schönenberger, *Nano Lett.*, **9**, 76 (2009).
[6] H. Nishi, S. Kobatake, *Macromolecules*, **41**, 3995 (2008).
[7] H. Nishi, T. Asahi, S. Kobatake, *J. Phys. Chem. C*, **113**, 17359 (2009).
[8] A.-L. Baudrion, A. Perron, A. Veltri, A. Bouhelier, P.-M. Adam, R. Bachelot, *Nano Lett.*, **13**, 282 (2013).
[9] M. Grobmann, A. Klick, C. Lemke, J. Falke, M. Black, J. Fiutowski, A. J. Goszczak, E. Sobolewska, A. U. Zillohu, M. K. Hedayati, H.-G. Rubahn, F. Faupel, M. Elbahri, M. Bauer, *ACS Photonics*, **2**, 1327 (2015).
[10] E. Dulkeith, M. Ringler, T. A. Klar, J. Feldmann, A. M. Javier, W. J. Parak, *Nano Lett.*, **5**, 585 (2005).
[11] S. Barazzouk, P. V. Kamat, S. Hotchandani, *J. Phys. Chem. B*, **109**, 716 (2005).
[12] K. Ueno, S. Juodkazis, T. Shibuya, Y. Yokota, V. Mizeikis, K. Sasaki, H. Misawa, *J. Am. Chem. Soc.*, **130**, 6928 (2008).
[13] M. Irie, T. Fukaminato, K. Matsuda, S. Kobatake, *Chem. Rev.*, **114**, 12174 (2014).
[14] Y. Tsuboi, R. Shimizu, T. Shoji, N. Kitamura, *J. Am. Chem. Soc.*, **131**, 12623 (2009).
[15] H. Nishi, T. Asahi, S. Kobatake, *J. Phys. Chem. C*, **115**, 4564 (2011).
[16] Y. Tsuboi, R. Shimizu, T. Shoji, N. Kitamura, M. Takase, K. Murakoshi, *J. Photochem. Photobiol. A*, **221**, 250 (2011).
[17] B. Wu, K. Ueno, Y. Yokota, K. Sun, H. Zeng, H. Misawa, *J. Phys. Chem. Lett.*, **3**, 1443 (2012).
[18] A. N. Grigorenko, N. W. Roberts, M. R. Dickinson, Y. Zhang, *Nat. Photon.*, **2**, 365 (2008).
[19] T. Shoji, Y. Tsuboi, *J. Phys. Chem. Lett.*, **5**, 2957 (2014).
[20] Y. Tsuboi, T. Shoji, N. Kitamura, M. Takase, K. Murakoshi, Y. Mizumoto, H. Ishihara, *J. Phys. Chem. Lett.*, **1**, 2327 (2010).
[21] T. Shoji, M. Shibata, N. Kitamura, F. Nagasawa, M. Takase, K. Murakoshi, A. Nobuhiro, Y. Mizumoto, H. Ishihara, Y. Tsuboi, *J. Phys. Chem. C*, **117**, 2500 (2013).
[22] T. Shoji, J. Saitoh, N. Kitamura, F. Nagasawa, K. Murakoshi, H. Yamauchi, S. Ito, H. Miyasaka, H. Ishihara, Y. Tsuboi, *J. Am. Chem. Soc.*, **135**, 6643 (2013).
[23] 東海林竜也，坪井泰之，高分子論文集，**75**, 243 (2018).

Chap 6
プラズモニックチップを用いたバイオイメージング
Bioimaging with Plasmonic Chip

田和 圭子　細川 千絵
(関西学院大学)　(大阪市立大学大学院理学研究科)

Overview

プラズモン共鳴法によるバイオセンシング法として，筆者らが取り組んでいるプラズモニックチップによるプラズモン増強蛍光法について説明する．まず，プラズモニックチップの構造について述べ，蛍光顕微鏡による細胞イメージングを紹介する．とくに神経細胞イメージングについては，プラズモン効果を利用して実現できる神経活動のリアルタイム検出や，光ナノマニピュレーションによる細胞局所操作について紹介する．

(a) 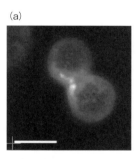　(b)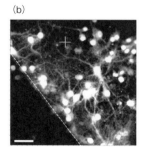

▲プラズモニックチップ上で明るい(a)乳がん細胞の蛍光像と(b)ラット神経細胞の蛍光像がとれる
バーは(a)20 μm，(b)50 μm．

■ KEYWORD　マークは用語解説参照

- プラズモニックチップ(plasmonic chip)
- 周期構造(eriodic structure)
- 増強蛍光(enhanced fluorescence)
- 細胞イメージング(cell imaging)
- 乳がん細胞(cancer cell)
- 神経細胞(neuron)
- 光マニピュレーション(optical manipulation)

1 プラズモニックチップによる蛍光増強

表面プラズモン共鳴(surface plasmon resonance：SPR)の原理の詳細は Part Ⅱ の 15 章を参照いただくこととし，まずは局在型(localized SPR：LSPR)と伝搬型に分類される SPR それぞれの一般的な特徴を紹介する．LSPR が単一金属ナノ粒子に形成される場合，〜10^3 倍の増強電場が金属表面につくられる．また，二つ以上の金属ナノ粒子あるいはナノ構造のすき間の空間，ナノギャップとよばれる部位では，10^6 倍以上の増強電場がつくられる．これらを用いた表面増強ラマン分光法(surface enhanced raman scattering：SERS)では，高感度検出に威力を発揮するが，蛍光法では蛍光の増強度は数倍程度にとどまり，一般的には LSPR による増強蛍光法への展開は難しい．一方，伝搬型では電場増強度は 〜10^2 倍で，増強度で局在型を超えることはなく SERS には不向きであるが，簡単に広い領域(大面積)に増強電場を形成することができ，入射角あるいは検出角に依存する蛍光は数百倍に増強される．この増強蛍光法での課題として，プラズモン共鳴に必要な金属薄膜は蛍光発光の消光剤でもあり，最大の電場強度をもたらす金属表面に蛍光分子を置くと，そのほとんどが消光されてしまうことがある．そこで，消光を抑制するために金属表面から蛍光発光分子までの距離(〜数十 nm)を確保すると，その距離ではプラズモンによる増強電場は最大強度より減衰している．つまり，金属表面と発光分子との最適な距離は，電場増強と蛍光の消光抑制がトレードオフの関係となっており，金属表面から〜数十 nm 離れたところに発光分子を配置するのであれば，LSPR と異なり，指向性のある伝搬型のほうが増強蛍光法に有利である．本章では，伝搬型を用いた増強蛍光法に基づくバイオイメージングについて紹介する．

金属薄膜基板に直接入射した光とプラズモンは結合することができない(＝プラズモン共鳴は起こらない)が，伝搬型表面プラズモン共鳴による結合の方法として，プリズムを利用してプリズム底辺からの浸み出し光(＝エバネッセント光)を用いるプリズム結合型(PC-SPR)と，光の波長サイズの周期構造を利用する格子結合型表面プラズモン共鳴(GC-SPR)法を利用する方法がある[1,2]．GC-SPR では，ライン＆スペースとよばれる一次元格子構造だけでなく，ホールアレイ型の二次元の格子構造など，構造の断面が周期構造をとるようなパターンであれば，その上に金属薄膜をコーティングして，GC-SPR に基づく増強電場を提供できるプラットフォーム「プラズモニックチップ」となる[3,4]．プラズモニックチップは，チップ自身に構造をつくり込むことで，プリズムなどを使用することなくプラズモン共鳴を提供でき，ガラス基板同様に簡単に取り扱うこともできることが利点である．このプラズモニックチップにおける GC-SPR は，蛍光分子の励起場として用いられ，チップ上に観察したい蛍光標識タンパク質や細胞を置くだけで，特別な仕様もない一般的な蛍光顕微鏡で，増強蛍光による高感度な蛍光顕微鏡観察ができる．

GC-SPR を利用した増強蛍光は，GC-SPR 励起増強蛍光(surface plasmon field-enhanced fluorescence：SPF)法として知られる．まずこのメカニズムについて説明する．入射光による励起場の増強による励起増強効果と，蛍光分子が発光する際にプラズモンと再結合して増強発光する発光増強効果の二つの効果があり，両方の効果を取り入れることができればより明るい蛍光像が得られることになる．表面プラズモン共鳴の共鳴条件は，式(1)で示される波数ベクトル k で記述される．

$$k_{spp} = k_{phx} + m\, k_g \tag{1}$$

$$1/\lambda \sqrt{\varepsilon_d \varepsilon_m /(\varepsilon_d + \varepsilon_m)} = n_d/\lambda\, \sin\theta + m(1/\Lambda) \tag{2}$$

k_{spp}，k_{phx}，k_g はそれぞれ，金属の表面プラズモンポラリトンの波数ベクトル，入射光の x 方向の波数ベクトル(図6-1)，格子ベクトルを示しており，m は整数である．それぞれの波数ベクトルは，式(2)で書くことができ，λ，ε_d，ε_m，n_d，θ，Λ はそれぞれ，光の波長，金属と界面を形成する誘電体の複素誘電率，金属の複素誘電率，誘電体の屈折率，共鳴角，周期構造のピッチ(1周期の長さ)である．金属の複素誘電率は波長の関数であり，式(2)より，

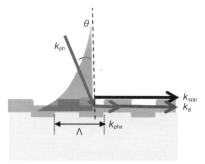

図6-1 表面プラズモン共鳴に関わる波数ベクトルの模式図
k_g ベクトル方向が x 方向．

波長ごとに共鳴条件は異なることがわかる．可視域で電場増強が大きくなる金属として，銀と金がよく用いられるが，銀では450 nmより長波長側，金では550 nmより長波長側の波長が利用でき，銀のほうが有効波長範囲が広く，また複素誘電率から予想される増強度も大きい[2, 5]．

式(2)は，k_{spp}，k_{phx}，k_g が $k_{spp}//k_{phx}//k_g$ であるとき，すなわち k_g に対して入射面が平行な場合〔図6-2(a)〕を示している．一次元の周期構造プラズモニックチップを用いた入射角あるいは検出角走査型のセンサー機器では，図6-2(a)で考えればよいが，顕微鏡下での照明における蛍光検出では，ある k_g に対して入射面は 0～360°の方位角 ϕ が存在する〔図6-2(b)〕．式(1)のベクトルの和が成立すれば，

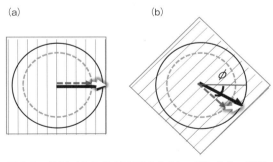

図6-2 格子ベクトルが水平方向($\phi = 0°$)(a)，ϕ 回転している状態(b)での表面プラズモン共鳴条件を示す模式図
黒矢印：表面プラズモン波数ベクトル，白矢印：入射光の波数ベクトル，破線矢印：格子ベクトル．三つの波数ベクトルが(a)平行な，(b)格子ベクトルが入射面と ϕ の方位角をなしているときのベクトル和．

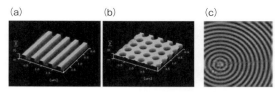

図6-3 プラズモニックチップのさまざまなパターンのAFM像
(a)一次元ライン＆スペース，(b)ホールアレイ，(c)Bull's eye型．

共鳴が起こるので，方位角を考慮した共鳴条件は $m = 1$ のとき式(3)，(4)で記述できる．式(3)，(4)は $\phi = 0$ で式(2)となる．

$$k_{spp}^2 - k_g^2 \sin^2\phi = (n_d k_{ph} \sin\theta + k_g \cos\phi)^2 \tag{3}$$

$$1/\lambda^2 \varepsilon_d \varepsilon_m/(\varepsilon_d + \varepsilon_m) - 1/\Lambda^2 = n_d^2/\lambda^2 \sin^2\theta + 2n_d/(\Lambda\lambda)\sin\theta\cos\phi \tag{4}$$

入射面と格子ベクトルのなす方位角を考慮すると，顕微鏡下で用いる周期構造のパターンは k_g が一つしかない一次元構造より，k_g が三つ存在する二次元のほうが，顕微鏡観察下では適していると考えられる．さらに，図6-3(c)に示す Bull's eye 型では，全方位角に対応する k_g が存在するので，さらなる蛍光増強が期待できる．蛍光分子をプラズモニックチップ表面に結合して蛍光顕微鏡観察を行った結果では，蛍光強度はガラス基板：一次元：二次元：Bull's eye 型 = 1：18：23：42となり，顕微鏡下での Bull's eye 構造の優位性が示された[6]．

2 高感度乳がん細胞イメージング[7, 8]

乳がん細胞 MDA-MB231 について，上皮細胞接着分子 CD326（EpCAM）と上皮成長受容体（EGFR）の2種類の膜タンパク質の2色 in situ 蛍光イメージングを，プラズモニックチップによって行った実験結果を紹介する[8]．プラズモニックチップとして，400 nmと480 nmのピッチをもつ Bull's eye パターンを用いた．どちらのピッチのパターンも，周期構造の溝深さは30 nmであり，パターンは，直径100 μmサイズ，100 nm厚の銀薄膜の上に SiO_2 薄膜

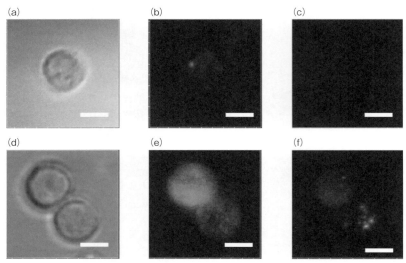

図 6-4 乳がん細胞 MDA-MB231 の正立落射顕微鏡像
(a, d) MDA-MB231 細胞の明視野像，(b, e) EGFR 蛍光像，(c, f) EpCAM 蛍光像で (a, b, c) 上段はカバーガラス上，(d, e, f) 下段は 400 nm のピッチのプラズモニックチップ上．バーは 10 μm．[カラー口絵参照]

20 nm を成膜したチップである．Allophycocyanin (APC) 標識抗 EpCAM 抗体と，Alexa488 標識抗 EGFR 抗体を，MDA-MB231 細胞の培地中に加え，インキュベーション，遠心分離，洗浄を 3 回繰り返して調製した．この細胞をプラズモニックチップとカバーガラスの両方の基板に播種した．蛍光顕微鏡は，EM-CCD カメラを搭載した正立落射蛍光顕微鏡で，APC の蛍光観察に Cy5 フィルターユニット (Ex：590 ~ 640 nm，Em：670 ~ 720 nm) を，Aexa488 の蛍光観察に GFP フィルターユニット (Ex：450 ~ 500 nm，Em：510 ~ 550 nm) を用いた．対物レンズは ×40 (NA 0.75) を用いた．図 6-4 は，400 nm ピッチの Bull's eye パターン上の結果を示している．ここに示されるように，カバーガラス上の細胞より，EpCAM は 9 倍，EGFR は 7 倍明るく観察でき，細胞内のそれぞれの膜タンパク質の分布がプラズモニックチップでのみ確認できた．表面プラズモン共鳴場は金属表面からおよそ 200 ~ 300 nm で減衰する電場であるため，細胞がチップに接着したとき，接着面でのみ明るい蛍光を見ることができると考えられる．APC による EpCAM 検出と Alexa488 による EGFR 検出を行うために，両色素の励起・発光波長領域 450 ~ 550 nm と 590 ~ 720

nm に共鳴波長をもつチップを使うことが重要になる．ピッチ 480 nm のパターン上では EpCAM の増強蛍光は 9 倍と大きく見られたが，EGFR の増強は 3 倍ととても小さい．400 nm ピッチでは主な共鳴波長範囲は 510 ~ 650 nm であり，480 nm ピッチでは 550 ~ 750 nm である．そのため，図 6-5 に示すように，400 nm ピッチについては，APC の励起波長と Alexa488 の蛍光波長が共鳴波長領域に含ま

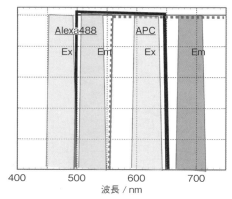

図 6-5 フィルターによる励起と発光の波長範囲と，プラズモニックチップの共鳴波長範囲
GFP フィルター (Alexa488 用) と Cy5 フィルター (APC 用) の励起 (Ex) および発光 (Em) 波長範囲とピッチ 400 nm (実線) と 480 nm (破線) のプラズモニックチップにおける共鳴波長範囲を示す．

れており，どちらの蛍光色素も増強される．一方，480 nm ピッチについては，APC は励起波長と蛍光波長が共鳴波長領域内に含まれて非常に明るい蛍光が得られるが，Alexa488 では励起側も蛍光側も共鳴波長領域内になく，増強が期待できない（図6-5）．よって，2色の蛍光を両方明るくするためには，400 nm ピッチが適していると考えられる．以上のように，ガラス基板上では観察が難しい乳がん細胞内の2種類の膜タンパク質の分布状態を，プラズモニックチップ上では2色で示すことができたことは，プラズモニクチップが疾病の早期発見に貢献できるツールになるという期待につながる．

3 高感度神経細胞イメージング

3-1 神経活動のリアルタイム検出

神経細胞をプラズモニックチップ上で培養し免疫染色すると，ガラスベースディッシュ上と比較して，10倍明るい神経細胞の蛍光像が撮影できた[9]．蛍光を明るくすることで，これまで見えなかったものの見える化が可能となる．神経細胞の神経活動を，蛍光を使って見える化「live イメージング」を行うために，蛍光増強を提供するプラズモニックチップを応用した[10]．

神経細胞の活動電位計測法としては，電極を用いた電位計測法と，カルシウムイメージングが一般的である．電位計測法では，電極上の細胞しか計測できず，広い範囲でのネットワーク解析が難しいことが課題である．一方，カルシウムイメージングは，レスポンスが遅く，リアルタイムイメージングになっていないことが課題である．そしてもう一つ，

膜電位感受性色素（VSD）イメージング法がある．これは，蛍光色素を細胞膜に埋もれさせ，膜電位変化によって蛍光強度が変化することを利用して，リアルタイム蛍光イメージングを行う方法であるが，従来蛍光強度変化が小さく，リアルタイム計測が困難であった．プラズモニックチップを用いることで，蛍光強度を増強させ，活動電位による蛍光強度変化をノイズと分離することを可能にし，リアルタイムで追跡することができると考えられた．

プラズモニックチップを細胞ディッシュと組み合わせたプラズモニックディッシュでは，ピッチ 480 nm の直径 20 μm の Bull's eye パターンが，5 μm 間隔で六方格子状に配列され，膜厚 100 nm の金薄膜に 30 nm 厚の SiO_2 膜が調製された．高速カメラを搭載した正立落射蛍光顕微鏡を用い，1 ms の時間分解で蛍光像を5秒間撮影した．フィルターは Cy3 励起フィルターと Cy5 蛍光フィルターを用い，×20 の水浸レンズを用いた．図6-6(a)，(b)は，それぞれガラスベースディッシュ上とプラズモニックディッシュ上で培養した神経細胞を，Di-4-ANEPPS で染色した蛍光像であり，図6-6(c)，(d)は，それぞれ蛍光像の中から一つの細胞を選び，式(5)から求められる蛍光強度変化 $\Delta F(t)/F_m(t)$ を時間 t に対してプロットしたものである．

$$\Delta F(t)/F_m(t) = \{F(t) - F_m(t)\}/F_m(t) \qquad (5)$$

$F(t)$ は時間 t における蛍光強度で，$F_m(t)$ は図6-7に示すように，$F(t)$ の経時変化プロットを作成したときのベースとなる平均蛍光強度で，蛍光分子がブリーチされなければ，時間に依存しない一定値をと

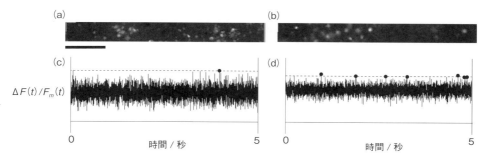

図6-6　ガラスベースディッシュ上(a)とプラズモニックディッシュ上で培養神経細胞の蛍光像(b)
　スケールは100 μm．(c，d) (a)と(b)における神経細胞の5秒間の蛍光強度変化 $\Delta F(t)/F_m(t)$．

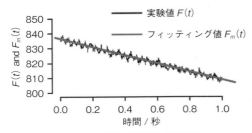

図6-7 神経活動電位の解析法
蛍光強度の時間変化〔$F(t)$〕のプロットをフィッティングして求めた $F_m(t)$.

るが,実際には,励起光によって蛍光がブリーチされ,時間とともに減衰していくため,指数関数でフィッティングしたときの値となる.

図6-6(d)からわかるように,ガラスベースディッシュ上の細胞における蛍光強度変化は,ノイズ成分が大きく,神経活動による蛍光強度変化はノイズに埋もれてしまう.神経活動による蛍光強度変化をノイズから区別するために,活動電位阻害剤であるテトロドトキシン(TTX)を添加したときの蛍光強度変化をリファレンスとする.TTX 存在下の神経細胞では,神経活動が激減することが知られており,このシグナルは,ノイズに相当すると考えたためである.本研究では,TTX 下での $\Delta F(t)/F_m(t)$ から標準偏差(σ)を評価し,薬理操作なしの状態での $F(t)$ において,σ の3倍以上のシグナル変化量を神経活動と見なすと定義する.図6-6(c),(d)の破線で示されるように,ガラスベースディッシュ上では,それでも 3σ を超えるシグナルはほとんどなく,1 ms の時間分解で,神経活動をリアルタイム計測することは難しい.一方,プラズモニックチップにおいては,蛍光強度はガラスベースディッシュ上より〜3倍増強していることから,ノイズである σ の値を小さくすることができ,S/N 比を改善することができた.ノイズに埋もれて見えなかった神経活動のスパイクが,クリアに見えたと考えられる.さらに,GABA-A 受容体阻害剤ピクロトキシン(PTX)を導入すると,神経活動を活性化することが知られているが,実験の結果,薬理操作のないときに比べ,より活発なシグナル変化を検出することができた.これらの結果より,プラズモニックチッ

プによって,VSD リアルタイムイメージングが実行でき,神経活動電位のネットワーク解析も可能だと考えている.

3-2 光ナノマニピュレーションによる細胞局所操作

プラズモニックチップで培養した神経細胞の高感度蛍光イメージングにより,プラズモニックチップが,神経細胞内分子局在の可視化や神経活動のモニタリングに有用であることが示された.ここでは,プラズモニックチップを用いた光ナノマニピュレーション[11]について紹介し,細胞表面分子操作への応用について述べる.

神経回路網は,神経細胞が神経突起を伸長して複雑なネットワークを形成しており,シナプスを介して細胞間の情報伝達を行う.神経シナプス領域に局在しているタンパク質の分子動態は,記憶や学習に大きく関与することが知られている.筆者らは,この神経シナプス領域に局在する分子や分子集合体をレーザー光により非接触に操作し,神経伝達過程を可逆的に制御することを目的として,光ピンセットを用いた神経細胞の局所操作技術の開発に取り組んでいる[12].光ピンセットは,顕微鏡下で集光した近赤外レーザーの光放射圧により,マイクロメートルサイズの単一微小物体を溶液中で捕捉する手法である[13].光ピンセットは生命科学分野においてとくに注目を集めており,マイクロ粒子を標識したタンパク質1分子の力学計測により,筋収縮過程や細胞内分子輸送過程などの,細胞機能に関わるさまざまな分子機能を明らかにしている.捕捉対象の粒子サイズがレーザー光の波長より小さい,ナノメートルサイズの粒子の場合,粒子は電気双極子として近似することができ,単一ナノ粒子に働く光捕捉ポテンシャルエネルギー$|U_{\text{trap}}|$は次式で表される.

$$|U_{\text{trap}}| \approx \frac{\alpha I}{n_2 \varepsilon_0 c} \quad (6)$$

$$\alpha = 4\pi\varepsilon_2 r^3 \frac{(n_1/n_2) - 1}{(n_1/n_2) + 2} \quad (7)$$

α はナノ粒子の分極率,I は光ピンセット用近赤外レーザーのレーザー光強度,ε_0 は真空の誘電率,ε_2 は溶媒の誘電率,n_1,n_2 はそれぞれナノ粒子,およ

び溶媒の屈折率，cは光速，rはナノ粒子の粒子半径である．$|U_{trap}|$はレーザー光強度，および粒子体積に依存するため，一般に，捕捉対象がナノメートルサイズになると光捕捉が困難となる．しかしながら近年，SPRや非線形光学効果，捕捉対象物質の共鳴などを利用することにより，ナノ粒子や分子をレーザー光の集光領域に捕捉可能であることが示されつつあり，光ナノマニピュレーションの研究が盛んに行われている[14]．ナノ粒子や分子の場合，光の回折限界で定まる集光領域径よりもサイズが小さいことから，複数個の粒子が集光領域に捕捉されて集合するため，細胞表面分子の集合操作への応用が期待される．本節では，光捕捉力を増大し，細胞表面に局在する分子を高効率に捕捉するための新たな手法として，プラズモニックチップを利用した光ナノマニピュレーション手法について検討する．プラズモニックチップに光ピンセット用レーザーを集光し，増強電場に基づいた光捕捉力の増大により，神経細胞表面に局在する分子を高効率に捕捉する手法について以下に述べる．

プラズモニックチップとして，カバーガラス基板上にピッチ500 nmの二次元周期構造を作製し，膜厚140 nmの銀薄膜に，20 nm厚のSiO_2を成膜したものを実験に用いた．細胞培養ディッシュには，カバーガラス，またはプラズモニックチップ基板上にシリコンゴム製チャンバーを接着し，実験に使用した．胚齢18日目のラット胎児脳より海馬領域を取り出して解離し，播種した神経細胞を基板上で培養した．細胞表面に局在する神経細胞接着分子 (neural cell adhesion molecule：NCAM)の可視化のため，一次抗体であるマウス抗ラットNCAM抗体，二次抗体である量子ドット (quantum-dot：QD)標識ヤギ抗マウスIgG抗体を用いて，免疫蛍光染色した．QDは，粒径15〜20 nmでCdSe/ZnSコアシェル型の半導体ナノ粒子であり，発光ピーク波長655 nmのものを用いた．固定処理，膜透過亢進処理を省いて免疫蛍光染色を行った結果，通常の免疫蛍光染色と同様に，二次抗体のみでは蛍光は見られず，一次抗体を用いた場合のみ，QD標識NCAMからの蛍光が検出されたことから，生細胞条件において，細胞表面のNCAMの可視化を確認した．光ピンセット用レーザーとして，波長1064 nmのNd：YVO_4レーザーを倒立顕微鏡に導入し，100倍対物レンズを用いて試料に集光した．細胞の蛍光観察用の励起光源として，水銀ランプのWIG励起を使用し，EM-CCDカメラにより，蛍光像を取得した．レーザー集光領域における試料からの蛍光は，アバランシェフォトダイオードにより検出し，コリレーターを用いて蛍光強度の自己相関関数を取得した．

従来，単一分子での光捕捉が困難とされている，神経細胞表面に局在する分子に着目し，QDで標識した細胞表面のNCAMに対して，プラズモニックチップを用いた光ピンセットにより，分子動態の光捕捉を試みた．これまでの研究において，カバーガラス上で培養した神経細胞に局在するNCAMをQDで標識し，光ピンセット用近赤外レーザーを照射すると，レーザー光強度300 mW以上の条件において，QD標識NCAMが光捕捉され，集合することが確認されている．光捕捉力はレーザー光強度に依存するため，低強度レーザー条件(レーザー光強度100 mW)では捕捉が困難となる．そこで，カバーガラス，またはプラズモニックチップ上で培養した神経細胞に局在するQD標識NCAMに，低強度のレーザーを照射し，レーザー集光領域における神経細胞接着分子の運動特性を，蛍光相関分光測定により比較した (図6-8)．カバーガラス上で培養した神経細胞(培養15日目)に局在するQD標識NCAMにレーザーを照射すると，レーザー集光領域において，QD標識NCAMからの二光子励起蛍光が観測された．蛍光相関分光測定により，レーザー集光領域を通過するQD標識NCAMの平均通過時間τ_Dは，1096 ± 1013 ms ($N = 9$)と得られた．これに対して，プラズモニックチップ上で培養した神経細胞の場合，蛍光強度の自己相関関数の減衰時間が遅くなる傾向が見られた．QD標識NCAMの平均通過時間τ_Dは，プラズモニックチップの周期構造表面では，4806 ± 3823 ms ($N = 7$)と得られ，カバーガラス上で培養した神経細胞でのτ_Dと比べて約4倍に増加した．プラズモニックチップで培養

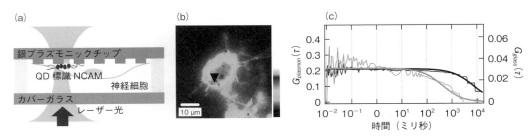

図6-8 レーザー集光領域における神経細胞接着分子の運動特性
(a)神経細胞表面上のQD標識NCAMの光捕捉過程．(b)プラズモニックチップ上で培養した神経細胞表面上のQD標識NCAMの蛍光像．矢尻はレーザー光の集光位置．(c)カバーガラス上(灰色線)，またはプラズモニックチップ上(黒線)で培養した神経細胞表面のQD標識NCAMの蛍光相関分光測定結果．

した神経細胞表面に局在するQD標識NCAMは，レーザーを照射することにより，強く束縛されることを見いだした．これらの結果は，表面プラズモン共鳴効果に基づいて光電場が増強され，光捕捉力が増大したと考えられる．

さらに，プラズモニックチップを用いた光捕捉の有効性を検証するため，粒径40 nmの蛍光性ポリスチレンナノ粒子水分散液を，プラズモニックチップを介して封入し，蛍光相関分光測定により，レーザー集光領域における粒子運動を評価した[14]．プラズモニックチップ表面にレーザー光を集光した場合，カバーガラス表面と比較して，ナノ粒子がレーザー集光領域内を通過する平均通過時間が遅くなる傾向が見られ，プラズモニックチップの周期構造表面において，単一ナノ粒子の粒子運動がより強く束縛されたと考えられる．

以上の結果は，プラズモニックチップを用いた光ピンセットにより光捕捉力が増大し，細胞表面の分子運動や単一ナノ粒子の粒子運動がレーザー光の集光位置において強く束縛されることを明示している．本手法を神経細胞シナプス部位の局所操作に応用することにより，細胞表面の分子動態を操作し，シナプス伝達過程の光制御が可能になると期待される．

◆ 文 献 ◆

[1] W. Knoll, *Annu. Rev. Phys. Chem.*, **49**, 569 (1998).
[2] H. Raether, "Surface Plasmons on Smooth and Rough Surfaces and on Gratings," Springer (1988), pp. 1-133.
[3] K. Tawa, H. Hori, K. Kintaka, K. Kiyosue, Y. Tatsu, J. Nishii, *Opt. Express*, **16**, 9781 (2008).
[4] X. Cui, K. Tawa, K. Kintaka, J. Nishii, *Adv. Funct. Mater.*, **20**, 945 (2010).
[5] 田和圭子，「解説：プラズモニックチップのバイオ分野への応用」，応用物理，**86** (11), 944 (2017).
[6] K. Tawa, S. Izumi, C. Hosokawa, M. Toma, *Opt. Express*, **25**, 10622 (2017).
[7] K. Tawa, S. Yamamura, C. Sasakawa, I. Shibata, M. Kataoka, *ACS Appl. Mater. Interfaces*, **8**, 29893 (2016).
[8] S. Izumi, N. Hayashi, S. Yamamura, M. Toma, K. Tawa, *Sensors*, **17**, 2942 (2017).
[9] K. Tawa, C. Yasui, C. Hosokawa, H. Aota, J. Nishii, *ACS Appl. Mater. Interfaces*, **6**, 20010 (2014).
[10] W. Minoshima, C. Hosokawa, S. N. Kudoh, K. Tawa, submitted to ACS Omega.
[11] K. Miyauchi, K. Tawa, S. N. Kudoh, T. Taguchi, C. Hosokawa, *Jpn. J. Appl. Phys.*, **55**, 06GN04 (2016).
[12] C. Hosokawa, S. N. Kudoh, A. Kiyohara, T. Taguchi, *Appl. Phys. Lett.*, **98**, 163705 (2011).
[13] A. Ashkin, *IEEE J. Sel. Top. Quantum Electron.*, **6**, 841 (2000).
[14] S. E. S. Spesyvtseva, K. Dholakia, *ACS Photonics*, **3**, 719 (2016).

Part II 研究最前線

Chap 7

驚異のプラズモニック超高感度分子検出
Amazing Ultra High Sensitivity in Plasmonic Molecular Detection

山本 裕子　　伊藤 民武
（北陸先端科学技術大学院大学）（産業技術総合研究所）

Overview

局在表面プラズモンによるラマン散乱の巨大増強現象発見の歴史と，金属ナノ粒子接点（ホットスポット）におけるプラズモンと分子の電磁相互作用の基礎を述べ，最近の進展としてフェルミ黄金律の破綻領域に関する研究を解説する．ホットスポット内での超高感度分子検出に関する研究のマイルストーンを紹介するとともに，金属ナノ粒子接点に生じる電場増強効果の理論と実験を平易に紹介する．また今後の発展を予感させるホットスポットを用いた分子内部構造のイメージングと，それを可能とするサブナノメートルスケールのホットスポットの可能性について，概論とポテンシャルを紹介する．

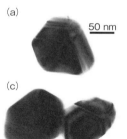
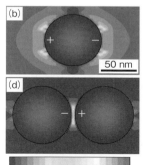

▲化学還元法で生成した銀ナノ粒子の SEM 像と FDTD 法を用いて計算した増強電場
　プラズモン共鳴によって，二つの銀ナノ粒子の凝集接点に強い増強電場（ホットスポット）が生じる．［カラー口絵参照］

■ **KEYWORD** 📖マークは用語解説参照

- 局在表面プラズモン (localized surface plasmons)
- ホットスポット (hotspot)
- 表面増強ラマン散乱 (surface enhanced Raman scattering)📖
- 1分子 SERS (single-molecule surface-enhanced Raman scattering)
- プラズモン共鳴 (plasmon resonance)
- 電磁増強メカニズム (electromagnetic enhancement mechanism)
- フェルミ黄金律 (Fermi's golden rule)
- 強結合 (strong coupling)
- 超高速表面増強蛍光 (ultrafast surface-enhanced fluorescence)📖
- 先端増強ラマン散乱 (Tip-enhanced Raman scattering)📖

はじめに

　局在表面プラズモンが生み出す機能はまさに驚異的であり，本章ではとくに，局在表面プラズモンを用いた超高感度分子検出法の歴史および原理の概説と，今まさに注目すべき最新トピックについて触れる．プラズモンとは，自由電子リッチな金属の伝導電子が集団振動する様子を量子化したもので，金属をナノメートルオーダーにまで小さくすることで，金属表面近傍にのみ局在する局在表面プラズモンが得られる．金や銀などのナノ粒子，とくにナノ粒子凝集体に光を照射すると，局在表面プラズモンと光が共鳴し，光を金属ナノ粒子間隙の 1 nm 程度の領域に空間的に閉じ込めることができる．この領域は「ホットスポット」[1, 2]とよばれ，光強度が非常に高い特徴があり，それを利用した超高感度分光から新奇化学反応まで，さまざまな研究が世界中で進められている．ところで，ホットスポットにおける光と分子との電磁相互作用は，いくつかの点で従来の分光学で用いられてきた近似から逸脱していることが明らかとなり，これまでに知られていない新しい物理現象が見つかりつつある．また，ホットスポットの微小性を積極的に用いることで，分解能 1 nm 以下での分子内部構造イメージングに応用する動きが生まれている．これらの新しいトピックは結局のところ，局在表面プラズモンがつくる強い光電場がその根本にあると見られるため，プラズモンに関する研究分野は今なおポテンシャルが大きく，今後もますます重要性を増していくと予測できる．以下，項目ごとに順を追って解説していくが，まずは局在表面プラズモンを用いた超高感度分子検出法の歴史からひも解いていこう．

1 プラズモンによる超高感度分子検出―ラマン散乱増強現象の発見と電磁増強メカニズム[3]

　局在表面プラズモンが分子を超高感度に検出できるとわかったのは，1977 年に，Creighton らと Van Duyne らが独立に行っていた分子ラマン散乱分光測定の感度増強研究に端を発している．ラマン散乱とは，レーザー光を分子に照射したときに，分子振動エネルギーの分だけレーザー光と異なる波長の光が散乱される現象であり，ラマンスペクトルの形状を分析すると，分子の構造に関するさまざまな有用な知見が得られる．しかしラマン散乱は，散乱断面積が蛍光断面積の 10 桁分の 1 以下と非常に小さいため，1970 年代当時の分光技術では，測定が非常に難しかった．ラマン分光の感度向上の努力が続くなかで偶然，表面に数十ナノメートルオーダーの凹凸構造をもつ銀電極表面に吸着したピリジン分子が，10^5 倍に及ぶ極端なラマン増強を示すことが Creighton ら，Van Duyne らにより独立に論文化され，表面増強ラマン散乱(surface enhanced raman scattering：SERS)と名付けられた．

　SERS 高感度化の研究は 1970 年代以降も続いた．次のマイルストーンは，1997 年に Kneipp らと Nie らがそれぞれ独立に発見した，銀のナノ粒子凝集体による 1 分子 SERS 検出であろう．これは，銀のナノ粒子凝集体を用いてたった一つの色素分子を SERS 検出したもので，ラマン増強度に換算すると 10^{10} 倍から 10^{14} 倍に相当する，まさに驚異的な結果であった．増強度があまりにも非現実的な値であったため，発見当時は 1 分子 SERS はサイエンスフィクションではないかと疑いの目で見られることもあったが，その後 1 分子でしか起きえないさまざまな実験事実，たとえば SERS シグナルの点滅現象などが積み重ねられるに従って，次第に受け入れられるようになった．現在では 1 分子 SERS 検出はすでに広く知られているが，実現するにはいまだに特殊な実験テクニックが必要であり，広く実用化にまでは至っていない．

　表面増強ラマン散乱でなぜラマン散乱が増強するのか，解明の歴史とメカニズムは既報[3~5]に詳しいので詳細は割愛するが，結論だけ時系列で述べる．1978 年に Moskovits が，ラマン散乱増強の起源は，銀表面の凹凸構造に発生するプラズモン共鳴であると提唱した．これは SERS の電磁増強メカニズムとよばれ，プラズモンと光が共鳴することで光が金属粒子近傍に時間的にも空間的にも集められて増強し，この増強光がラマンの増強を引き起こすとしたものである．この説の確かさについては，2010 年代に伊

藤らが実験的な実証を終え，現在ではSERSの二段階電磁増強(two-fold electromagnetic enhancement)として知られている．1分子SERSの驚異的な検出感度についても，Kerkerや大高らが電磁増強メカニズムの数理モデルを定式化した後，Källらがそれを用いて，1分子SERSが金属ナノ粒子凝集体間隙のプラズモン共鳴によって実現できる，と理論的に示している．ちなみにSERS発見当時には，増強メカニズムとしてもう一つ，化学増強メカニズムというものが提唱された[4]が，その後の研究により，これは銀や金表面に測定対象分子が化学的に吸着，もしくは分子の化学構造そのものが変化することで，ラマン散乱スペクトル自体が大きく変わる現象を指

すと判明した．そのため，分子によってはラマン散乱が増強したように見えるが，メカニズムはまったく異なっており，プラズモンとは直接的に関係しない．

局在表面プラズモンが分子に与える影響とそのメカニズムについて詳しく理解するには，まずSERSの電磁増強メカニズムを理解すると話が早い．そこでここから，電磁増強メカニズムによる1分子SERSの概要を説明する．厳密な説明や実験テクニックについては，筆者らの既報を参照されたい[1,6]．まず，一つの銀ナノ粒子に光を当てると，粒子の周囲に10^2倍程度の光強度の増強が起きる〔図7-1(a)，(b)〕．銀ナノ粒子を二つくっつけて二量体とすると，

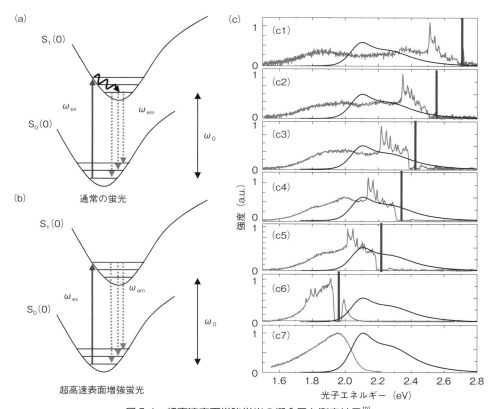

図 7-1 超高速表面増強蛍光の概念図と測定結果[9]

(a) 通常の蛍光は，電子基底状態(S_0)から電子励起状態(S_1)へ励起した後，振動緩和を経て蛍光遷移する．ここでは振動緩和レート$K_{int} \ll$蛍光遷移レートK_{Rad}となっている．(b) 超高速表面増強蛍光(SEF)の概念図．ホットスポット内では$K_{int} < K_{Rad}$となる場合があり，S_1の振動基底状態への遷移が終わる前に蛍光遷移が起きる．(c1)～(c6) SEFスペクトルの励起波長依存性．灰色線のなだらかな背景光成分がクリスタルバイオレット(CV)分子のSEFスペクトルで，鋭いピークはSERS光の寄与．黒線はCVの吸収スペクトル．太いタテ棒線は励起レーザーのエネルギー値．(c7) CVの通常の蛍光スペクトル(灰色線)と吸収スペクトル(黒線)．SEFは通常の蛍光スペクトルとは形が異なり，かつ励起レーザー波長が変わるとSEFスペクトルの形も変化する様子が見て取れる．

二つのナノ粒子の間隙の数 nm 程度の領域にさらに光が集められ（ホットスポット），光強度が 10^5 倍となる[7]．光が強いと分子のラマン散乱も当然に増強するので，直感的に，二量体の間隙に存在する分子のラマン散乱は，光強度の影響で増強されることがわかる．さて，どの程度増強されるのだろうか．ラマン散乱は光励起と光放射から構成されているため，光強度の増強はこの両者に独立に効いてくるはずである．つまり光強度が 10^5 倍であれば，光励起レートと光放射レートのそれぞれが 10^5 倍になるため，最終的なラマン増強度は $10^5 \times 10^5 = 10^{10}$ となる．この 10^{10} 倍の増強の結果，たとえばローダミン 6G（R6G）分子の共鳴ラマン散乱断面積（$\sim 10^{-24}$ cm^2）が $\sim 10^{-14}$ cm^2 になり，その蛍光断面積（$\sim 10^{-16}$ cm^2）より 10^2 倍程度大きくなるため，1 分子蛍光測定の要領で，1 分子の SERS 光が測定可能となる．

結果がすでにわかっている状態で改めて説明するとここまで簡単に書けてしまうのだが，実際には，SERS の電磁増強メカニズムを理論的に予想し，実験的な実証を終えるまでには，1977 年の SERS 現象発見から 2010 年頃までの，実に 30 年余りを要したことを記しておきたい．また，信頼度の高い報告にある SERS の最大増強度は 10^{14} だが，これはラマン散乱増強度の最大値 10^{10} に，分子の電子遷移による共鳴増強の寄与 10^4 が足し合わさったもので，R6G など，一部の色素分子でのみ実現可能である．

2 プラズモンと分子の電磁相互作用におけるフェルミ黄金律の破綻領域

上記から推察できるように，局在表面プラズモンがもたらす電磁増強のメカニズムは，SERS だけでなく表面増強吸収，表面増強蛍光や表面増強ハイパーラマンなど，別の光学応答の増強も普遍的に説明できる[1]．これだけでも十分に重要なトピックであるが，しかしそもそも，電磁増強メカニズムには注意すべき三つの近似が含まれている[2,3,8]ことがまだあまり知られていない．そこで本章では改めてここに焦点を当て，三つの近似の破綻という視点から，関連研究と将来性を概説する．詳細は既報[2,3,8]に詳しい．

三つの近似の一つ目は，増強効果を受けている分子の励起状態ダイナミクスを，自由空間の分子と同じとして扱っている点である（Kasha 則）．二つ目は，励起光の波長が分子の大きさに対して十分に長いと仮定し，分子全体が同じ向きの電場を同じ強度で感じているとしている点である（長波長近似）．三つ目は，分子分極とプラズモン共鳴分極が弱結合していると仮定している点である（弱結合近似）．これらの三つの近似は，フェルミ黄金律の式に暗示的に示されており，実のところ，ホットスポット内の異常に強い電磁場では，これらの近似が破綻しているのである．

まずは一つ目の Kasha 則の破綻について，表面増強蛍光を例にして述べる[9]．通常の蛍光は，励起波長を変えても蛍光スペクトルは変化しない．これを蛍光の Kasha 則という．ところがホットスポット内で起きる表面増強蛍光は，励起波長が変わると蛍光スペクトルの形が変わる，つまり励起波長依存性をもつ場合がある．その理由は，通常の蛍光は常に電子励起状態の振動基底状態から発するが，表面増強蛍光は，励起された電子が，振動緩和の途中で増強された真空揺らぎにより蛍光遷移する場合があるためである（図 7-2）．このような現象は，振動緩和よりも速く蛍光が抜き出されるという意味で，超高速表面増強蛍光とよばれる．より詳しくは既報を参照されたい[2,9]．われわれはこの現象を，蛍光をもつ R6G を 1 分子 SERS 法にて測定することで，すでに実験で確認した[9]．図 7-1(c) に示すように，R6G を 1 分子 SERS 法にて波長の異なるいくつかのレーザーで励起すると，SERS ピークの背景光として現れる表面増強蛍光スペクトルに変調が起きるが，この励起波長依存性は，明らかに Kasha 則に反している．このようにホットスポット内に存在する分子は，自由空間に存在する分子の励起状態ダイナミクスとはまったく異なる挙動を示す場合があり，ここで挙げたほかにも興味深い現象が見いだされる可能性がある．

次に，二つ目の長波長近似の破綻を，禁制遷移の許容化として説明する[2]．長波長近似とは，電場内に存在する分子全体が均一かつ同位相の光電場を感

じているとみなすことで,フェルミの黄金律の式にはすでにこの仮定が入っている.しかしホットスポットでは,光波長が1 nm程度に圧縮されて急峻な電場空間勾配が生じるため,遷移双極子モーメントの長さが数nm程度以上の分子については,その分子がホットスポット内のどこに存在するかで,感じる光電場の位相が異なる場合が出てくる.すると,分子全体が同位相の光電場を感じているとする長波長近似が破綻し,本来は遷移確率が非常に小さく禁制とされている多重極遷移が起きやすくなる.1分子SERSに頻繁に用いられるR6Gは,遷移双極子モーメントの長さが0.1 nm程度であり,ホットスポットにおける光波長1 nmよりもまだ十分小さいため,多重極遷移が無視できる.また,分子が電場勾配の極小点に局在している場合も,禁制遷移は観測しにくい.しかしカーボンナノチューブなど,遷移双極子モーメントの長さがホットスポットより十分に大きな分子では,禁制遷移が許容化すると期待できる.実際にTakaseらは,カーボンナノチューブを金ナノ粒子二量体の間隙に担持し光励起することで,禁制電子遷移を介したSERSスペクトルの測定に成功している(図7-2)[10].この測定は,ホットスポットを用いることで禁制遷移を利用した分子励起が可能なことも示しており,さらなる発展が期待できる.

最後に,三つ目の弱結合近似の破綻について,プ

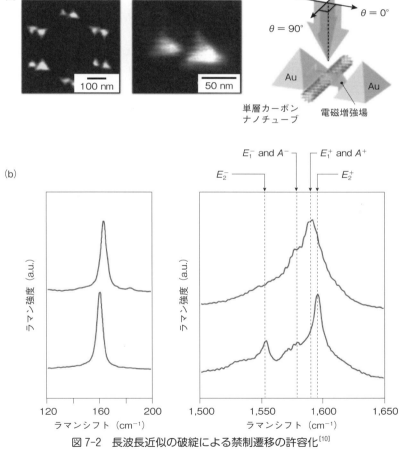

図7-2 長波長近似の破綻による禁制遷移の許容化[10]

(a)リソグラフィー法で作成した金ナノ粒子二量体のSEM像と,二量体間隙のホットスポットに置かれた単層カーボンナノチューブ(SWCNT).(b)観測されたSERSスペクトル.ラジアル・ブリージングモードが160 cm^{-1}近傍にある時は,通常の金属型SWCNT(上)はラマン禁制のE_2モードは観測できないが,半導体型のSWCNT(下)には現れている.

ラズモンと分子の弱結合状態の破綻，すなわち，強結合による混合量子状態の生成を例として説明する．伊藤らは 2003 年に，R6G の 1 分子 SERS 測定において，SERS 失活前と後とでは，銀ナノ粒子二量体のプラズモン共鳴スペクトルピークが 100 meV 程度変化することを発見した[11]．2014 年には，同スペクトルの変化の理由について，R6G 分子がホットスポットから離脱し SERS 光を発しなくなったことで，プラズモン共鳴分極と分子分極との強結合に

よる混成状態が消滅したためであると見いだした（図 7-3）[12]．つまり，ホットスポット内の分子が SERS 光を発している時は，プラズモン共鳴分極と分子分極は強結合して混合量子状態を形成しており，これは弱結合近似を逸脱している状態だということである．弱結合近似とは，分子分極とプラズモン共鳴分極との光子交換レート，つまり電磁気学的な結合レートが，両分極の位相緩和レートより十分遅いと近似することであり，この近似は通常の分光学に

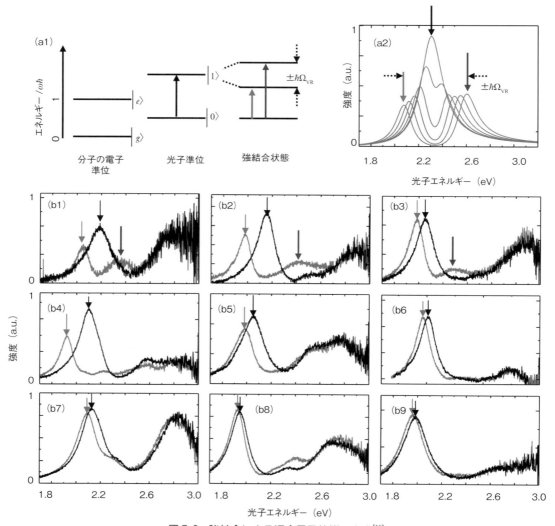

図 7-3 強結合による混合量子状態の生成[11]

(a1) プラズモン共振器内に入っている 2 準位系分子と共振器が共鳴して仮想光子を交換するとき，交換速度 g_{vac} が両者の位相緩和速度を超えると，共振器の励起準位の縮退が解けて二つに分裂する．この様子は銀ナノ粒子二量体を用いた SERS 測定にてプラズモン共鳴スペクトルの分裂として観測できる．(a2) はプラズモン共鳴スペクトルの計算結果．(b1〜b9) 同実測結果．

ごく普通に用いられている．プラズモン共鳴がもたらす分子の光学応答の増強は，プラズモン共鳴分極と分子分極の光子交換レートの増加とも表現できるため，増強が大きいほど光子の交換レートも速くなる．この光子交換速度が両者の位相緩和レート（～10^{14} s^{-1}）を超えることで，両者が可干渉となり混合量子状態，すなわち強結合状態となる．詳細は既報に譲る[1~3,12]が，簡単には，外場としての光子ではなくホットスポットに存在する真空揺らぎである仮想光子を扱うことになる．仮想光子交換レートは，ホットスポットの真空電場と分子の遷移双極子モーメント p_0 との相互作用エネルギーをプランク定数で割ると得られる．その真空電場の振幅 E_{vac} は，ホットスポットのゼロ点エネルギー $(1/2)\hbar\omega$ と真空電場のエネルギーの空間積分値が等しいことから，$\int \varepsilon_0 E_{vac}^2 dV = (1/2)\hbar\omega$ を解くことで

$$E_{vac} = \sqrt{\frac{\hbar\omega}{2\varepsilon_0 V}}$$

と導ける[13]．したがって，プラズモン共鳴と分子分極との交換速度は

$$g_{vac} = \sqrt{\frac{p_0^2 \omega}{2\varepsilon_0 \hbar V}}$$

となる[13]．この式を元に見積もり計算を行ったところ，先の実験で得られたプラズモン共鳴スペクトルピークが 100 meV 程度変化するために必要な $\hbar g_{vac}$ の値は，200 meV 程度であり[12]，この値から導かれたホットスポットの体積は $(4.0)^3$ nm^3 であった．ホットスポットの体積の下限値は，金属表面の染み出し電子により決まるが，導かれた値はその下限値より十分大きいため，妥当であろう[14]．SERS 強度と $\hbar g_{vac}$ との関係については，筆者らが現在検証中である．また現在，より厳密に制御された強結合状態の分析として，たとえば金基板上に分散した単一色素分子の先端増強ラマン分光（TERS）計測が行われている[15]など，プラズモンと分子の弱結合状態の破綻領域についても徐々に注目が集まりつつある．

3 微小ホットスポットを用いた分子内部構造のイメージング

最後に，とくに今後大きな展開が期待されているトピックとして，先端増強ラマン分光（TERS）を用いた分子内部構造のイメージングを挙げておきたい．TERS とは，走査型プローブ顕微鏡（SPM）と SERS を組み合わせた測定法であり，数ナノメートルの空間分解能で試料表面の分子の情報をラマンイメージングできる技術である[16]．TERS の空間分解能は，SPM 探針先端の曲率で大体決まることが，すでに実験と計算から明らかにされている[16]．たとえば，SPM 探針としてよく用いられる銀ワイヤーを電解研磨することで，先端曲率半径を 10 nm 程度にすると，同程度の空間分解能が得られることになる．

ところが，2013 年に Zang らが，超高真空・低温条件下では，TERS の空間分解能が 1 nm 以下になると実験的に示した（図 7-4）[17]．Zang らは，銀の(111)面上に H2TBPP とよばれる 2 nm 程度のサイズの分子を極低濃度で分散させて STM 測定することで，単一の H2TBPP 分子を測定し，その分子に対して TERS マッピング測定を行った．すると驚くことに，分子形状を反映したような，探針の位置ごとに強度が異なる TERS スペクトルが測定されていた（図 7-4）．解析の結果，1 nm 以下の分解能で H2TBPP 分子の内部構造を TERS イメージングしていることが明らかになった．Zang らは，探針先端と銀表面との間に生じた微小なホットスポットが，このような超高分解能 TERS イメージングを可能にしたのだろうと考察したが，従来の TERS の分解能と大きく異なるため，詳細はわからなかった．

2016 年に Benz らは，金表面に Biphenyl-4-thiol 分子の自己組織化単分子膜を作成して，その上に直径 90 nm 程度の金ナノ粒子を置き，10 K の極低温条件下で SERS 測定を行った（図 7-5）[18]．すると，SERS スペクトルにラマン禁制モードである IR モードが現れ，スペクトル強度は点滅現象を示した．この複雑なスペクトル挙動を，FDTD 法と DFT 法を組み合わせて解析した．まず FDTD 法で，金ナノ粒子の結晶面に欠陥として存在する単一金原子の

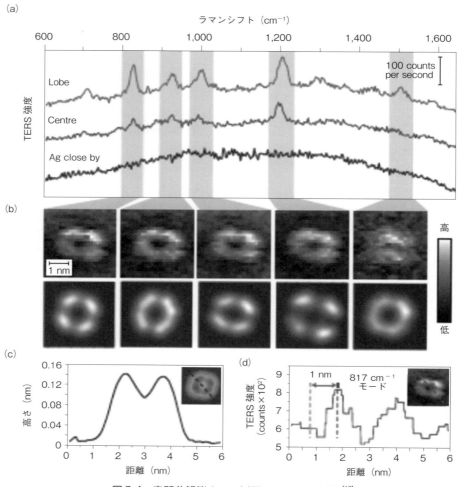

図 7-4 空間分解能 1 nm 以下での TERS 測定[17]
(a) 銀(111)面上の H2TBPP 単分子 TERS スペクトル．分子の突起部(Lobe)と分子中心部(Centre)で TERS 強度が異なる．(b) 上，異なるラマンピークでの TERS マッピング像．下，理論計算シミュレーション結果．(c) H2TBPP 単分子の STM 測定結果．(d) TERS 強度プロファイル．挿入図は対応する TERS 像．

突出部と金表面で，サブナノメートルスケールの微小なホットスポットが生じることが可能だとわかった．そして DFT 法によって，ホットスポットと分子との位置関係を変化させた場合，実験で得られた複雑なスペクトル挙動を再現できることを明らかにした．この微小なホットスポットと分子が強結合状態にあることも，弾性散乱スペクトルから確認されており，このような微小ホットスポットの存在は，2013 年に Zang らによって得られた TERS による分子構造イメージングをよく説明できる．現在この研究は，共振器電磁力学と結びつき，世界中で精力的に行われている．

4 まとめと今後の展望

本章では，局在表面プラズモンが生み出す驚異的な機能の例として，局在表面プラズモンと光が共鳴することで生み出される強い電磁場「ホットスポット」に着目した．とりわけホットスポット内での光と分子との電磁相互作用について，超高感度分子検出法 SERS を例にその歴史および原理を概説し，最

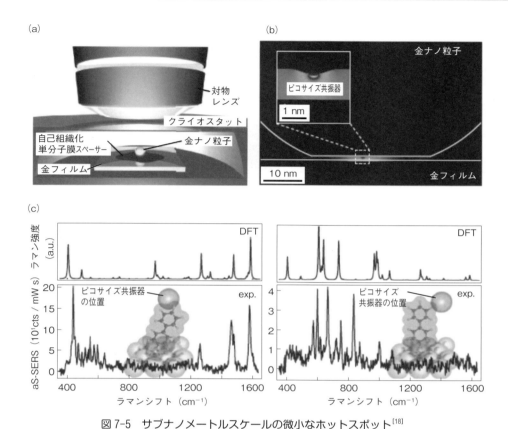

図7-5 サブナノメートルスケールの微小なホットスポット[18]
(a) 10 K に冷却された金ミラーの上に置かれた金ナノ粒子の概念像．(b) 金原子の突起があるときの局在場の FDTD シミュレーション結果．(c) 上，サブナノメートルスケールのホットスポット（下図，分子真上の球）を仮定した DFT 計算で得たラマンスペクトル．下，実測した TERS スペクトル．

近の注目すべき発展的なトピックについても解説した．ホットスポットでは，実は真空電場の影響が電磁相互作用の性質を大きく決定していることが重要であり，たとえばラマン散乱における真空電場の関わりと重要性については，既報[5]にて解説したので参照いただきたい．他のさまざまな現象に関しても改めてこの点に留意することで，さらに新たな知見が多く得られるだろう．プラズモンと金属表面での新奇光化学反応との関連は，今後の研究課題であり，われわれもホットスポットでの単一カーボンナノクラスターの光化学合成やその超微細揺らぎなどの観測を行っている[19]．そして上記に並べた基礎研究の応用展開としては，超高帯域発光素子の創出，禁制遷移を介した光化学反応の創出，ナノ領域での単一分子量子状態制御などが期待できることをつけ加えて本章を閉じる．

◆ **文　献** ◆

[1] T. Itoh, Y. S. Yamamoto, Y. Ozaki, *Chem. Soc. Rev.*, **46**, 3904 (2017).
[2] 伊藤民武，光化学，**47**, 92 (2016).
[3] Y. S. Yamamoto, Y. Ozaki, T. Itoh, *J. Photochem. Photobio. C*, **21**, 81 (2014).
[4] Y. S. Yamamoto, T. Itoh, *J. Raman Spectrosco.*, **47**, 77 (2016).
[5] 山本裕子，光学，**46**, 483 (2017).
[6] 伊藤民武，分光研究，**64**, 381 (2015).
[7] H. Xu, J. Aizpurua, M. Käll, P. Apell, *Phys. Rev. E*, **62**, 4318 (2000).
[8] 山本裕子，伊藤民武，尾崎幸洋，化学，**70**, 68 (2015).

> ### + COLUMN +
>
> ★いま一番気になっている研究者
>
> ## Javier Aizpurua
> （スペイン科学研究評議会 教授）
>
> Aizpurua教授は，ナノフォトニクス，プラズモニクス，ナノ光学の理論研究者として，光と金属ナノ構造と物質との相互作用の研究を精力的に行っている．その研究対象は，金属ナノアンテナ，誘電体アンテナ，量子プラズモニクス，高速電子ビーム励起プラズモン，走査型トンネル顕微鏡（STM）発光，量子ドット，表面増強分光，近接場顕微鏡など多岐に渡る．Aizpurua教授は強固な理論的基盤と卓越した計算技術をもっており，その計算の特徴は電磁気学的手法である時間領域差分法（FDTD法）と，量子力学的手法である時間依存密度汎関数理論（TDDFT）計算とを組み合わせる点にある．この組み合わせの結果，従来の量子光学の理論近似が破綻したナノ領域で，光と金属ナノ構造と分子の相互作用の厳密な計算機実験を可能としている．そしてその計算結果の物理・化学的意味を，量子電磁力学で明らかにしている．たとえば，金属ナノ粒子同士が表面の非遮蔽電子の領域まで近接すると，電子のトンネル効果によって新しいプラズモン振動が発現することを明らかにしている〔Nature, 491, 574（2012）〕．その他にも，本7章でマイルストーンとして紹介した数々の論文（参考文献[7]，[14]，[17]，[18]）の理論計算を担当しており，実験条件の計算モデル化，モデル化に伴う定量評価を可能としている．今後の研究動向がおおいに気にかかる研究グループである．

[9] T. Itoh, Y. S. Yamamoto, H. Tamaru, V. Biju, N. Murase, Y. Ozaki, *Phys. Rev. B*, **87**, 235408（2013）.

[10] M. Takase, H. Ajiki, Y. Mizumoto, K. Komeda, M. Nara, H. Nabika, S. Yasuda, H. Ishihara, K. Murakoshi, *Nat. Photon.*, **7**, 550（2013）.

[11] T. Itoh, K. Hashimoto, Y. Ozaki, *Appl. Phys. Lett.*, **83**, 5557（2003）.

[12] T. Itoh, Y. S. Yamamoto, H. Tamaru, V. Biju, S. Wakida, Y. Ozaki, *Phys. Rev. B*, **89**, 195436（2014）.

[13] M. Fox, "Quantum Optics an Introduction", Oxford University Press（1997）.

[14] K. J. Savage, M. M. Hawkeye, R. Esteban, A. G. Borisov, J. Aizpurua, J. J. Baumberg, *Nature*, **491**, 574（2012）.

[15] R. Chikkaraddy, B. de Nijs, F. Benz, S. J. Barrow, O. A. Scherman, E. Rosta, A. Demetriadou, P. Fox, O. Hess, J. J. Baumberg, *Nature*, **535**, 127（2016）.

[16] T. Deckert-Gaudig, A. Taguchi, S. Kawata, V. Deckert, *Chem. Soc. Rev.*, **46**, 4077（2017）.

[17] R. Zhang, Y. Zhang, Z. C. Dong, S. Jiang, C. Zhang, L. G. Chen, L. Zhang, Y. Liao, J. Aizpurua, Y. Luo, J. L. Yang, J. G. Hou, *Nature*, **498**, 82（2013）.

[18] F. Benz, M. K. Schmidt, A. Dreismann, R. Chikkaraddy, Y. Zhang, A. Demetriadou, C. Carnegie, H. Ohadi, B. de Nijs, R. Esteban, J. Aizpurua, J. J. Baumberg, *Science*, **354**, 726（2016）.

[19] T. Itoh, Y. S. Yamamoto, V. Biju, H. Tamaru, S. Wakida, *AIP Adv.*, **5**, 127113（2015）.

Chap 8

局在型表面プラズモン共鳴とは

What is Localized Surface Plasmon Resonance?

岡本　隆之
（理化学研究所）

Overview

表面プラズモンという言葉は，容易に推測できるように，プラズマに由来するものである．プラズマとは，全体では電気的に中性だが，正または負電荷，あるいはその両方が自由に動けるような相を指す．多数の自由電子を含む金属も，プラズマと考えることができる．プラズマ中の電荷の集団的振動は，プラズモンとよばれる．プラズマの光学的性質の特徴は，誘電率が負となるプラズマ周波数以下では，光が伝搬しないことである．しかし，誘電率が正である物質との境界では，表面電磁波の伝搬が可能である．この表面波は，表面プラズモンポラリトンとよばれる（以下，表面プラズモンと略す）．表面プラズモンでは表面電磁場は，金属表面近傍の自由電子の集団的な振動と強く結びついている．表面プラズモンは図に示すように，伝搬型と局在型に大きく分類することができる．表面プラズモンが光化学で用いられる理由は，入射光で表面プラズモンを共鳴的に励起したときに生じる表面電磁場の強度が，入射光のそれと比較して著しく大きくなるためである．本章では局在型表面プラズモンの機構とその電場増強効果について解説する．

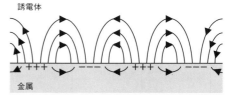

伝搬型表面プラズモン

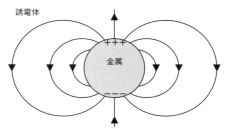

局在型表面プラズモン

▲表面プラズモンにおける電荷と電気力線

■ KEYWORD 📖マークは用語解説参照

- ■局在型表面プラズモン共鳴（localized surface plasmon resonance）
- ■反電場（depolarization field）
- ■ドルーデモデル（Drude model）📖
- ■双極子モード（dipole mode）
- ■四重極子モード（quadrupole mode）
- ■FDTD 法（finite-difference time-domain method）📖

はじめに

伝搬型の表面プラズモンを担持する代表的な金属表面は，平面である．表面電子密度波とそれに伴う表面電磁場は，金属と誘電体との平面界面に沿って伝搬する．付随する電磁場は金属側，誘電体側ともにエバネッセント波となっている．一方で，局在型表面プラズモンを担持する代表的な形状は球である．ただし，その直径は同じ周波数をもつ誘電体中の光の波長と比べて，十分に小さい必要がある．この表面プラズモンに付随する電磁場は，双極子放射と同じものである．したがって，自由空間を伝搬する光と常に結合している．

表面プラズモンによる電磁場は，伝搬型においては界面から波長程度以内，局在型においては界面から粒子径程度以内の空間に局在している．たとえば，ファブリー・ペロー共振器で電磁場を閉じ込める場合，少なくとも半波長の大きさが必要である．一方で，局在型表面プラズモンは粒子が金属としての性質をもつサイズ（〜1 nm 以上）の金属粒子に担持される．したがって，局在型表面プラズモンを用いれば，非常に小さい空間に電磁場を閉じ込めることができる．

表面プラズモンの特性は，金属やそれと接する誘電体の誘電率に依存するとともに，金属の表面形状に大きく依存する．したがって，金属の（表面）形状をうまく設計することで，制限はあるが所望の特性をもつ表面プラズモンを，その表面に担持させることができる．以降では，局在型表面プラズモンの機構について述べ，大きな電場増強効果を得るための粒子の設計指針を示す．

1 局在型表面プラズモン共鳴の原理

最も基本的な形状である球を用いて，局在型表面プラズモン（以下，局在プラズモンと略す）の機構について説明する．局在プラズモンでは，金属中の自由電子が集団的に振動する．最も低次のモードでは，すべての自由電子が同一の方向に振動する．ここで，図 8-1(a)に示すように，すべての自由電子が何らかの外力により，下方に z だけ変位したとする．この変位により球の表面には電荷が生じる．すなわち分極が生じる．この分極によって，球内に電場 E_{depol} が生じる（外力が一様電場の場合，この電場は反電場とよばれる）．この電場は，自由電子を元の位置に戻すように作用する．したがって，自由電子はちょうど図 8-1(b)のバネにつり下げられた重りと同様の振る舞いをする．すなわち単振動を生じる．

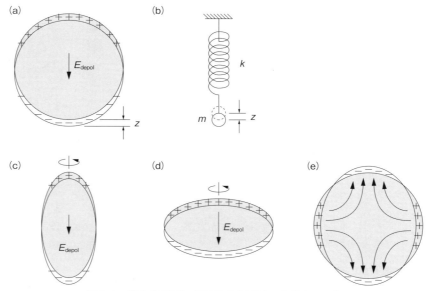

図 8-1　微小金属球における自由電子の変移と反電場

これが局在プラズモンである．さて，バネにつり下げられた重りの固有周波数 ω_0 は，重りの質量 m とバネ定数 k によって，$\omega_0 = \sqrt{k/m}$ で与えられるが，局在プラズモンにおけるこれらの物理量に対応する量は何だろうか．重りの質量に対応するのは，電子の質量 m_e で，バネの復元力 $-kz$ に対応するのは電子の復元力 $-eE_{\mathrm{depol}}$ である．ただし e は素電荷である．E_{depol} は自由電子の変位量に比例し，$E_{\mathrm{depol}} = -nez/3\varepsilon_0$ で与えられる．ここで，n は自由電子の密度で，ε_0 は真空の誘電率である．係数 $1/3$ は，球という形状に起因する（後述）．これらの関係を用いると，自由電子の固有振動数 ω_0 は，

$$\omega_0 = \sqrt{\frac{ne^2}{3\varepsilon_0 m_e}} \tag{1}$$

となる．これはとりもなおさず局在プラズモンの固有振動数である．プラズマ振動数 $\omega_p = \sqrt{ne^2/\varepsilon_0 m_e}$ を用いると，

$$\omega_0 = \frac{\omega_p}{\sqrt{3}} \tag{2}$$

となる．

次に，粒子の形状が球からずれた場合の，局在プラズモンについて考える．代表として，図 8-1(c) および(d)に示すような，扁長回転楕円体と扁平回転楕円体を考える．回転楕円体の場合も，自由電子の集団が z 方向に変位したときに，粒子内の電場は一様となる．このときの反電場は $E_{\mathrm{depol}} = -L_z nez/\varepsilon_0$ となる．L_z は z 方向の形状因子（反電場係数とよばれることもある）である．xyz の各方向の形状因子の和は，1 となる性質がある．すなわち，$L_x + L_y + L_z = 1$ なので，球の場合は上で述べたように，$L_x = L_y = L_z = 1/3$ となる．図 8-1(c)に示すような，扁長回転楕円体の長軸方向の形状因子は $L_z < 1/3$ となり，図 8-1(d)に示すような，扁平回転楕円体の短軸方向の形状因子は $L_z > 1/3$ となる．形状因子は，誘起された表面電荷がつくる電気力線が，粒子内を通る割合を表したようなものである．この形状因子を用いると，回転楕円体における局在プラズモンの固有振動数は，

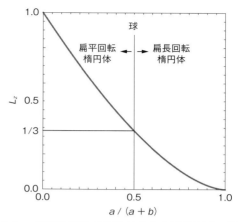

図 8-2 回転楕円体の対称軸方向の形状因子の軸長比依存性

a は対称軸方向の半径で，b はそれと直交する方向の軸半径．

$$\omega_0 = \sqrt{L}\,\omega_p \tag{3}$$

となる．図 8-2 に，回転楕円体の対称軸方向の形状因子の軸長比依存性を示す[1]．

さて，最初に挙げた何らかの外力であるが，通常は，入射光によって与えられる電場である（金属表面近傍に置いた励起分子によっても，表面プラズモンは励起できる．励起分子は古典論では振動双極子で表される）．入射光の振動数が表面プラズモンのそれと等しい場合，両者は共鳴状態となり，局在プラズモン（自由電子）の振幅は著しく大きくなる．これが，局在プラズモン共鳴である．電子の移動に抵抗がない場合，定常光を照射し続けると，振幅は無限大になるが，実際の金属では必ず抵抗が存在するため，その振幅は有限値に収束する．

金属の抵抗は光周波数領域では誘電率の虚数部となって現れる．以下，金属の比誘電率を，

$$\varepsilon_m = \varepsilon'_m + i\varepsilon''_m \tag{4}$$

とする．自由電子の集団的偏移に対応する量はマクロ的には双極子モーメント p で代表される．印加電場 E_0 によって生じるこの量は，回転楕円体表面における電場の境界条件から計算でき，

$$p = \varepsilon_0 \varepsilon_d \alpha E_0 \tag{5}$$

となる.ただし,αは分極率で,

$$\alpha = \frac{V(\varepsilon_m - \varepsilon_d)}{L(\varepsilon_m - \varepsilon_d) + \varepsilon_d} \quad (6)$$

である.Vは回転楕円体の体積であり,ε_dは球を取り囲む媒質の比誘電率である.粒子形状が楕円体以外の場合は,分極率は式(6)のような簡単なかたちで表すことはできない.

金属の抵抗(光領域では"損失"という用語がよく用いられる)が非常に小さい($\varepsilon''_m \ll |\varepsilon'_m|$)場合,式(6)の分母がゼロ,すなわち,$L(\varepsilon'_m - \varepsilon''_d) + \varepsilon_d = 0$を満足する振動数で,共鳴状態となる.球の場合は,$\varepsilon'_m + 2\varepsilon_d = 0$である.このとき,双極子モーメントは非常に大きくなる.

2 電場増強効果

表面プラズモン共鳴の大きな特徴は,電場増強効果である.扁長回転楕円体の頂点表面における電場増強度は,

$$\left|\frac{E_z}{E_0}\right| = \frac{A}{L_z}\left|\frac{\varepsilon_m - \varepsilon_d}{\varepsilon_m + \left(\frac{1}{L_z} - 1\right)\varepsilon_d}\right| \quad (7)$$

$$A = \frac{\beta}{(\beta^2-1)^{3/2}}\left[\beta\sqrt{\beta^2-1} - \frac{1}{2}\ln\left(\frac{\beta+\sqrt{\beta^2+1}}{\beta-\sqrt{\beta^2+1}}\right)\right] \quad (8)$$

で与えられる[2,3].ただし,E_0は入射電場の振幅で,$\beta = a/b$(aは長軸半径,bは短軸半径)は扁長率である.主として,A/L_zが増強度の形状依存性を与え,絶対値の部分が誘電率依存性を与える.

形状依存性に関しては図8-3(a)に示すように,そのほとんどを$1/L_z$が受け持っている.一方で,共鳴時における増強度の誘電率依存性は,プラズモニクスでよく用いられる$|\varepsilon'_m| \gg \varepsilon''_m$の金属では,

$$\left|\frac{\varepsilon_m - \varepsilon_d}{\varepsilon_m + \left(\frac{1}{L_z} - 1\right)\varepsilon_d}\right| \sim -\frac{\varepsilon'_m}{\varepsilon''_m} \quad (9)$$

と近似できる.この値が,局在プラズモン共鳴における金属の性能指数となる.図8-3(b)は,局在プラズモン共鳴におけるさまざまな金属の性能指数をプロットしたものである.波長400 nmより長波長側では銀が最も高いが,それより短波長側ではアルミニウムが優れていることがわかる.これは,アルミニウムは紫外域にバンド間遷移による吸収をもたないためである[4].ただし,波長800 nm付近では,

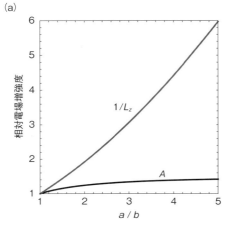 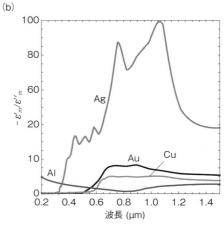

図8-3 電場増強効果
(a)扁長回転楕円体頂点における電場増強度の形状因子による項とそれ以外の項の扁長率依存性(球の場合に対する相対値).(b)局在プラズモンに対するさまざまな金属の性能指数.

バンド間遷移により性能指数が低下している．ほかの金属は，いずれも短波長域にバンド間遷移をもつため，この領域での性能指数は小さい．

粒子の形状が球の場合，入射光による分極によって球の外側に誘起される電場は，極座標系で次のように表される．

$$\frac{E(r,\theta)}{E_0} = \frac{a^3}{r^3}\frac{\varepsilon_m - \varepsilon_d}{\varepsilon_m + 2\varepsilon_d}(2\cos\theta e_r + \sin\theta e_\theta) \tag{10}$$

ここで，a は球の半径，e_r および e_θ は単位ベクトルである．

局在プラズモン共鳴の効果は，近接場においては電場増強度という指標で測れるが，遠距離においても観測可能である．粒子における分極は，光の周波数で振動している．そのため静電場に加えて，r^{-2} に比例する誘導場と，r^{-1} に比例する放射場が存在する．振動する分極は，光学的な量である散乱断面積 C_{sca} と，吸収断面積 C_{abs} を与える．それぞれ，

$$C_{sca} = \frac{k_d^4}{6\pi}|\alpha|^2 \tag{11}$$

$$C_{abs} = k_d \mathrm{Im}(\alpha) \tag{12}$$

である．ただし，k_d は周囲の誘電体媒質における入射光の波数である．これらの量は遠距離において観測可能で，どちらも共鳴周波数（固有振動数）で極大値をとる．ただし，正確には両者が最大値をとる周波数には少しずれがある．

3 多重極子モード

金属球の自由電子が何らかの外力により，図8-1(e)のように，上下の反対方向に変位を受けることも考えられる．この場合も，外力から開放されると，自由電子は元の位置に戻る方向に力を受けて固有振動する．その周波数は，$\omega_0 = \sqrt{2/5}\,\omega_p$ となる[5]．この振動モードは四重極子モードとよばれる．

球内の自由電子は，さまざまな振動モードをもつ．これらのモードは，整数 l で特徴づけられ，その固有振動数 ω_l は，

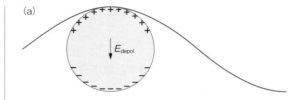

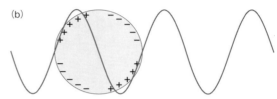

図 8-4 双極子モード(a)と四重極子モードの平面波による励起(b)

$$\omega_l = \sqrt{\frac{l}{2l+1}}\,\omega_p \quad (l = 1, 2, \ldots) \tag{13}$$

で与えられる[5]．$l = 1$ が双極子モードで，$l = 2$ が四重極子モードである．

双極子モードでは，粒子に一様電場が印加されたときに，最も効率良く電子は対応する変位を受ける（励起される）．そのため，粒子の大きさは波長と比べて十分に小さい必要がある．一方，四重極子モードに対応する電子の変位は，一様電場では達成できないことがわかる．しかし，図8-4(b)に示すように，粒子の大きさが入射場の波長と同程度である場合，このモードは効率良く励起される．

式(13)で与えられる局在プラズモンの固有振動数 ω_l は，自由電子を仮定して導かれたものであるが，入射光に対する共鳴周波数は，光学的にMieの散乱公式[6]からも，当然求めることができる．この公式で，粒子の大きさが無限小となる極限をとると，共鳴条件は，

$$\varepsilon_m(\omega) = -\frac{l+1}{l}\varepsilon_d \tag{14}$$

となる．金属の誘電関数が無損失のドルーデモデル，

$$\varepsilon_m(\omega) = 1 - \frac{\omega_p^2}{\omega^2} \tag{15}$$

で表され，かつ，$\varepsilon_d = 1$ のとき，式(14)と式(13)はまったく同一となる．

4 散乱・吸収断面積と電場分布

局在プラズモン共鳴の具体例として，これまで述べてきた回転楕円体粒子の代わりに，より実際の実験で用いられる粒子構造として，シリカ基板上のパッチ状金粒子を考える．このような粒子における局在プラズモン共鳴を知るためには，数値計算に頼るしかない．この粒子の光応答を Finite-Difference Time-Domain (FDTD) 法[7]を用いて計算した．金の誘電率は，実験値[8]を Drude-Lorentz 分散でフィッティングした結果[9]を用いた．

図8-5(a)に，直径100 nm で厚さ20 nm の単一の金円盤およびその二量体の，散乱断面積と吸収断面積の波長依存性を示す．入射光は基板に対して垂直に入射する直線偏光平面波である．円盤の大きさは，図に示すとおりである．円盤の厚さは波長に比べて十分に小さいため，円盤には一様な電場が作用する．そのため，円盤が単一の場合，前節に示したように，双極子モードのみが効率的に励起される．波長600 nm の近傍に現れている断面積のピークが，局在プラズモン共鳴によるものである．波長500 nm 近傍の吸収はバンド間遷移によるものである．厚さを40 nm とすると（扁平率を小さくすると），共鳴波長は長波長側に偏移することがわかる．一方で，二量体の場合，単一円盤の場合と同様，入射電場は一様となる．しかし，もう一方の円盤によって誘起される場が加わるため，粒子に印加される場は一様場ではなくなり，四重極子モードが波長580 nm 近傍に励

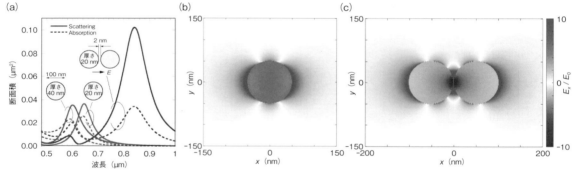

図8-5 シリカ基板上の直径100 nm の金円盤および金円盤二量体の散乱・吸収断面積
(a)散乱断面積と吸収断面積のスペクトルと，(b, c)シリカ基板表面から1 nm 上の平面における電場分布．

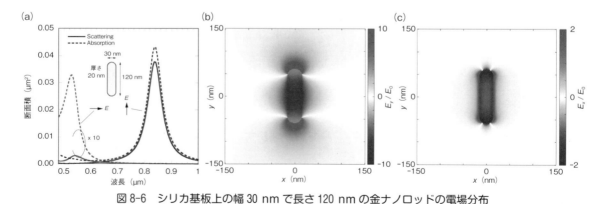

図8-6 シリカ基板上の幅30 nm で長さ120 nm の金ナノロッドの電場分布
(a)散乱断面積と吸収断面積のスペクトルと，シリカ基板表面から1 nm 上の平面における電場分布．(b) y 偏光入射に対する E_y，(c) x 偏光入射に対する E_x．[カラー口絵参照]

起される．それに伴い，双極子モードは 840 nm 近傍に赤方偏移する．図 8-5(b) および (c) は，厚さ 20 nm の円盤に対する双極子モードの共鳴周波数をもつ x 偏光平面波を入射した場合の，シリカ基板表面から 1 nm 上の平面における電場（E_x）分布を示したものである．二量体の場合，二つの円盤の間隙で非常に大きな電場増強が生じることがわかる．二量体では，間隙が小さくなるほど双極子モードの共鳴波長は長波長側に移動し，粒子間の電場は大きくなる[3]．

図 8-6(a) に，棒状の金粒子の，散乱断面積と吸収断面積の波長依存性を示す．電場の方向が粒子の長軸と平行である場合は，共鳴波長は長波長側に，電場の方向が長軸と直交する場合は，短波長側に現れる．また，平行場合の断面積は，直交する場合と比較して著しく大きくなる．図 8-6(b) および (c) に，共鳴周波数をもつ平面波を入射した場合のシリカ基板表面から 1 nm 上の平面における電場分布を示す．電場も偏光方向が粒子の長軸方向と平行な場合に大きく増強される．

5 まとめと今後の展望

局在プラズモン共鳴の機構を，静電近似の下で述べた．さらに，局在プラズモン共鳴時における粒子近傍の電場の入射場に対する増強度が，何に依存するかについて，回転楕円体金属粒子を例にとり説明した．電場増強度を大きくするためには，(a) 楕円体の扁長率を大きくすること，(b) 誘電率の実部と比較して虚部の大きさができるだけ小さくなる金属と周波数を選択すること，の二つが挙げられる．入射波の波長と比較して，金属粒子の入射方向の厚さが大きくなると，双極子モードの励起強度は小さくなり，それとともに四重極子モードの励起強度が大きくなることも考慮に入れる必要がある．さらに大きな電場増強度を得るためには，(c) 二つの金属粒子を近接して配置し，その間隙に直交する偏光をもつ光を入射するのが有効である．この配置は表面増強ラマン散乱のホットスポットとして用いられている[10]．

◆ 文 献 ◆

[1] C. F. Bohren, D. R. Huffman, "Absorption and scattering of light by small particles," Wiley-VCH (1983).

[2] P. Moon, D. E. Spencer, "Field Theory for Engineers," D. Van Nostrand (1961), p. 252.

[3] 岡本隆之，梶川浩太郎，『プラズモニクス―基礎と応用』，講談社サイエンティフィク (2010).

[4] H. Ehrenreich, H. R. Philipp, B. Segall, *Phys. Rev.*, **132**, 1918 (1963).

[5] C. Kittel, "Quantum Theory of Solids," John Wiley & Sons (1963), p. 48.

[6] G. Mie, *Ann Phys*, **bf25**, 377 (1908).

[7] A. Taflove, S. C. Hagness, "Computational electrodynamics: the finite-difference time-domain method, 3rd ed.," Artech House (2005).

[8] P. B. Johnson, R. W. Christy, *Phys. Rev. B*, **6**, 4370 (1972).

[9] A. Vial, A.-S. Grimault, D. Macías, D. Barchiesi, M. L. de la Chapelle, *Phys. Rev. B*, **71**, 085416 (2005).

[10] S. Nie, S. R. Emory, *Science*, **275**, 1102 (1997).

Chap 9

可視・近赤外プラズモンナノ粒子の設計・合成

Design and Synthesis of Visible to Near-Infrared Plasmonic Nanoparticles

寺西 利治
(京都大学化学研究所)

Overview

ナノ粒子中に閉じ込められた自由キャリアは，ある特定波長の電磁波との共鳴により集団振動し，局在表面プラズモンが励起される．その結果，ナノ粒子表面近傍に非常に強い光電場が誘起され，近接物質の光化学過程の増強や光学禁制遷移の許容化，分子の捕捉，近接物質へのキャリア移動などが可能となる．ナノ粒子の形状・キャリア密度を制御することにより，可視から近赤外にわたる広範囲な領域で，局在表面プラズモン共鳴波長を制御することができる．本章では，可視・近赤外領域に局在表面プラズモン共鳴を示す無機ナノ粒子の設計・合成について述べる．また，近赤外局在表面プラズモン励起によりキャリア移動が起きるヘテロ構造ナノ粒子の設計・合成についても解説する．

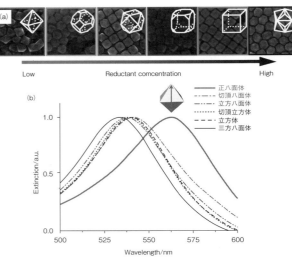

▲単結晶多面体 Au ナノ粒子の(a)透過電子顕微鏡(TEM)像, (b)プラズモン特性［カラー口絵参照］
(from Ref.[8] with permission from The American Chemical Society ⓒ 2012)

■ KEYWORD 📖マークは用語解説参照

- ■形状制御(shape control)
- ■キャリア密度(carrier density)
- ■ナノディスク(nanodisk)
- ■反電界係数(anti-electric field coefficient)
- ■キャリア移動(carrier transfer)
- ■ヘビードープ半導体(heavily doped semiconductor)
- ■長寿命電荷分離(long-lived charge separation)

はじめに

局在表面プラズモン共鳴（LSPR）は，無機ナノ粒子中の自由キャリア（電子，ホール）が，入射光のある波長に共鳴して集団振動するときに観察される．自由キャリアの集団振動による分極の結果，ナノ粒子近傍には増強光電場が誘起され，周囲の誘電体中で急激に減衰する．この増強光電場は，光の回折限界を超えた微小領域に集約され，近接物質の光化学過程の増強[1]，光学禁制遷移の許容化[2]，分子の捕捉[3]，生体内プロービング[4]などの点から注目されている．また，光の回折限界以下での近接物質へのプラズモンエネルギー伝播[5]やキャリア移動[6, 7]が，LSPRの別の重要な応用である．

LSPR波長は，物質の誘電率，ナノ粒子の形状・粒径，周囲の媒質の誘電率，キャリア密度などによって制御できる．あらゆる波長の光をくまなく利用するためにはLSPR波長の制御は重要な課題であり，上記パラメータの中で，粒子形状とキャリア密度がLSPR波長を大きく変化させることができる．本章では，可視・近赤外LSPR波長制御を目的に，AuおよびPdナノ粒子の形状制御，ならびに，高濃度キャリアをドープしたヘビードープ半導体（ITO，$Cu_{2-x}S$ナノ粒子）ナノ粒子のキャリア密度および形状制御について述べる．また，近赤外領域にLSPRを示すヘビードープ半導体を近赤外光吸収体とするヘビードープ半導体／半導体ヘテロ構造ナノ粒子の設計・合成，ならびに，近赤外LSPR誘起キャリア移動についても解説する．

1 可視・近赤外プラズモン共鳴を示す貴金属ナノ粒子の設計・合成

可視・近赤外領域で，大きなモル吸光係数をもつLSPRに起因する大きな光電場増強度を示すナノ粒子として主な研究対象になっているのは，AuやAgナノ粒子である．金属の自由電子密度は約10^{23} cm^{-3}と一定であるので，ナノ粒子自身のLSPR波長や光電場増強度は，形状で制御することになる．ロッド状ナノ粒子など，形状異方性が大きいほどLSPR波長が長波長シフトするが，より強い増強光電場を創るという観点では，先鋭な部分をもつ形状が望ましい．このような形状をもつナノ粒子として，さまざまな多面体金属ナノ粒子が注目されてい

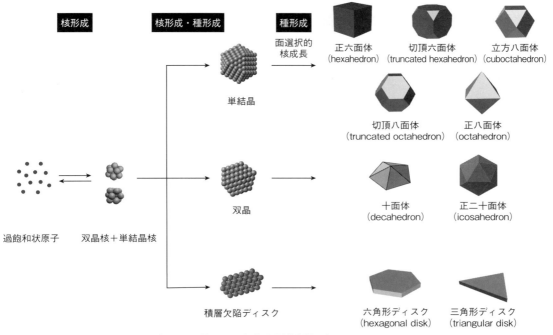

図9-1　金属ナノ粒子の一般的な形状制御プロセス［カラー口絵参照］

る[8,9].

金属ナノ粒子の一般的な形状制御プロセスを，図9-1に示す．単分散な金属ナノ粒子を得るためには，核生成段階と核成長段階を明確に分離することが重要であり，所望の種粒子のみを生成させることで，さまざまな形状・結晶性をもつ金属ナノ粒子が得られる．たとえば，一連の単結晶多面体Auナノ粒子は，塩化セチルトリメチルアンモニウムでソフトに保護された8.7±0.3 nmの球状Auナノ粒子上に，Au原子を析出させる速度を変化させることにより，選択合成できる[8]．Overview 図(a)に示すように，Au原子の析出速度を遅くする（Au^{3+}イオンに対する還元剤量を少なくする）と，熱力学的に安定な{111}面で覆われた正八面体が生成し，Au原子の析出速度を速くすると，{111}面でのAu原子析出が速くなり，徐々に{100}面が露出してくるようになる．

最終的には，六つの{100}面で覆われた立方体を経由し，{221}面が露出した三方八面体が得られる．これらの同体積の多面体Auナノ粒子の中で，正八面体が最も長い電子振動距離をもち，反電界係数が小さいため，LSPR波長が最も長波長に現れ〔Overview 図(b)〕，頂点形状の先鋭さから増強光電場が最も大きい．

一般に，貨幣金属（Au，Ag，Cu）以外の球状金属ナノ粒子は紫外領域にLSPRを示すが，形状を異方的にすることにより，LPSR波長を可視・近赤外領域までシフトさせることができる．形状制御による広範なLSPR波長制御の例として，さまざまな有機合成触媒として用いられているPdナノ粒子の設計・合成について見てみよう．Pdナノ粒子もAuナノ粒子と同様の形状制御が可能であるが，形状をより異方的なディスク状にする（面内方向の反電界

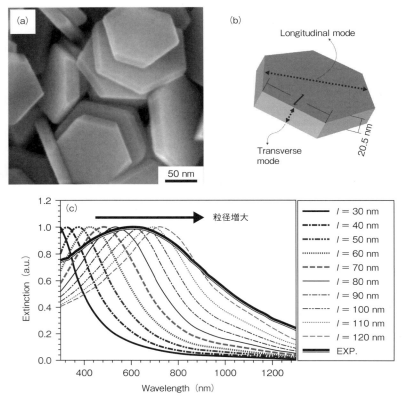

図9-2 Pdナノディスクの走査電子顕微鏡（SEM）像(a)，プラズモンモード(b)，プラズモン特性(c)［カラー口絵参照］
(from Ref.[10] with permission from The Royal Society of Chemistry ⓒ 2015)

係数を大幅に小さくする)ことで，LSPR波長が可視・近赤外領域にシフトする．多角形ディスク状金属ナノ粒子(ナノディスク)は，適当な保護剤存在下で，十分遅く金属イオンを還元することで合成できる[10,11]．六角形Pdナノディスクの場合，ポリビニルピロリドンを保護剤兼還元剤，アセトアルデヒドを共保護剤として用い，四塩化パラジウム(II)酸ナトリウムを120時間以上反応させることで得られる(図9-2)[10]．ナノディスクのサイズ増加(厚さ一定)に伴い，LSPR波長は可視から近赤外領域まで大きく長波長シフトする．このPdナノディスクにLSPR波長の光を照射しながら，鈴木カップリング反応を進めると，吸着分子への熱電子注入が促進され，光照射のない場合と比べて，触媒活性が3倍程度に増強される．この形状制御によるLSPR吸収の長波長シフトや，吸着分子へのキャリア注入[12]というコンセプトは，他の金属ナノ粒子にも適用可能である．

2 近赤外プラズモン共鳴を示すヘビードープ半導体ナノ粒子の設計・合成

プラズモニクス研究で主に用いられているのは，AuやAgナノ粒子であるが，「LSPR波長の2乗がキャリア密度に反比例する」ことを考慮すると，ナノ粒子中のキャリア密度変化のみで，広範なLSPR波長制御が可能になる．高濃度キャリアをドープ(ヘビードープ)した半導体のキャリア密度は，金属の1～2桁程度低いため，赤外領域にLSPR吸収が現れる[13]．そこで，代表的なn型酸化物半導体である酸化インジウムスズ(ITO)ナノ粒子の，スズドープ率による電子密度変化を利用した近赤外LSPR波長制御について見てみよう[14]．

金属前駆体としてトリス(アセチルアセトナト)インジウム(III)およびビス(2-エチルヘキサン酸)スズ(II)を，保護剤として n-オクタン酸およびオレイルアミンを用いて高温合成すると，スズドープ率($\{[Sn]/([Sn]+[In])\}\times 100$)が0～30%の範囲できわめて精密に制御された，約11 nmの球状ITOナノ粒子が得られる〔図9-3(a)〕．これらのITOナノ粒子では，図9-3(b)に示すように，スズドープ率10%までは電子密度が単調増加し，LSPRピークは短波長シフトする．さらにスズドープ率を30%まで増大させると，スズ周囲にキャリアが拘束されて電子密度が減少し，LSPRピークは長波長シフト・ブロード化する．ITOナノ粒子のスズドープ率のみならず酸素欠陥量も変化させることで，LSPR波長を1600から2000 nmを超える近赤外波長領域において制御することができる．

酸化物半導体ナノ粒子の光学材料応用には，LSPR波長におけるモル吸光係数や，電場増強度の算出が必要となる．モル吸光係数は容易に算出できるが，近赤外LSPRによる電場増強度や近接分子の光学遷移への影響については，まったく不明である．そこで，近赤外レーザー色素(IR26)を約130 nm被覆した，ITOナノ粒子膜(スズドープ率10%，膜厚約150 nm)における過渡吸収分光により，これらの

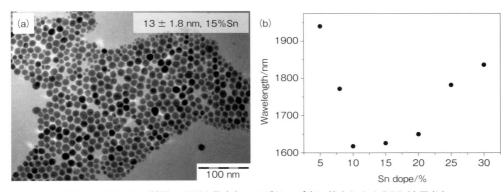

図9-3 ITOナノ粒子のTEM像(a)，スズドープ率に依存したLSPR波長(b)
(from Ref. 14 with permission from The American Chemical Society ⓒ 2009)

評価を行った[15]. 作製したさまざまな膜の吸収スペクトルを図9-4(a)に示す. ITOナノ粒子膜がLSPR吸収しない1光子励起(λ_{pump} = 800 nm, λ_{probe} = 1250 nm)では, ITOナノ粒子の有無は, IR26色素の励起効率に影響を与えない. 一方, ITOナノ粒子膜がLSPR吸収する2光子吸収過程(λ_{pump} = 2200 nm, λ_{probe} = 1175 nm)では, IR26色素の励起効率が大きく増強された. 図9-4(b)の過渡吸収分光の結果からわかるように, IR26膜に比べてIR26/ITOナノ粒子膜のブリーチング強度(励起に伴う基底状態の吸収の減少)は非常に大きく, 見かけの増強度は約30であった(見かけの電場増強度は2.34). IR26膜厚が約130 nmであり, ITOナノ粒子のLSPRによる電場増強がITOナノ粒子膜の近傍5～10 nmで有効であると仮定すると, 実際の電場増強度は, 5.24～4.41と計算される. この値は, AuやAgナノ粒子に比べると小さいが, 近赤外LSPRによる有機分子や無機物質の光学遷移増強には, 十分利用可能である. ITO以外のn型半導体としては, 本質的な酸素欠陥ならびに異種元素のドープによりLSPRを示す, In_2O_3, CdO, ZnO, MoO_3, WO_3などがある[15].

LSPR吸収は, ナノ粒子中で, 自由電子だけでなく自由ホールが集団振動する場合でも観測される. つまり, n型半導体ナノ粒子ばかりでなく, p型半導体ナノ粒子でもLSPRが観察される. 非化学量論硫化銅($Cu_{2-x}S$)ナノ粒子は, 酸化還元によるホール密度制御が比較的容易であり, 形状・ホール密度変化による近赤外LSPR波長制御が可能である[16].

金属硫化物ナノ粒子の合成法としては, 金属カチオン溶液への硫黄ホスフィン溶液の注入が一般的であるが, 再現性に乏しく, また, 大量合成に不向きである. これらの欠点を克服する一段合成法として, ジブチルチオ尿素を硫黄源として用いる手法が有用である. ジブチルチオ尿素, ステアリン酸銅(II), 1-ドデカンチオール, オレイルアミン(配位子)のジ-n-オクチルエーテル溶液を90 ℃で反応すると, 粒径5.4～14.5 nm, 厚さ3.5 nmの単分散単斜晶Cu_7S_4(roxbyite)ナノディスクが生成する[図9-5(a),(b)][17]. Cu_7S_4ナノ粒子のホール密度は約10^{21} cm^{-3}であり, 粒径の増大(形状異方性の増大)により, LSPR波長(面内モード[18])を1360～1750 nmの範囲で制御することができる. また, LSPR波長は空気酸化によるホール密度増大で90 nm程度短波長シフトし, 還元処理により, 再度長波長シフトさせることができる[図9-5(c)]. 一方, 酢酸銅(I)とオレイルアミン(配位子)の混合液を160 ℃まで昇温し, 硫黄のオクタデセン溶液を添加することで, 単分散六方晶CuS(covellite)ナノディスクが合成できる[19]. CuSは, 異なる価数の銅イオンがジスルフィドにより架橋された構造を取っており[($Cu_3S(S_2)$)], 電荷のバランスが取れず, 粒子全体

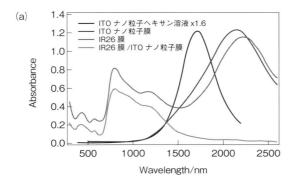
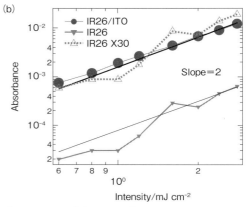

図 9-4 レーザー色素IR26を被覆したITOナノ粒子膜の吸収スペクトル(a), レーザー強度に依存した過渡ブリーチング強度(b)

(from Ref.[15] with permission from Wiley-VCH © 2012)

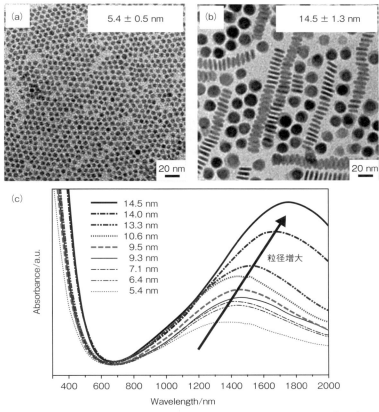

図9-5 単斜晶 Cu_7S_4 ナノ粒子のTEM像(a,b)，粒径に依存したプラズモン特性(c)

(from Ref.[17] with permission from Wiley-VCH ⓒ 2012)

にホールが形成される．このホール密度が高いため，CuSナノディスクは $Cu_{2-x}S$ ナノディスクの中で，最も短波長にLSPRを示す．

3 近赤外プラズモン誘起キャリア移動

LSPRの重要な特長の一つに，近接物質へのキャリア移動がある[6,7,20,21]．これは，高効率太陽光エネルギー変換を目的に研究されており，可視・近赤外領域で広くLSPR波長を制御できるプラズモン物質は，高いモル吸光係数をもつ光吸収体として好適の材料である．LSPR誘起キャリア移動に関する研究は，Au/TiO_2 構造におけるAuナノ結晶相の可視・近赤外LSPRを利用した，TiO_2 伝導帯への熱電子移動が中心に行われている[22]．近年，可視光のみならず，太陽光の42%を占める近赤外光の利用が着目されており，近赤外領域にバンド内・バンド間電子遷移吸収とオーバーラップしない純粋なLSPR吸収を示すヘビードープ半導体ナノ粒子が注目され始めている．ヘビードープ半導体(光吸収体，キャリア供与体)とワイドバンドギャップ半導体(キャリア受容体)からなるヘテロ構造ナノ粒子で，近赤外LSPRによるキャリア移動を起こすためには，ヘビードープ半導体ナノ粒子のフェルミ準位と，ワイドバンドギャップ半導体の伝導帯下端(熱電子移動の場合)あるいは価電子帯上端(熱ホール移動の場合)とのエネルギー差 ΔE が，LSPRエネルギーよりも小さい必要がある．ここでは，p型半導体であるCuSナノディスクとCdSナノ粒子からなるヘテロ構造ナノ粒子の設計・合成と，近赤外LSPR誘起熱ホール移動について見てみよう．

図9-6(a)に示すように，CuSナノディスクは，1080 nmに自由ホールに基づくLSPR吸収を示す．CuSナノディスクのフェルミ準位〔図9-6(b)中のE_{pF}〕と，CdSの価電子帯上端とのΔEは0.76 eVであるため，CuSのLSPR励起により，CuSからCdSへの熱ホール移動は十分起こりうることがわかる．六方晶CuSナノディスク存在下，ジエチルジチオカルバミン酸ナトリウムと硝酸カドミウム・四水和物を反応させると，CuSナノディスク上に，複数の六方晶CdS相がヘテロエピタキシャル成長し，CuS/CdSヘテロ構造ナノ粒子が合成できる〔図9-6(c)〕[19]．いずれもイオン結晶相からなるヘテロ構造ナノ粒子を合成する場合は，イオン交換法も有効な手法である[17, 23, 24]．合成したCuS/CdSヘテロ構造ナノ粒子の，CuSナノディスク由来のLSPR波長は，CdS相の析出により1254 nmまで長波長シフトするが〔図9-6(a)〕，1200 nmの近赤外光でCuSのLSPRを励起し，キャリアダイナミクスを過渡吸収スペクトル測定をすると，CuS相の熱ホールは，トラップ準位を経由してCdSの価電子帯に高効率(19%)に移動し，長寿命電荷分離(9.2 µs)が達成されることが明らかとなった．

もう一つの例として，n型半導体であるスズドープ酸化インジウム(ITO)ナノ粒子と酸化スズを組み合わせたITO/SnO$_2$ヘテロ構造体では，ITOナノ粒子を光吸収体，酸化スズを電子受容体として利用することで，今まで実現が困難であった赤外光による電子移動と透明性の両立が実現できることがわかった．ITOナノ粒子は前述のように，Sn^{4+}ドープ量や酸素欠陥量により，広い近赤外域でLSPRを示すが，たとえば1700 nmの近赤外光で，ITO粒子/SnO$_2$界面におけるプラズモン誘起電子移動を，時

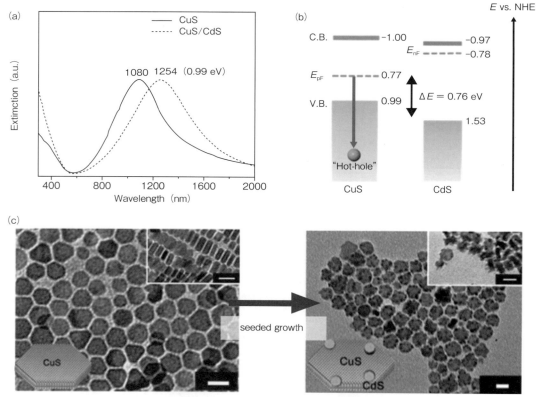

図9-6 六方晶CuSナノディスクおよびCuS/CdSヘテロ構造ナノ粒子のプラズモン特性(a)，バンドダイアグラム(b)，TEM像(c) スケールバー = 20 nm.
(from Ref.[19] with permission from Nature Publishing Group Ⓒ 2018)

間分解過渡吸収スペクトル測定により検討した．その結果，吸収スペクトルの強度から見積もった電荷注入効率は33％に達し，さらにITOナノ粒子のLSPRを4000 nm近傍まで長波長側にシフトさせた場合も，LSPRの励起による電荷分離を観測することができた[25]．このように，物質のバンド構造を理解して構造を設計することで，近赤外LSPRを利用した長寿命電荷分離を実現することができる．

4 まとめと今後の展望

さまざまな無機ナノ粒子の形状やキャリア密度制御によるLSPR波長制御について解説したが，なかでもヘビードープ半導体ナノ粒子は，バンド内・バンド間電子遷移を伴わない純粋なLSPRを示すため，LSPRのみが関与する反応を追跡でき，プラズモニクス研究にはきわめて興味深い材料である．現在，新しいプラズモンナノ粒子がどんどん合成されており，今後のプラズモニクス研究がますます発展することを期待している．

◆ 文 献 ◆

[1] H. Nabika, M. Takase, F. Nagasawa, K. Murakoshi, *J. Phys. Chem. Lett.*, **1**, 2470 (2010).

[2] M. Takase, H. Ajiki, Y. Mizumoto, K. Komeda, M. Nara, H. Nabika, S. Yasuda, H. Ishihara, K. Murakoshi, *Nat. Photonics*, **7**, 550 (2013).

[3] Y. Tsuboi, T. Shoji, N. Kitamura, M. Takase, K. Murakoshi, Y. Mizumoto, H. Ishihara, *J. Phys. Chem. Lett.*, **1**, 2327 (2010).

[4] J. V. Jokerst, M. Thangaraj, P. J. Kempen, R. Sinclair, S. S. Gambhir, *ACS Nano*, **6**, 5920 (2012).

[5] C.-L. He, H.-Y. Chen, C.-Y. Wang, M.-H. Lin, D. Mitsui, M. Eguchi, T. Teranishi, S. Gwo, *ACS Nano*, **5**, 8223 (2011).

[6] Y. Ohko, T. Tatsuma, T. Fujii, K. Naoi, C. Niwa, Y. Kubota, A. Fujishima, *Nat. Mater.*, **2**, 29 (2003).

[7] Y. Nishijima, K. Ueno, Y. Yokota, K. Murakoshi, H. Misawa, *J. Phys. Chem. Lett.*, **1**, 2031 (2010).

[8] M. Eguchi, D. Mitsui, H.-L. Wu, R. Sato, T. Teranishi, *Langmuir*, **28**, 9021 (2012).

[9] Y. Xia, Y. Xiong, B. Lim, S. E. Skrabalak, *Angew. Chem. Int. Ed.*, **48**, 60 (2009).

[10] T. T. Trinh, R. Sato, M. Sakamoto, Y. Fujiyoshi, M. Haruta, H. Kurata, T. Teranishi, *Nanoscale*, **7**, 12435 (2015).

[11] X. Huang, S. Tang, X. Mu, Y. Dai, G. Chen, Z. Zhou, F. Ruan, Z. Yang, N. Zheng, *Nat. Nanotechnol.*, **6**, 28 (2011).

[12] C. Boerigter, U. Aslam, S. Linic, *ACS Nano*, **10**, 6108 (2016).

[13] J. M. Luther, P. K. Jain, T. Ewers, A. P. Alivisatos, *Nat. Mater.*, **10**, 361 (2011).

[14] M. Kanehara, H. Koike, T. Yoshinaga, T. Teranishi, *J. Am. Chem. Soc.*, **131**, 17736 (2009).

[15] A. Furube, T. Yoshinaga, M. Kanehara, M. Eguchi, T. Teranishi, *Angew. Chem. Int. Ed.*, **51**, 2640 (2012).

[16] A. Agrawal, S. H. Cho, O. Zandi, S. Ghosh, R. W. Johns, D. J. Milliron, *Chem. Rev.*, **118**, 3121 (2018).

[17] M. Kanehara, H. Arakawa, T. Honda, M. Saruyama, T. Teranishi, *Chem. Eur. J.*, **18**, 9230 (2012).

[18] L. Chen, M. Sakamoto, R. Sato, T. Teranishi, *Faraday Discuss.*, **181**, 355 (2015).

[19] Z. Lian, M. Sakamoto, H. Matsunaga, J. J. M. Vequizo, A. Yamakata, M. Haruta, H. Kurata, T. Teranishi, *Nat. Commun.*, **9**, 2314 (2018).

[20] K. Wu, J. Chen, J. R. McBride, T. Lian, *Science*, **349**, 632 (2015).

[21] K. Ueno, T. Oshikiri, Q. Sun, X. Shi, H. Misawa, *Chem. Rev.*, **118**, 2955 (2018).

[22] A. Furube, S. Hashimoto, *NPG Asia Mater.*, **9**, e454 (2017).

[23] M. Saruyama, Y.-G. So, K. Kimoto, S. Taguchi, Y. Kanemitsu, T. Teranishi, *J. Am. Chem. Soc.*, **133**, 17598 (2011).

[24] H.-L. Wu, R. Sato, A. Yamaguchi, M. Kimura, M. Haruta, H. Kurata, T. Teranishi, *Science*, **351**, 1306 (2016).

[25] M. Sakamoto, T. Kawawaki, M. Kimura, J. J. M. Vequizo, H. Mitsunaga, C. S. Ranasinghe, A. Yamakata, H. Matsuzaki, A. Furube, T. Teranishi, *Nat. Commun.*, **10**, 406 (2019).

Part II 研究最前線

Chap 10 金ナノロッドの大量調製と表面修飾
Large Scale Preparation and Surface Modification of Gold Nanorods

新留 康郎
（鹿児島大学学術研究院理工学域理学系）

Overview

金ナノロッドは棒状の金ナノ粒子であり，可視域から近赤外域にチューニング可能な表面プラズモンバンドを示す特異な材料である．1997 年に初めて報告された均一な金ナノロッド溶液の量は約 3 mL であった．きわめて興味深い材料である金ナノロッドも，溶液量が 3 mL ではできることは限られる．現在では大量の金ナノロッドの調製が可能になっており，市販の金ナノロッドもある．しかも，形状の均一性や長さや太さの制御性も著しく向上している．本章では代表的な異方性金ナノ粒子である，金ナノロッドの大量調製に至る経緯と，研究開発に必要な表面修飾処理のスケールアップについて解説する．

▲筆者らの研究室の大日本塗料製金ナノロッド溶液の在庫状況
（2006 年 5 月撮影）

■ **KEYWORD** マークは用語解説参照

- ■金ナノロッド（gold nanorod）
- ■異方性金ナノ粒子（anisotropic gold nanoparticles）
- ■シーディング法（seeding method）
- ■表面修飾（surface modification）
- ■大量調製（large scale preparation）
- ■クエン酸還元金ナノ粒子（gold nanoparticles prepared by citrate reduction）

はじめに

　金ナノ粒子は，現在でも活発に研究が行われている典型的なプラズモニクス材料であるが，実は最も古くから知られている金属ナノ粒子でもある．電磁誘導で有名なFaradayは，1857年の論文[1]で，金イオンを化学的に還元した際に生じる「ルビー色」や「アメジスト色：紫水晶色」の溶液には，金の微粒子が含まれていると報告した．さらに，溶液が青色を示す時は粒子が凝集していることを指摘している．1857年は日本では，安政の大獄が始まる前年である．Faradayの観察力は間違いなく驚異的である．Faradayの金ナノ粒子は，今でもロンドンのファラデー博物館の5Lはあろうかという大きなガラス容器に密閉されて保存されている．コロイド粒子として認識された最も古い，そして大量に調製された金ナノ粒子である．ファラデーを散々悩ませた金ナノ粒子の不思議な分光特性は，20世紀に入って早々に，Mieによって金の自由電子と光との相互作用であることが明らかにされ[2]，金ナノ粒子はその後150年以上研究者の興味を引き続けてきた．

　ファラデーの粒子は，その後一般的になったTurkevitchらによるクエン酸還元による粒子[3]と同じ，「球状粒子」である．実際は結晶面が不規則に露出した不定形の粒子であるが，形状を平均すると球形であり，その分光特性は，球のモデルを用いたMieの計算と良く一致する．球状ではなく異方的な粒子をつくれば，異方性に由来する複数の表面プラズモンバンドが現れる．ただし，コロイド粒子として非球形の粒子を均一につくることは大変難しかった．一部の粒子が三角形やキューブ状であっても，均一でなければ結局，ブロードで特徴のない表面プラズモンバンドしか得られない．

1　異方性金ナノ粒子の誕生と大量調製

　分光特性が明確に異方的形状に起因する，異方性金属ナノ粒子コロイド溶液を初めて報告したのは，Wangら（台湾・国立中正大学）である（図10-1）[4]．Wangらの粒子は，両端が丸くなった棒状の粒子：金ナノロッドである．この金ナノロッド溶液の分光特性には，短軸方向と長軸方向の二つのバンドが見られる．実際は混入した球状粒子のプラズモンバンドも重なっており，粒子形状の分布もあるので，理論計算と実験的に得られた分光特性は完全には一致していないが[5]，ナノ粒子の形状が吸収(消失)スペクトルに反映されるほど均一な異方性金粒子は，当時驚くべきものであった．図10-2は，初期の論文に示された金ナノロッド調製用の電解セルである[6]．溶液量は約3mLであった．Wangの金ナノロッド調製は，界面活性剤 hexadecyltrimethylammnoium bromide (CTAB)溶液中の超音波照射下での定電流電解である．ナノ粒子の材料となる金は，陽極に用いた金電極から陽極酸化によって供給され，陰極は白金であり，電界反応に関与しない銀の板が電解溶液中に浸漬されていた．銀板の浸漬面積が大きいと，生成する金ナノロッドの長さが長くなった．き

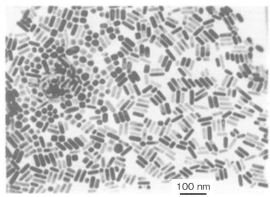

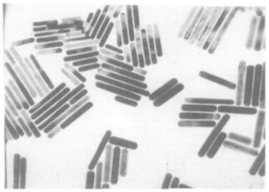

図10-1　最初の金ナノロッド

(文献[4]より許諾を得て転載．©1997 American Chemical Society)

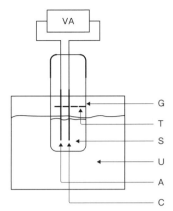

図10-2 金ナノロッド調製用電解セルの模式図
C：陰極，A：陽極，U：超音波照射器，S：界面活性剤溶液，T：電極ホルダー，G：電解槽．(文献[6]より許諾を得て転載. ©1999 American Chemical Society)

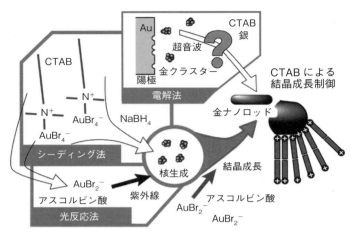

図10-3 3種類の金ナノロッド調製法の模式図

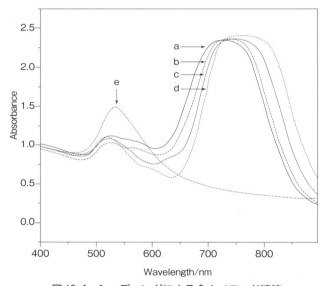

図10-4 シーディングによる金ナノロッド溶液
800 nm付近のピークの形状が不自然なのは吸光度が大きすぎるためであろう．(文献[14]より許諾を得て転載. ©2004 American Chemical Society)

わめて特異な反応条件である．陽極酸化に伴って放出された金クラスターが金ナノロッドに成形されることは間違いないが，金ナノロッド形成のメカニズムは現時点でも明らかになっていない(図10-3)．この方法は確かに均一な金ナノロッドを調製可能であったが当時の筆者らのスキルでは，10回に1回程度しか良い金ナノロッド溶液は得られず，どんな長さのナノロッドになるかは，やってみないとわからなかった．El-Sayedらの，初期の金ナノロッドに関わるレーザー分光に関わる実験も，希釈した少量の溶液でできるものである[7,8]．Wangの報告以降3年程度は，再現性良く金ナノロッドを調製することができず，たまたま上手にできた少量のロッド溶液一つで完結できる実験を行うほかに方法がなかった．

状況を変えるきっかけになったのは，Murphy（アメリカ・サウスカロライナ大学）らとYang（アメリカ・カリフォルニア大学バークレー校）らの研究である．MurphyらはWangとほぼ同じ組成の溶液で，金イオンの化学還元によって金ナノロッドが得られることを報告した[9~12]．Murphyらの調製法では，$NaBH_4$を還元剤として用いて小さい球状金ナノ粒子をまずつくり，それらをアスコルビン酸還元で金ナノロッドに成長させる(図10-3)．一種のシーディング法である[13]．反応は溶液中で均一に進むので，100 mL程度の金ナノロッド溶液を得ることができたが，初期の調製法では，球状粒子に相当する520 nm付近のピークが大きく，ナノロッドの収率が低かった(図10-4)[10]．筆者らの実験の範囲では，$NaBH_4$還元による小径粒子(種粒子)の安定性が悪いことが，収率を損ねるように思えた．しかし，界面活性剤溶液中で種粒子を用いたシーディングは，

シンプルなメカニズムの均一反応であり，本質的には反応を制御しやすい．その後，2004年の報告ではようやく球状粒子の少ないロッドらしい分光特性が報告されている[14]．この論文は，溶液濃度が濃すぎて吸光度が2を超えるバンドのピークが潰れてしまっている難点を除けば，良い制御性と再現性が得られる報告である．種粒子の安定性と再現性が改善したことが，この成功につながったと考えられる．現在，多くの報文の金ナノロッドは，Murphyらのシーディング法でつくられている．

2002年にYangらは，これもWangらと同様の反応溶液に金イオンを加えて紫外線を照射すると，金ナノロッドが生成することを報告している[13]．この論文の溶液量は，光学セルに入る量，すなわち3 mLではあったが，520 nm付近のピークが小さい分光特性は球状粒子が少なく，収率の高い金ナノロッド調製法であることを示した．筆者らはこの報告を踏まえて，アスコルビン酸による化学還元と光反応を組み合わせることで，均一性と再現性が高い金ナノロッド調製法を提案した[15]．アスコルビン酸は3価の金イオン（$AuBr_4^-$）を1価（$AuBr_2^-$）に還元し，金の核生成と結晶成長は，溶液に添加したアセトンの光化学反応によって始まる[16]．Wangらの電解法ほどではないが，十分に複雑な反応メカニズムである（図10-3）．しかし，この2段の還元法は，いつも同じサイズの金ナノロッドを与えてくれる便利な方法であった．2003年当時，筆者らの溶液量は1 mmセル（1 cmセルではない）に入る量であったが，その後，溝口ら大日本塗料と三菱マテリアルの研究グループの努力により，実用的な量の金ナノロッドが得られるようになった[17]．大日本塗料が提供する金ナノロッドは，現在でも最高レベルの形状均一性を有している．図10-5と図10-6に，大日本塗料の技術資料から，分光特性とTEM像を紹介する[18]．図10-5のスペクトルでは，520 nm付近のピークが相対的にきわめて小さく，球状粒子が極限的に少ない金ナノロッド溶液であることを示している．図10-6に示した三つのTEM像のうち，真ん中の像が図10-5の分光特性を示すものに相当し，長軸と短軸の比が約5である均一性の高い金ナノロッドが得られていることがわかる．TEM像は都合のいい部分を選べるので，溶液全体の均一性の証拠にはなら

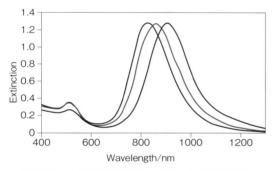

図10-5　大日本塗料製金ナノロッドの分光特性
（文献[18]より，大日本塗料の許諾を得て転載.）

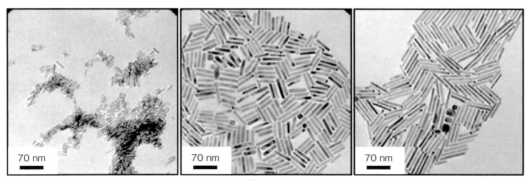

図10-6　大日本塗料製金ナノロッドのTEM像
真ん中の像が図10-5の分光特性を示す金ナノロッド．より短いロッド（左），より長いロッド（右）も入手可能である．
（文献[18]より，大日本塗料の許諾を得て転載.）

ないが，筆者らが大日本塗料から入手する金ナノロッド溶液は，この約13年間，図10-6のTEM像と同じ形状をしている．大変優れた再現性・制御性である．大日本塗料のスタッフの高いスキルに敬意を表したい．現在，大日本塗料のカタログには，シーディング法によるナノロッドも含めて，6種類の異なる金ナノロッドがあり，それぞれに異なる種類の表面修飾が用意されている．アルドリッチのカタログにも，6種類の金ナノロッドが掲載されているが，これは大日本塗料製ではなく，アメリカ製である．両者の均一性と安定性の比較は，本章の趣旨に合致しないが，筆者は大日本塗料を推薦する．Overviewに示した写真は，2006年5月の筆者らのグループの金ナノロッド溶液在庫である．ボトルは500 mL入りである．筆者らが2001年ごろ，二度と同じものを入手できない3 mLの金ナノロッド溶液を見つめて，この1本でできる研究は何だろうと悩んだ当時を思い出すと，幅広い形状の金ナノロッドを企業から大量に，しかもいつでも同じ形状のものを入手できる現状は，隔世の感がある．

2 その後の注目すべき調製法

Huangら（台湾・国立清華大学）は2007年に，Murphyらのシーディング法を改善して，アスペクト比の大きい金ナノロッドを均一に調製できることを報告した[19]．図10-7にTEM像を示す．長軸355±31 nm，短軸19 nm（アスペクト比 約19）の粒子が得られている．TEM像には縞状のコントラストが見られることから，ロッド内の結晶方位が均一ではないことがわかる．この調製法では，金ナノロッドを沈殿させる遠心分離操作を1回行うと，金ナノロッドの収率は90%を超えると報告されている．文献に記された溶液量は，約100 mLである．Murphyらも，アスペクト比の大きい金ナノロッドを報告[11,20]しているが，分光特性は報告されていない．Huangらは，500 nm付近のピークがきわめて少なく，1300 nmを超える領域に，幅広いバンドを分光特性を示した．850 nm付近のピークが，長いロッドの高次のプラ

ズモンバンドなのか，短いロッドに由来するのかはわからないが，少なくとも球状粒子（500 nm付近にピークを示す）がほとんど含まれない，純度の高い金ナノロッド溶液が得られたことは間違いない．

Murrayら（アメリカ・ペンシルベニア大学）は，CTABとオレイン酸を混合した溶液で，均一な金ナノロッドを調製できることを報告した[21]．Murrayらの方法も，Murphyらと同じシーディング法である．反応溶液に銀イオンを多く加えると，アスペクト比が大きくなることは他のシーディング法と同じだが，オレイン酸とCTABの量比と塩酸の添加によるpHを細かく調整することによって，長軸70～150 nmの驚くほど均一な金ナノロッドが得られている．またMurrayらの方法の特徴的な点は，短軸方向のサイズも15～100 nm程度まで制御できることである．100 nmに達する短軸はもはや短軸ではなく，六角柱の樽状のナノ粒子の直径である．この論文の本編のTEM像も十分美しいが，Supporting Informationに示された多くのTEM像

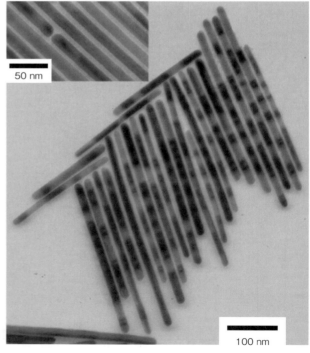

図10-7　高アスペクト比の金ナノロッドのTEM像[カラー口絵参照]
（文献[19]から許諾を得て転載．©2007 American Chemical Society）

は，驚異的な均一性と制御性を示している．この方法は，Huang（図10-7）のような長いナノロッドをつくることはできないが，アスペクト比10程度までの金ナノロッドについて，これまでにない制御性と再現性を示していることは間違いない．論文に記載された反応溶液の量は250 mLであるが，シーディング法であることから，スケールアップは可能であろう．

　均一な金ナノ粒子を調製できると報告された方法であっても，単純にスケールアップすると，粒子の均一性が悪くなることが多い．とくにシーディング法の場合は，種粒子溶液の添加速度や撹拌状態が，ロッドの均一性に大きな影響を与える．金ナノロッドを同時に生成した球状や三角プレート状の金ナノ粒子と分離する技術も，金ナノロッド溶液を大量に得るためには必要である．初期の報告では，遠心分離によってナノロッドを沈殿させ，遠心後も分散している球状粒子と分離している[4,9~12]．しかし，この方法では球状粒子を完全に取り除くことは難しく，500 nm付近に球状粒子の表面プラズモンバンドが残ることが多かった．その後，金ナノロッドを球状粒子と分離する研究が行われてきている．ゲルろ過[22]や密度勾配遠心分離[23]が行われたが，これらの方法は，大量のナノロッド溶液を得るには適さない．それに対してZubarev（アメリカ・ライス大学）らの方法[24]は，球状粒子や三角プレートと混ざっている金ナノロッド溶液に，Au(III)/CTAB複合体を添加することで，金ナノロッドを選択的に沈殿させるという特異な方法である．沈殿を再分散して得られる金ナノロッド溶液に含まれる球状粒子や三角プレートは，1%以下であると報告している．この溶液は，1570 nm付近（重水中）に表面プラズモンバンドのピークを示し，500 nm付近にはごく小さなピークしか観察されない．この方法では，ナノロッドの沈殿は自発的に起こるので機器が不要であり，今後の展開とメカニズムの解析が期待される方法である．

３ 金ナノロッド表面修飾のスケールアップ

　金ナノロッドをプラズモニクス材料として用いるときにいつも問題になることは，分散安定剤として添加されているカチオン性界面活性剤CTABをどうするか，ということである．CTABは，分子内の15個のメチレン鎖の相互作用によって安定な2分子膜を形成して，金ナノロッド表面に吸着し，大きな正のゼータ電位を示す〔図10-8(a)〕．粒子表面のカチオンは，その静電反発によって，分散安定性を保つためには大変好都合ではあるが，何らかの機能化のためには都合が悪い．とくにバイオプローブなどの生体関連応用に用いる場合は，カチオン性のCTA^+に由来するタンパク質の非特異吸着や生体毒性は，大きな障害になる．単純に遠心分離を繰り返すことで溶液中のCTABの濃度を減らすと，2分子膜の外層が不安定になって金ナノロッドは凝集し，沈殿する〔図10-8(b)〕．Br^-は金表面に強く吸着しており，内層のCTA^+分子はBr^-のカウンターカチオンでもあるので，取り除くことは難しい．また，金ナノロッドの調製時は，80 mMのCTAB溶液を用いることが一般的であり，この溶液中で金ナノロッドを遠心分離するには，10000×g以上の加速度が必要である．大量の溶液の高速遠心分離はコストのかかるプロセスであり，長時間の遠心は，沈殿してペレットを形成した金ナノロッドを凝集させることにもつながる．実用的・汎用的に金ナノロッドを大量に得るには，CTABを（できるだけ）取り除く合理的で省コストなプロセスが必要である．

　これまで，機能性分子を修飾するために，CTABの濃度を減らす方法がいくつか提案されている．チオール末端PEGで修飾する方法〔図10-8(c)〕[25]，CTABを有機層に抽出しつつ表面層をリン脂質で置換する方法[26]，高分子電解質でCTAB層の上からカバーする方法〔図10-8(d)〕[27]などが初期の方法である．いずれの場合も，CTAB層は金ナノロッド表面に残っており，そのカチオン性や疎水性の影響で，タンパク質の機能性が劣化したり，何かのきっかけで凝集することがある．金ナノロッドをアニオン性の高分子であるpoly(styrene sulfonate)(PSS)で修飾すると，その時点で，わずかに凝集体が生成することも報告されている[28]．実用的に最も広く研究・応用がなされている金ナノ粒子は，ク

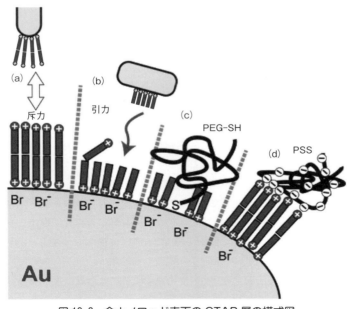

図 10-8 金ナノロッド表面の CTAB 層の模式図
(a) 過剰な CTAB があるとき，(b) CTAB 濃度が減ったとき，(c) PEG-SH 修飾，(d) アニオン性高分子修飾．

エン酸還元金ナノ粒子である．各種タンパク質（抗体など）の修飾は，実用レベルで行われている．ところが金ナノロッドに同じ方法を用いても，金ナノロッドが凝集してしまうか，機能性分子の機能が著しく劣化するか，とにかくほとんどの場合うまくいかない．ナノロッド表面に残っている CTAB 層の影響であると考えられる．CTAB を完全に除去した金ナノロッドをつくることは，金ナノロッドに関わる研究者の夢であった．Wei ら（アメリカ・パデュー大学）は，クエン酸のみで金ナノロッド表面を修飾したと報告している[29]．Wei らの方法は，PSS で分散安定性を確保しながら，クエン酸で CTAB を取り除くというものであり，大胆にデザインされた実験と注意深いディスカッションが，印象的な仕事である．ただし，質量分析を行うと，この方法で作製した「クエン酸保護金ナノロッド」からも CTA^+ が検出されることから，完全な CTAB の除去はできていないと考えられる．最近，川崎ら（関西大学）は，チオール末端 PEG とクエン酸を用いて，CTAB を質量分析でも検出できないレベルで取り除けることを報告した[30]．チオール末端

PEG やクエン酸が CTAB を置換できることはすでに報告されていたが，川崎らの方法の特徴は，極性有機溶媒（dimethyl sulfoxide: DMSO）の利用である．PEG 鎖がナノロッドの分散安定性を維持している状況で，DMSO（手続き上，水が混入する）溶液中で CTAB の分子間相互作用を遮断して，クエン酸と置換するという着眼は，大変優れたものである．この方法は，筆者が知る限り，現在唯一の金ナノロッドから CTAB を完全に取り除く方法であり，スケールアップも十分可能である．得られる金ナノロッドの表面は，PEG 鎖とクエン酸アニオンで保護されており，機能性タンパク質の修飾にも適している．ただし，クエン酸還元の粒子に用いられてきたいろいろな表面修飾レシピがそのまま使えるわけでもなさそうである．また，DMSO 中のナノロッドは，何かのきっかけで凝集しやすく，繊細な取り扱いが必要である．今後，「CTAB フリー金ナノロッド」が大量に手に入るようになれば，CTAB 層が原因でうまくいかなかった応用についても，実現の可能性が出てくると考えられる．今後の展開に期待したい．

4 まとめと今後の展望

金ナノロッドに限らず金ナノ粒子を研究・開発に用いていると，粒子の凝集を抑制するために手間がかかる．苦労して精製した抗体や機能性分子が，金ナノ粒子の凝集とともに失われるのでは研究は進捗しない．標準的な手続きで間違いなく表面修飾が可能な金ナノ粒子が必要である．さらに，ほとんどの場合，凝集した金ナノ粒子は再分散しないので，再利用できない．金ナノ粒子は大量に用意されているべきである．金ナノロッドに代表される異方性金ナノ粒子は，表面に高分子や界面活性剤が吸着しており，その表面修飾にはそれぞれの表面状態や修飾する物質の特徴に応じた手続きの最適化が必要である．

幅広い応用に耐える異方性ナノ粒子とは，同じ物性の粒子を大量かつ再現性良く入手できる粒子であることは間違いない．その点では，金ナノロッドはフロントランナーである．異方的な形状に由来する，多彩な分光特性を活かせる金ナノロッド溶液を大量に入手できる環境は，ようやく整いつつある．

◆ 文　献 ◆

[1] M. Faraday, *Philos. Trans. R. Soc. Lond. A,* **147**, 145（1857）．
[2] G. Mie, *Ann. Phys.（Leipzig）,* **25**, 377（1908）．
[3] J. Turkevitch, P. C. Stevenson, J. Hillier, *Discuss. Faraday Soc.,* **11**, 55（1951）．
[4] Y.-Y. Yu, S.-S. Chang, C.-L. Lee, C. R. C. Wang, *J. Phys. Chem. B,* **101**, 6661（1997）．
[5] S. Link, M. A. El-Sayed, *J. Phys. Chem. B,* **109**, 10531（2005）．
[6] S.-S. Chang, C.-W. Shih, C.-D. Chen, W.-C. Lai, C. R. C. Wang, *Langmuir,* **15**, 701（1999）．
[7] S. Link, B. Burda, B. Nikoobakht, M. A. El-Sayed, *Chem. Phys. Lett.,* **315**, 12（1999）．
[8] S. Link, C. Burda, M. B. Mohamed, B. Nikoobakht, M. A. El-Sayed, *Phys. Rev. B,* **61**, 6086（2000）．
[9] N. R. Jana, L. Gearheart, C. J. Murphy, *J. Phys. Chem. B,* **105**, 4065（2001）．
[10] N. R. Jana, L. Gearheart, C. J. Murphy, *Adv. Mater.,* **13**, 1389（2001）．
[11] N. R. Jana, L. Gearheart, C. J. Murphy, *Chem. Commun.,* **2001**, 617．
[12] N. R. Jana, L. Gearheart, G. J. Murphy, *Langmuir,* **17**, 6782（2001）．
[13] F. Kim, J. H. Song, P. Yang, *J. Am. Chem. Soc.,* **124**, 14316（2002）．
[14] T. K. Sau, C. J. Murphy, *Langmuir,* **20**, 6414（2004）．
[15] Y. Niidome, K. Nishioka, H. Kawasaki, S. Yamada, *Chem. Commun.,* **2003**, 2376.
[16] K. Nishioka, Y. Niidome, S. Yamada, *Langmuir,* **23**, 10353（2007）．
[17] Y. Niidome, S. Yamada, K. Nishioka, H. Kawasaki, H. Hirata, Y. Takata, J.-e. Satoh, D. Mizoguchi, M. Ishihara, M. Nagai, M. Murouchi, Patent US7976609B2（2003）．
[18]「DNTコーティング技報」，**15**, 大日本塗料，（2015），p. 26.
[19] H.-Y. Wu, W.-L. Huang, M. H. Huang, *Cryst. Growth Des.,* **7**, 831（2007）．
[20] C. J. Murphy, N. R. Jana, *Adv. Mater.,* **14**, 80（2002）．
[21] X. Ye, C. Zheng, J. Chen, Y. Gao, C. B. Murray, *Nano Lett.,* **13**, 765（2013）．
[22] J. T. Wei, F. K. Liu, C. R. C. Wang, *Anal. Chem.,* **71**, 2085（1999）．
[23] S. Li, Z. Chang, J. Liu, L. Bai, L. Luo, X. Sun, *Nano Res.,* **4**, 723（2011）．
[24] B. P. Khanal, E. R. Zubarev, *J. Am. Chem. Soc.,* **130**, 12634（2008）．
[25] T. Niidome, M. Yamagata, Y. Okamoto, Y. Akiyama, H. Takahashi, T. Kawano, Y. Katayama, Y. Niidome, *J. Controlled Release,* **114**, 343（2006）．
[26] H. Takahashi, Y. Niidome, T. Niidome, K. Kaneko, H. Kawasaki, S. Yamada, *Langmuir,* **22**, 2（2006）．
[27] A. Gole, C. J. Murphy, *Chem. Mater.,* **17**, 1325（2005）．
[28] J. G. Mehtala, A. Wei, *Langmuir,* **30**, 13737（2014）．
[29] J. G. Mehtala, D. Y. Zemlyanov, J. P. Max, N. Kadasala, S. Zhao, A. Wei, *Langmuir,* **30**, 13727（2014）．
[30] K. Nishida, H. Kawasaki, *RSC Advances,* **7**, 18041（2017）．

Chap 11
半導体量子ドットとプラズモン材料の複合化による光機能の向上
Improvement of Photochemical Functions by Combining Semiconductor Quantum Dots with Plasmonic Metal Nanomaterials

亀山 達矢　鳥本 司
（名古屋大学大学院工学研究科）

Overview

光機能材料をプラズモン金属ナノ構造体と精密に構造制御して複合化することで，光材料の光機能をより向上させることができる．なかでもサイズが数ナノメートルの半導体量子ドットは，金属ナノ構造体近傍に生じるLSPR増強電場の広がりよりも十分にサイズが小さく，この電場中にうまく配置することで，量子ドットを高効率で励起させることが可能になる．本章では，近年急速に進展している多元半導体量子ドットの液相化学合成と光学特性制御を紹介するとともに，さまざまな量子ドットと金ナノ粒子の複合化によるプラズモン複合材料の作製・構造制御について述べる．さらに得られた複合材料のナノ構造が，光-電気エネルギー変換効率および光触媒活性に及ぼす影響について紹介する．

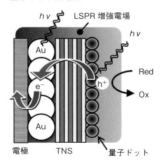
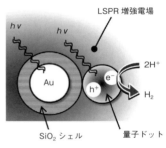

▲ Au/量子ドット複合光電極（左）およびAu/量子ドット光触媒（右）におけるLSPR増強電場による反応の高効率化

■ **KEYWORD** マークは用語解説参照

- ■量子ドット (quantum dot)
- ■多元金属カルコゲナイド半導体 (multinary metal chalcogenide semiconductor)
- ■局在表面プラズモン共鳴 (localized surface plasmon resonance：LSPR)
- ■量子サイズ効果 (quantum size effect)
- ■光電極 (photoelectrode)
- ■光触媒 (photocatalyst)
- ■バンド端発光 (band-edge photoluminescence)

はじめに

量子ドットは，サイズが約 10 nm 以下の半導体ナノ粒子であり，量子サイズ効果によって粒子サイズに依存するエネルギーギャップ（E_g）をもつ．近年，これらの量子ドットが近赤外から可視光領域に幅広い吸収帯をもつことや，大きな光吸収係数をもつことから，太陽電池や光触媒などの光増感層として利用し，高効率な太陽光エネルギー変換システムを構築する研究が活発に行われている[1〜3]．とくに，量子ドットの伝導帯下端および価電子帯上端の電位が，バルク半導体のものよりもそれぞれ負電位側および正電位側にシフトするために，光励起した電子の還元力および正孔の酸化力が増大し，バルク半導体よりも高活性な光触媒として作用すると期待される．しかしながら量子ドットの光触媒活性はまだ十分なものではなく，さらなる高活性化が必要である．

量子ドットの光機能を向上させるために，さまざまな方法が試みられている．その一つの有効な手法として，表面プラズモンを利用する入射光の高効率な捕集がある．Au や Ag などの金属ナノ粒子は，可視光領域に強い局在表面プラズモン共鳴（LSPR）ピークを示し，これを光励起すると，粒子近傍に入射光よりも $10^2〜10^5$ 倍増強された光増強電場が生じる[4〜6]．半導体量子ドットは，この LSPR 増強電場の広がりよりもサイズが十分に小さいために，LSPR 増強電場中に配置することができれば，高効率で励起される．すなわち，金属ナノ粒子と量子ドットをうまく複合化することで，入射光に対する量子ドットの光吸収効率を大幅に向上させることが可能になる．

CdS，CdSe，PbS などの二元半導体量子ドットについては，ホットインジェクション法など，高品質な粒子の液相化学合成法が確立され，さまざまな試薬メーカーからすでに市販されており，容易に入手できる．これらの二元量子ドットは，結晶欠陥が少ないためにシャープなバンド端発光を示し，液晶ディスプレイなどの新規デバイスへの応用が期待されている．しかし，これらの材料は，Cd や Pb など非常に毒性の高い元素を含むことから，その使用範囲は厳しく制限されている．これに対して筆者らの研究グループでは，低毒性元素のみからなる I-III-VI$_2$ 族金属カルコゲナイド半導体に着目して，高品質な量子ドットの合成法を開発し，その広範囲な実用化の可能性を見いだした．

本章では，低毒性多元量子ドットの液相合成法を概説するとともに，光エネルギー変換システムへの応用と表面プラズモンを利用する高効率化について，筆者らの最近の研究を中心に紹介する．

1 多元量子ドットの液相合成と発光特性

多元金属カルコゲナイド量子ドットは，従来の二元半導体量子ドットと類似の作製手法を用いて合成することができるが，複数種ある金属イオンの反応性が類似したものとなるように，反応温度・反応溶媒・配位子・前駆体などの反応パラメータを設定する必要がある．筆者らは，低毒性元素からなる I-III-VI$_2$ 族半導体である AgInS$_2$，およびこれと ZnS との固溶体半導体〔（AgIn）$_x$Zn$_{2(1-x)}$S$_2$：ZAIS〕に着目し，高温有機溶媒中での前駆体の熱分解反応による，ZAIS 量子ドットの合成法を報告した[7]．

粒子凝集を防ぐための表面配位子として，ドデカンチオール（DDT）を添加したオレイルアミン（OLA）を溶媒とし，対応する金属酢酸塩およびチオ尿素を添加して，250 ℃で熱分解した．このとき各金属イオンの仕込み比〔Ag：In：Zn = $x：x：2(1-x)$〕を変化させて，ZAIS 組成 x を精度良く制御し，さらに反応溶媒中の DDT 量を変化させて，量子ドットサイズを制御した．サイズが約 5.5 nm の球状 ZAIS 量子ドットの吸収スペクトルと発光スペクトルを，図 11-1 に示す．固溶体組成 x 値を 1.0 から 0.1 に減少させて Zn 含有率を増加させると，ZAIS の E_g が増大して吸収スペクトルが短波長シフトし，吸収端波長が 680 nm から 450 nm に変化した．いずれの組成の量子ドットも紫外光照射によって強く発光し，欠陥準位からの発光あるいはドナー・アクセプター対再結合に由来するブロードな発光（半値幅 > 100 nm）のみを示した．そのピーク波長は，ZAIS 量子ドットの E_g が増大するにつれて，約 800 nm から 530 nm へと短波長シフトした．粒子サイズを減少させても E_g が増大するので，ZAIS

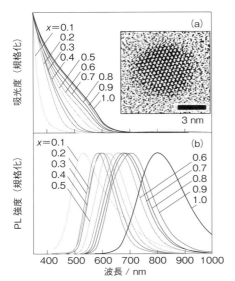

図 11-1 クロロホルムに均一に分散させた球状 ZAIS 量子ドット(粒子サイズ：5.5 nm)の吸収スペクトル(a)および発光スペクトル(b)

パネル(a)の挿入図：組成 $x = 0.8$ の ZAIS 量子ドットの高分解能 TEM 像．（文献[7]より許可を得て転載）

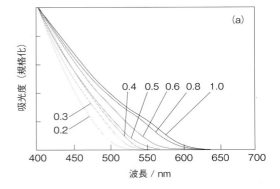

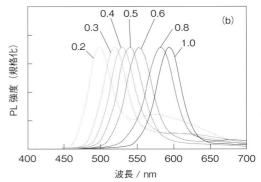

図 11-2 AIGS@GaS$_x$ コアシェル量子ドットの吸収スペクトル(a)と発光スペクトル(b)

図中の数字は，仕込み In/(In+Ga)比．溶媒：クロロホルム．（文献[9]より許可を得て転載）

量子ドットの発光色は，組成と粒子サイズの二次元的な制御によって赤色〜緑色の範囲で自在に変調できる．

I-III-VI$_2$ 族およびその固溶体量子ドットが強く発光することは，2004 年以降に多くの論文で報告されてきた．しかしそのほとんどが欠陥準位に由来するブロードな発光であったために，CdSe などのシャープなバンド端発光を示す従来の二元量子ドットとは異なり，I-III-VI$_2$ 族からなる量子ドットは，ブロードな欠陥発光によって特徴付けられるものと考えられてきた．しかしごく最近になって筆者らは，粒子組成や反応温度などの液相合成条件を高精度に制御すると，バンド端発光を示す Ag(In,Ga)S$_2$ 量子ドット(AIGS)が合成できることを見いだした[8, 9]．対応する金属塩および硫黄前駆体を OLA-DDT 混合溶媒中に添加し，300 ℃で熱分解して AIGS 量子ドットを作製すると，鋭いバンド端発光ピークとブロードな欠陥発光ピークの両方を示す量子ドットが生成した．さらに E_g がより大きい GaS$_x$ で被覆して，AIGS@GaS$_x$ コアシェル型量子ドットとすると，ブロードな欠陥発光はほとんど消失して鋭いバンド端発光のみが観察された．AIGS 量子ドットの E_g は粒子組成によって制御でき，仕込み In/(In+Ga)比を 1.0 から 0.2 に減少させて，AIGS コア中の Ga 含有量を多くすると，E_g が 2.1 から 2.5 eV へと増大して，吸収スペクトルが短波長シフトした〔図 11-2(a)〕．これとともに，ピーク幅を保ったままバンド端発光ピークが，590 nm から 500 nm へと短波長シフトした〔図 11-2(b)〕．

2 プラズモン増強電場による量子ドットの高効率光励起と光エネルギー変換

2-1 量子ドット光電極の光－電気エネルギー変換特性の向上

金属ナノ構造体のごく近傍にのみ生じる LSPR 増強電場内に，量子ドットを配置することができれば，効率良く光励起することができる．たとえば，

Auナノ粒子薄膜/ポリマースペーサー/CdTe量子ドットからなる複合体では，スペーサー距離を変化させ，CdTe-Auナノ粒子間距離を適切に保つことで，CdTe量子ドットを効率良く光励起でき，その発光強度は大きく増大した[10]．また，ZAIS粒子を用いても同様の発光増強が見られた（カラー口絵参照）．これを量子ドット光電極に利用すれば，光-電気エネルギー変換効率を向上させることが可能になる．

筆者らは，Auナノ粒子集積膜と量子ドットの間のスペーサー層として，半導体であるチタニアナノシート（TNS）を利用し，Au/CdTe量子ドット薄膜光電極を作製した[11]．ポリジアリルジメチルアンモニウム（PDDA）と負電荷をもつTNSを，Auナノ粒子担持FTO電極上に交互積層し，その積層回数（n）をさまざまに変えることで，スペーサー層の膜厚をナノメートルレベルで精密に制御した．この上にCdTe量子ドット（サイズ：4 nm）を単粒子層で積層して，光電極とした〔FTO/Au/(TNS/PDDA)$_n$/CdTe〕．正孔捕捉剤として，トリエタノールアミンを含むアセトニトリル溶液中に浸漬して光照射すると，電極電位が−0.4 V vs. Ag/AgClよりも正電位側でアノード光電流が観察され，n型半導体類似の光電気化学応答を示した．図11-3は，Au粒子膜のないCdTe量子ドット光電極〔FTO/(TNS/PDDA)$_3$/CdTe〕に対するAu/CdTe光電極〔FTO/Au/(TNS/PDDA)$_3$/CdTe〕の，光電流値の増強率（$f_{enhance}$）と照射光波長の関係である．CdTe量子ドットの吸収端である約680 nmよりも短波長の光照射によって，光電流が見られ，量子ドット中に光生成した電子が，FTO電極に注入されたことがわかる．さらに450〜600 nm付近のAu粒子のLSPRピーク波長領域で，Au/CdTe光電極の光応答が大きく増強されたことがわかる．これは，Au粒子集積層のLSPRによる高効率な光捕集と，それにより生じる増強電場によって，CdTe量子ドットが効率良く光励起されたためである．Au/CdTe光電極の光電流値は，スペーサー層膜厚に対して火山型の依存性を示し，最大の光電流値は，Au-CdTe粒子間距離が7.8 nmのときに得られた．

2-2　量子ドット光触媒の活性向上

LSPR増強電場による光励起をうまく利用するためには，プラズモン増強電場の中にすっぽりと入るくらいに量子ドットが十分に小さいことと，金属ナノ粒子-半導体量子ドット間距離を精密に制御することが必要である．筆者らは，光触媒となるCdS量子ドット（サイズ：5 nm）をシリカ（SiO$_2$）被覆Au

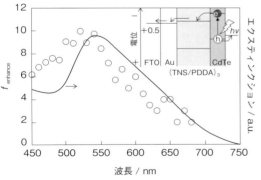

図11-3　Au/CdTe量子ドット光電極における光電流の増強率（○）の波長依存性
実線は，電極上に担持したAuナノ粒子膜の消光スペクトル．光電極：FTO/Au/(TNS/PDDA)$_3$/CdTe，電極電位：0.5 V vs. Ag/AgCl．（文献[11]より許可を得て転載）

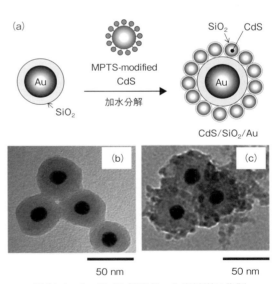

図11-4　Au/CdS量子ドット光触媒の作製
(a)CdS/SiO$_2$/Au複合光触媒の合成スキームと構造模式図．(b,c)シリカ被覆Auナノ粒子 (b)およびCdS/SiO$_2$/Au光触媒(c)のTEM像．MPTS：3-mercaptopropyltrimethoxysilane．（文献[12]より許可を得て転載）

ナノ粒子(Au 粒子サイズ：19 あるいは 73 nm)と結合させた複合光触媒(CdS/SiO$_2$/Au)を作製し〔図11-4(a)〕，CdS-Au 粒子間距離($d_{\text{CdS-Au}}$)と Au 粒子サイズが CdS 量子ドットの光触媒活性に及ぼす影響を評価した[12]．

Au 粒子表面の SiO$_2$ シェル層は，ゾルゲル法で作製し，前駆体の添加量によってその膜厚を制御した．SiO$_2$ シェルは，CdS-Au 間距離の制御のためのスペーサーだけではなく，光触媒の助触媒として Au ナノ粒子が働かないように，CdS-Au 間の直接的な電子移動を妨ぐための絶縁層としての役割も担う．図 11-4(b)，(c)に，コアとして用いた SiO$_2$ 被覆 Au ナノ粒子，および得られた CdS/SiO$_2$/Au 複合光触媒の TEM 像をそれぞれ示す．複合光触媒では，SiO$_2$ シェル上に，密に CdS 量子ドットが固定され，$d_{\text{CdS-Au}}$ が SiO$_2$ シェル膜厚で精密に制御されることがわかる．この光触媒を 50 vol% 2-プロパノール水溶液に分散させて，Xe ランプ光を照射($\lambda > 350$ nm)し，水素発生反応に対する光触媒活性を評価した．サイズが 19 nm の Au ナノ粒子をコアとする，CdS/SiO$_2$/Au 複合光触媒を用いた結果を，図 11-5(a)に示す．いずれの光触媒においても，光照射とともに水素発生量が直線的に増大したが，水素発生速度〔$R(\text{H}_2)$〕は，CdS/SiO$_2$/Au 複合光触媒のナノ構造に依存して変化した．そこで，Au コアサイズと SiO$_2$ シェル膜厚の異なる CdS/SiO$_2$/Au 複合光触媒を用いて $R(\text{H}_2)$ を求め，CdS 粒子のみを光触媒とした場合に対する比を増強率(f_{enhance})として求めた〔図 11-5(b)〕．いずれの大きさの Au ナノ粒子を用いた場合においても，$d_{\text{CdS-Au}}$ が小さいときには f_{enhance} は 1 よりも低下し，CdS 量子ドットの光触媒活性は減少した．これは，光励起した CdS 粒子から Au 粒子へのエネルギー移動が優先して起こり，光触媒反応に利用される電子-正孔対の割合が減少したためである．一方，SiO$_2$ シェル膜厚が増大して $d_{\text{CdS-Au}}$ が大きくなると，f_{enhance} が 1 以上となった．$d_{\text{CdS-Au}}$ が大きくなると，CdS から Au 粒子へのエネルギー移動が抑制され，Au 粒子近傍の LSPR 増強電場による，CdS 量子ドットの光励起が顕著になる．これによって，光触媒反応に利用される電子-正孔

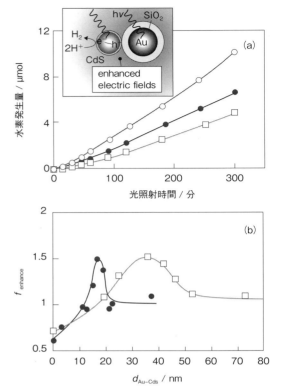

図 11-5　Au/CdS 量子ドット光触媒を用いる水素発生反応

(a) さまざまな量子ドット光触媒を用いる水素発生反応の経時変化．光触媒：CdS 量子ドット(●)および CdS/SiO$_2$/Au 複合粒子〔SiO$_2$ シェル膜厚：17 nm(○)，2.8 nm(□)〕．(b) CdS/SiO$_2$/Au 複合粒子の水素発生反応に対する光触媒活性増強率(f_{enhance})と CdS-Au 粒子間距離($d_{\text{CdS-Au}}$)との関係．Au コアサイズ：19 nm(●)，73 nm(□)．(文献[12]より許可を得て転載)

対が増加し，$R(\text{H}_2)$ が増大した．興味深いことに，CdS/SiO$_2$/Au 複合光触媒における f_{enhance} の最大値は約 1.5 となり，コアである Au 粒子のサイズに依存しない．一方，最大の f_{enhance} を与える $d_{\text{CdS-Au}}$ は，Au 粒子サイズによって大きく変化し，Au 粒子サイズを 19 から 73 nm に増加させると，最適な $d_{\text{CdS-Au}}$ が 17 から 36 nm へと大きくなった．理論的な解析から，Au 粒子近傍の LSPR 増強電場が届く距離と，励起された CdS から Au 粒子へのエネルギー移動消光が生じる距離は，いずれも Au 粒子サイズが大きくなるほど長くなる[12,13]．これら二つの距離のバランスが最適な $d_{\text{CdS-Au}}$ を増大させたとい

える．

　低毒性ZAIS量子ドットも光触媒として働き，水素発生反応に対する光触媒活性は，粒子形状および組成に依存して変化する[7, 14]．サイズが4.4 nmと一定で，E_gの異なるZAIS量子ドットを光触媒として用い，量子ドットの光吸収特性とLSPR増強電場による光触媒活性増強率の関係を評価した[14]．SiO_2被覆Auナノ粒子（Auコアサイズ：15 nm，SiO_2シェル層：18 nm）の表面に，ZAIS粒子を密に担持して光触媒とした（ZAIS/SiO_2/Au）．組成の異なるZAIS量子ドットの吸収端波長と$R(H_2)$の関係を，図11-6(a)に示す．ここには，比較としてZAIS量子ドットのみの結果も示している．Au粒子と複合化するかどうかによらず，類似した火山型の依存性が見られる．組成xの値が1.0から0.7に減少して，ZAISのE_gが増加すると，吸収短波長が700 nmから540 nmに短波長シフトするとともに，$R(H_2)$は増大した．しかしx値が0.7以下となり，吸収端があまりに短波長にシフトしすぎると，ZAIS量子ドットに吸収される光子数が大きく減少して，$R(H_2)$は減少した．また，ZAIS量子ドットとAu粒子を複合化させると，ZAISの吸収端波長が，Au粒子のLSPRピーク波長（550～560 nm）よりも長波長側にある場合に，光触媒活性が顕著に増大することがわかる．図11-6(b)に，Au粒子との複合化によるZAIS量子ドットの，光触媒活性の増強率（$f_{enhance}$）を示す．ZAIS量子ドットの吸収端が540 nmよりもより長波長になるにつれ，その吸収スペクトルとAu粒子のLSPRピークの重なり合いが大きくなり，$f_{enhance}$は単調に増加した．組成x = 1.0で，700 nm付近に吸収端をもつZAIS/SiO_2/Au光触媒において，$f_{enhance}$は約2と最大になった．このように，LSPR増強電場による量子ドット光触媒の高活性化には，金属ナノ構造体のLSPRピークと，量子ドットの光吸収特性との重なりが，きわめて重要であることがわかる．

3　まとめと今後の展望

　LSPRを強く示す金属ナノ構造体と量子ドットを複合化すると，光捕集効率が大きく増大して，量子

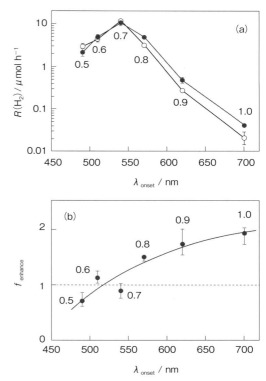

図11-6　Au/ZAIS量子ドット光触媒を用いる水素発生反応

(a) ZAIS量子ドット（○）およびZAIS/SiO_2/Au複合粒子（●）を光触媒とする水素発生速度〔$R(H_2)$〕と，用いたZAIS量子ドットの吸収端波長（$λ_{onset}$）との関係．(b) ZAIS/SiO_2/Au複合粒子の光触媒活性の増強率．図中の数字は，ZAISの組成xを示す．（文献[14]より許可を得て転載）

ドットを高効率で光励起することができ，その光機能を大きく向上させることができる．その度合いは，得られる複合体のナノ構造と，その光学特性によって変調することが可能である．ユニットとなるナノ構造体の液相合成技術は，金属および半導体のそれぞれにおいて，近年急速に進展している．たとえば，特定の高指数面を選択的に成長させることで，キラル構造をもつAuキューブが化学合成され，LSPRピークに円偏光二色性が現れることが報告された[15]．また，さまざまな多元金属カルコゲナイド半導体からなる高品質量子ドットが液相合成され[7~9]，実用可能なCdフリー量子ドットとして注目されている．金属および半導体からなるナノ構造体の光学特性は，いずれも粒子の組成とナノ構造を変化させることで，

可視光～近赤外光波長領域で自在に制御できる．これらを組み合わせることで，今後は，光触媒的な不斉合成反応や，円偏光発光デバイスなど，LSPR増強電場を用いる量子ドットの新規光機能が開拓されていくに違いない．

◆ 文　献 ◆

[1] J. M. Pietryga, Y. S. Park, J. H. Lim, A. F. Fidler, W. K. Bae, S. Brovelli, V. I. Klimov, *Chem. Rev.*, **116**, 10513（2016）.

[2] S. Kundu, A. Patra, *Chem. Rev.*, **117**, 712（2017）.

[3] M. Sandroni, K. D. Wegner, D. Aldakov, P. Reiss, *ACS Energy Lett.*, **2**, 1076（2017）.

[4] A. I. Henry, J. M. Bingham, E. Ringe, L. D. Marks, G. C. Schatz, R. P. Van Duyne, *J. Phys. Chem. C*, **115**, 9291（2011）.

[5] C. L. Wang, D. Astruc, *Chem. Soc. Rev.*, **43**, 7188（2014）.

[6] T. Tatsuma, H. Nishi, T. Ishida, *Chem. Sci.*, **8**, 3325（2017）.

[7] T. Kameyama, T. Takahashi, T. Machida, Y. Kamiya, T. Yamamoto, S. Kuwabata, T. Torimoto, *J. Phys. Chem. C*, **119**, 24740（2015）.

[8] T. Uematsu, K. Wajima, D. K. Sharma, S. Hirata, T. Yamamoto, T. Kameyama, M. Vacha, T. Torimoto, S. Kuwabata, *NPG Asia Mater.*, **10**, 713（2018）.

[9] T. Kameyama, M. Kishi, C. Miyamae, D. K. Sharma, S. Hirata, T. Yamamoto, T. Uematsu, M. Vacha, S. Kuwabata, T. Torimoto, *ACS Appl. Mater. Interfaces*, **10**, 42844（2018）.

[10] T. Kameyama, Y. Ohno, T. Kurimoto, K. Okazaki, T. Uematsu, S. Kuwabata, T. Torimoto, *Phys. Chem. Chem. Phys.*, **12**, 1804（2010）.

[11] T. Kameyama, Y. Ohno, K. Okazaki, T. Uematsu, S. Kuwabata, T. Torimoto, *J. Photochem. Photobiol. A-Chem.*, **221**, 244（2011）.

[12] T. Torimoto, H. Horibe, T. Kameyama, K. Okazaki, S. Ikeda, M. Matsumura, A. Ishikawa, H. Ishihara, *J. Phys. Chem. Lett.*, **2**, 2057（2011）.

[13] A. Ishikawa, K. Osono, A. Nobuhiro, Y. Mizumoto, T. Torimoto, H. Ishihara, *Phys. Chem. Chem. Phys.*, **15**, 4214（2013）.

[14] T. Takahashi, A. Kudo, S. Kuwabata, A. Ishikawa, H. Ishihara, Y. Tsuboi, T. Torimoto, *J. Phys. Chem. C*, **117**, 2511（2013）.

[15] H. E. Lee, H. Y. Ahn, J. Mun, Y. Y. Lee, M. Kim, N. H. Cho, K. Chang, W. S. Kim, J. Rho, K. T. Nam, *Nature*, **556**, 360（2018）.

Chap 12

大面積金属ナノ構造体の形成とプラズモニックデバイスへの応用

High-Throughput Fabrication of Metal Nanostructures and Its Application to Plasmonic Devices

近藤 敏彰　柳下 崇　益田 秀樹
（首都大学東京都市環境学部）

Overview

金属ナノ構造体に光を照射すると，局在表面プラズモン共鳴により入射光の光電場強度が増強される．光電場増強効果は，その広範な応用性からさまざまな光機能デバイスへの適用が提案されている．光電場の効率的な増強には，金属ナノ構造体の幾何学形状と配列の制御が重要であり，エネルギー変換デバイスなどへの応用を図るうえで，幾何学形状が制御された金属ナノ構造体を大面積に配列させる手法の確立は，大きな課題となっている．本章では，自己規則化材料の一つである陽極酸化ポーラスアルミナを出発構造とした二次元，三次元ナノ構造体の効率的な形成手法，および，プラズモニックデバイスへの応用について紹介する．

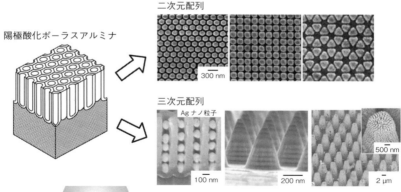

▲陽極酸化ポーラスアルミナを出発材料として用いることで，二次元，三次元構造体の効率的な形成が可能となる

■ **KEYWORD** マークは用語解説参照

- トップダウンプロセス（top down process）
- ボトムアッププロセス（bottom up process）
- 陽極酸化ポーラスアルミナ（anodic porous alumina）
- 電解析出（electroplating）
- 異方性アノードエッチング（anisotropic anodic etching）
- テクスチャリングプロセス（texturing process）

はじめに

幾何学形状が精密に制御された金属ナノ構造体に光を照射すると，局在表面プラズモン共鳴（localized surface plasmon resonance：LSPR）に基づいた光電場増強効果を示すことから，センシングデバイス，蛍光増強，光電変換，化学反応場といったさまざまな光機能性デバイスへの応用が提案されている．デバイスの性能はLSPR特性に依存しており，LSPR特性は，金属ナノ構造体の幾何学形状と配列に依存することから，幾何学形状が制御された金属ナノ構造体の規則配列を形成する手法は，大きな関心を集めている．金属ナノ構造体は，通常，半導体微細加工技術に代表されるトップダウンプロセス，もしくは，自己組織化や自己規則化に代表されるボトムアッププロセスによって作製される．トップダウンプロセスの適用によれば，金属ナノ構造体の幾何学形状と配列を，ナノメートルスケールの精度で制御できるため，所望のLSPR特性を容易に実現できる．しかしこの手法は，スループットが低いため，太陽電池や水素生成など，大面積を必要とするエネルギー変換デバイス形成への応用には適していない．一方，ボトムアッププロセスに基づく手法によれば，金属ナノ構造体の高スループット形成が可能となるが，トップダウンプロセスと比べて，幾何学形状の制御性に劣る，基板上に規則的に配列させることが困難，といった問題点がある．近年，図12-1に示すような，微粒子配列やブロック共重合体などの自己規則化材料に基づいた，金属ナノ構造配列の形成手法が関心を集めている[1~3]．このなか

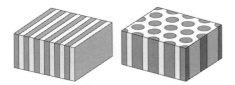

図12-1 代表的な自己規則化材料

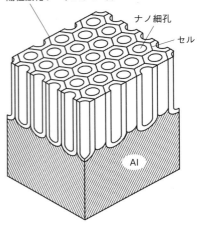

図12-2 陽極酸化ポーラスアルミナ

でも，代表的な自己規則化材料の一つとして，陽極酸化ポーラスアルミナが挙げられる．陽極酸化ポーラスアルミナは，図12-2に示すような直行したナノ細孔の規則配列構造をもっており，Alを酸性電解液中にて陽極酸化することで得られる[4,5]．陽極酸化ポーラスアルミナは，陽極酸化条件を変化させることで，細孔の直径や深さ，配列間隔を容易に精密制御できることから，ナノデバイス形成の出発材料として広く用いられている．

本章では，陽極酸化ポーラスアルミナに基づいたさまざまな幾何学形状を有する金属ナノ構造体の形成と，プラズモン特性の評価，および，プラズモニックデバイスへの応用に関する検討結果について紹介する．

1 二次元構造体

スルーホール化したポーラスアルミナメンブレンを所望の基板上に配置し，蒸着マスクとすることで，金属ナノドットの二次元規則配列が得られる[6]．このような二次元配列構造体は，センシングデバイスや太陽電池など，さまざまなプラズモニックデバイスへの適用が期待される[7~9]．図12-3には，得られたAuナノドットアレーの走査型電子顕微鏡（scanning electron microscope：SEM）像を示す．ポーラスアルミナの幾何学形状に基づき，直径と配列が精密に制御されたAuナノドットアレーの形成

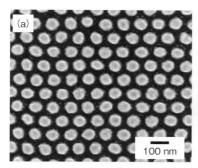
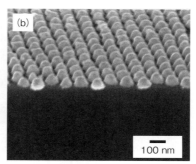

図12-3 Auナノドットアレーの(a)正面，(b)傾斜SEM像
ドット配列間隔：100 nm，ドット直径：70 nm，ドット高さ：60 nm．

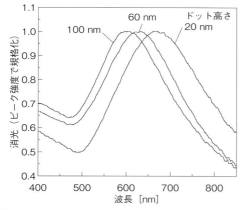

図12-4 Auナノドットアレーの消光スペクトル

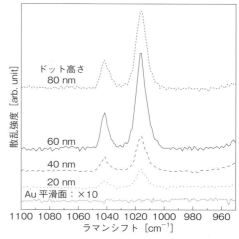

図12-5 ピリジン分子のSERSスペクトル
入射波長：633 nm．

が確認できる．金属ナノドットアレーの形成領域は，蒸着マスクであるポーラスアルミナメンブレンのサイズに依存しており，陽極酸化を施すアルミニウムのサイズを拡大し，メンブレンをサイズアップすることで，ドットアレーの形成領域を拡大することができる．図12-4には，さまざまなドット高さをもつAuナノドットアレーの消光スペクトルを示す．ドットの高さはAuの蒸着量を変化させることで制御した．いずれの高さの場合においても，LSPRに由来する消光ピークが観察された．また，ドットが高くなるに従い，ピーク波長が短波長シフトする様子が観察された．これは，ドットが高くなることで，LSPRのモードが変化したためだと考えられる．

LSPRの光電場増強場をラマン測定に適用すると，微弱なラマン信号は増強され（表面増強ラマン散乱；surface-enhanced Raman scattering：SERS），

微量物質の検出が可能となる．ここでは，AuナノドットアレーのSERS測定用基板への適用に関する検討結果を示す．図12-5には，Auナノドットに吸着したピリジン分子のSERSスペクトル測定結果を示す．1014 cm^{-1}と1040 cm^{-1}付近において，ピリジン分子の環伸縮振動と環変角振動に由来するピークが観察された．また，ドット高さが60 nmの時に，ピーク強度が最も高くなる様子が観察された．これは，SERS測定用のレーザー波長とLSPR波長が一致したことで，入射光の光電場が強く増強されたためである．

先鋭な幾何学形状をもつ金属ナノドットでは，光電場の強い増強が期待される[10]．陽極酸化ポーラスアルミナの細孔の断面形状を変化させることで，

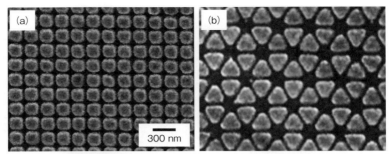

図12-6 さまざまな幾何学形状をもつAuナノドットアレー［カラー口絵参照］
(a)四角形状，(b)三角形状のAuナノドット．

先鋭形状をもった金属ナノドットアレーの効率的な形成が可能になると期待される．陽極酸化ポーラスアルミナの細孔の断面形状は，通常，円形であるが，テクスチャリングプロセスという人工的なプロセスの適用により，さまざまな断面形状の細孔が得られる．図12-6には，さまざまな幾何学形状をもつAuナノドットアレーのSEM観察像を示す[11]．四角形状と三角形状のAuナノドットの形成が観察できる．それらのドットアレーを用いて，吸着ピリジン分子のSERS測定を行ったところ，三角形状の場合において信号強度が最も高くなる様子が観察されている．これは，三角形の先鋭な部分において，光電場が強く増強されたためだと考えられる．

2 三次元構造体

三次元構造体は，光電場増強場が高密度に集積されており，効率的な光電場増強が可能なことから，さまざまなプラズモニックデバイスへの応用が期待される．幾何学形状が精密制御された三次元構造体の形成は，通常，技術的に困難であるが，陽極酸化ポーラスアルミナを出発材料として用いることで，ほかの手法では作製が困難，もしくは，不可能な三次元構造体の効率的な形成が可能となる．

陽極酸化ポーラスアルミナをテンプレートとした電解析出（めっき）法により，高アスペクト比をもつ金属ナノ構造体が得られる[4, 12, 13]．図12-7には，陽極酸化ポーラスアルミナに基づき形成されたNiナノホールアレーの，SEM観察像と透過スペクトルを示す[13]．開口径に対応して，選択的に光透過する様子が確認されている．このような高アスペクト比をもつ金属ナノ構造体は，ナノメートルスケールの空間に局在した表面プラズモンを，遠方へ伝搬可能なことから，プラズモニック導波路，イメージングデバイス，センシングデバイスなどのプラズモニックデバイスへの応用が提案されている[14]．

陽極酸化ポーラスアルミナを蒸着マスクとして，

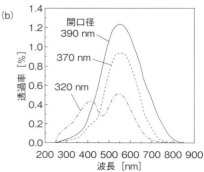

図12-7 Niナノホールアレーの(a)SEM観察像と(b)透過スペクトル

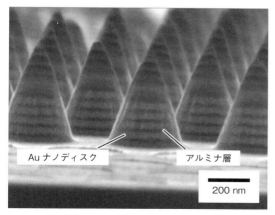

図12-8 積層ナノドットアレーのSEM観察像
［カラー口絵参照］

金属と誘電体を交互に積層させることで，金属ナノディスクの積層構造体が得られる[15]．図12-8には，積層ナノドットアレーのSEM観察像を示す．Auナノディスクとアルミナ層が交互に積層している様子が確認できる．ナノディスクの積層数を増加させると，光電場増強場の数が増加し，効率的な光電場増強が可能となる．また，近接した金属ナノ構造体間のナノギャップでは，それぞれのプラズモンが結合し，光電場が非常に強く増強されることが知られている[16]．本構造体において，上下方向に近接したナノディスク間の距離を短くすると，ナノギャップの高密度集積化がなされ，光電場のより効率的な増強が可能になると期待される．ナノギャップ距離が制御された積層ナノドットアレーを作製し，ピリジン分子を吸着させてSERS測定を行ったところ，積層数の増加とナノギャップ距離の減少に伴い，信号強度が増加する様子が観察された．これは，本構造体のナノギャップにおいて，光電場が強く増強されたことを示している．

Alに陽極酸化処理と電解析出処理を交互に施すことで，図12-9に示すような，金属ナノ粒子の三次元配列が得られる[17, 18]．上下方向に配列した金属ナノ粒子間が，空隙により絶縁されており，このような構造は，ほかの手法では形成が非常に困難とされている．図12-9(a)，(b)はそれぞれ，Auナノ粒子およびAgナノ粒子の三次元規則配列構造のSEM観察像を示している．細孔中において，ナノ粒子が規則配列している様子が観察できる．ナノ粒子の配列数は，陽極酸化と電解析出処理の繰り返し回数により制御できる．また，陽極酸化時間の変化により，ナノ粒子間のギャップ距離の制御が可能であり，ナノギャップ距離が小さくなるに従い，光電場増強度が増加する様子が観察されている．

陽極酸化プロセスに加えて，ほかの電気化学プロセスを併用することで，より複雑な幾何学形状をもつ三次元構造の形成も可能となる．ここでは，陽極酸化プロセスに加えて，異方性アノードエッチングプロセスを適用し，ナノ−マイクロ孔の階層構造を形成した例を示す[19]．結晶面が高配向したAl箔に，異方性アノードエッチングを施すことで，Alマイクロ孔配列を得た．その後，マイクロ孔配列に陽極酸化処理を施し，ナノ−マイクロ孔の階層構造を形成した．電解析出法と無電解析出法により，階層構

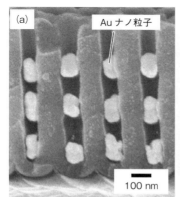 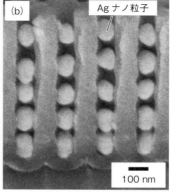

図12-9 Au(a)，Agナノ粒子の三次元規則配列構造(b) ［カラー口絵参照］

COLUMN

★いま一番気になっている研究者

Harry A. Atwater
（カリフォルニア工科大学 教授）

　Atwater 教授は，1987 年にマサチューセッツ工科大学にて博士号を取得した後，ハーバード大学にIBMポストドクトラルフェローシップとして在籍した．その後 1988 年からは，カリフォルニア工科大学にて教授（現職）を務めている．現在は，DOE 人工光合成ジョイントセンター長やレズニック研究所所長などを兼任するかたわら，ベンチャー支援企業・アルタデバイセズ社の共同創設者兼チーフ・テクニカルアドバイザーを務め，高効率太陽電池の製造と生産の大規模化に取り組んでいる．ナノフォトニクス分野のパイオニアの一人でもあり，表面プラズモンに関する研究分野はこれまでにないまったく新しい種類のデバイスを生み出すと考え，「プラズモニクス」と名付けたことは広く知られるところである．これまでに，太陽光発電とプラズモニクスに関係する研究を精力的に実施しており，画期的な成果を数多く挙げている．持続可能社会の構築における太陽光発電が担う役割は大きく，光電変換の高効率化は喫緊の課題であり，プラズモニクス分野からの貢献が大いに期待される．今後のプラズモニクス分野の発展と彼の活躍が注目される．

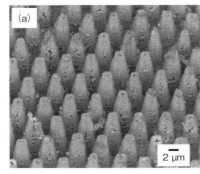 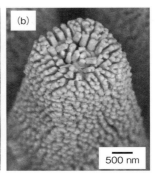

図 12-10　Au ナノ－マイクロ階層構造

造の細孔中へ Au を充填し，テンプレートである階層構造体を選択的に溶解除去することで，Au ナノ－マイクロ階層構造体を得た．図 12-10 には，Au ナノ－マイクロ孔の階層構造体の SEM 観察像を示す．Au マイクロピラーの表面に，Au ナノピラーが形成されている様子が観察できる．この階層構造体を用いてピリジン分子の SERS スペクトルを測定したところ，ナノピラーアレーやマイクロピラーアレーを用いた場合に比べ，SERS 信号強度が増強される様子が観察された．このことから，階層構造体の適用は，光電場の効率的な増強に有効なことが明らかとなった．

3　まとめと今後の展望

　本章では，陽極酸化ポーラスアルミナを出発構造とした，二次元，三次元ナノ構造体の効率的な形成手法，金属ナノ構造体の幾何学形状に基づいたプラズモン特性の制御，SERS 測定用基板などのプラズモニックデバイスへの応用に関して紹介を行った．LSPR は，光電場増強効果の広範な応用性から，さまざまな分野への適用が期待されている．センシングデバイス，太陽電池，水素生成，化学反応場といったさまざまな光機能デバイスの性能をさらに向上させるには，それぞれのデバイスに最適な幾何学形状と配列をもつ金属ナノ構造体の適用が重要であり，それらを効率的に形成する手法の確立が求めら

れる．今後，幾何学形状と配列が高度に制御された，金属ナノ構造体の効率的な作製手法の開発が進展するに伴い，プラズモニクスの応用分野の範囲は一層拡大するものと期待される．

◆ 文　献 ◆

[1] C. L. Haynes, R. P. Van Duyne, *J. Phys. Chem. B*, **105**, 5599 (2001).
[2] Y. Sawai, B. Takimoto, H. Nabika, K. Ajito, K. Murakoshi, *J. Am. Chem. Soc.*, **129**, 1658 (2007).
[3] K. Shin, K. A. Leach, J. T. Goldbach, D. H. Kim, J. Y. Jho, M. Tuominen, C. J. Hawker, T. P. Russell, *Nano Lett.*, **2**, 933 (2002).
[4] H. Masuda and K. Fukuda, *Science*, **268**, 1466 (1995).
[5] 益田秀樹，柳下　崇，近藤敏彰，*Electrochemistry*, **83**, 1006 (2015).
[6] H. Masuda, M. Satoh, *Jpn. J. Appl. Phys.*, **35**, L126 (1996).
[7] F. Matsumoto, M. Ishikawa, K. Nishio, H. Masuda, *Chem. Lett.*, **34**, 342 (2005).
[8] T. Kondo, F. Matsumoto, K. Nishio, H. Masuda, *Chem. Lett.*, **37**, 466 (2008).
[9] K. Nakayama, K. Tanabe, H. A. Atwater, *Appl. Phys. Lett.*, **93**, 121904 (2008).
[10] R. Jin, Y. C. Cao, E. Hao, G. S. Métraux, G. C. Schatz, C. A. Mirkin, *Nature*, **425**, 487 (2003).
[11] T. Kondo, H. Masuda, K. Nishio, *J. Phys. Chem. C*, **117**, 2531 (2013).
[12] D. G. W. Goad, M. Moskovits, *J. Appl. Phys.*, **49**, 2929 (1978).
[13] K. Nishio, M. Nakao, A. Yokoo, H. Masuda, *Jpn. J. Appl. Phys.*, **42**, L83 (2003).
[14] S. H. Lee, K. C. Bantz, N. C. Lindquist, S.-H. Oh, C. L. Haynes, *Langmuir*, **25**, 13685 (2009).
[15] T. Kondo, H. Miyazaki, K. Nishio, H. Masuda, *J. Photochem. Photobiol. A*, **221**, 199 (2011).
[16] K. L. Wustholz, A.-I. Henry, J. M. McMahon, R. G. Freeman, N. Valley, M. E. Piotti, M. J. Natan, G. C. Schatz, R. P. Van Duyne, *J. Am. Chem. Soc.*, **132**, 10903 (2010).
[17] T. Kondo, K. Nishio, H. Masuda, *Appl. Phys. Express*, **2**, 032001 (2009).
[18] T. Kondo, K. Nishio, H. Masuda, *Jpn. J. Appl. Phys.*, **49**, 025002 (2010).
[19] T. Kondo, T. Fukushima, K. Nishio, H. Masuda, *Appl. Phys. Express*, **2**, 125001 (2009).

Chap 13

プラズモン誘起光電変換・人工光合成
Plasmon-Induced Photoelectric Conversion and Artificial Photosynthesis

上野 貢生　押切 友也
(北海道大学電子科学研究所)

Overview

局在表面プラズモン共鳴を示す金属ナノ微粒子が，光を微小な空間に束縛し，閉じ込めて増強する効果は，分子の励起確率を高め，光化学反応を促進する．これにより，きわめて少ない物質量により光を効率良く吸収し，光反応させる「光反応場」が構築される．一方，最近では，プラズモン共鳴によって金属ナノ微粒子において生成されるホットエレクトロンそのものが，半導体への電子移動に基づいて，光電変換や物質変換を誘起することが知られ，注目を集めている．前者は，プラズモンにより化学反応の物理過程を増強するのに対して，後者は化学過程を増強することに対応している．

本章では，プラズモン共鳴を示す金属ナノ構造から酸化物半導体へのホットエレクトロントランスファーをメカニズムとしたプラズモン誘起光電変換，ならびにプロトンや窒素分子の還元反応により水素やアンモニアを合成する物質変換に関する研究成果を紹介する．

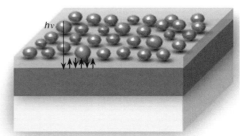

▲光共振器とプラズモンのモード強結合により高い光吸収効率を示す光電極構造の模式図

■ KEYWORD 　　マークは用語解説参照

- プラズモン誘起光電変換(plasmon-induced photoelectric conversion)
- ホットエレクトロントランスファー(hot electron transfer)
- プラズモン誘起人工光合成(plasmon-induced artificial photosynthesis)
- アンモニア光合成(ammonia photosynthesis)
- モード強結合(modal strong coupling)

はじめに

環境負荷を低減して持続可能な社会を実現するためには，化石燃料への依存を低減し，再生可能エネルギーを活用する太陽電池や人工光合成などの光エネルギー変換システムの開発が求められている．たとえば，化学エネルギーとして貯蔵することができる水素は，燃料電池により電気エネルギーに変換できるため，化石燃料を用いずに太陽光と水だけで合成することができれば，二酸化炭素を排出しないクリーンエネルギーとなる．太陽エネルギーを利用して水を分解し，水素を生成する研究は，酸化チタン(TiO_2)光電極を用いたHonda-Fujishima効果が発見されて以来，大きな注目を集めてきた[1,2]．とくにTiO_2は，紫外光でしか効率良く励起できないため，太陽光により多く含まれる可視光を用いて水を分解し，水素を発生する半導体微粒子や電極の研究が現在活発に進められている[3~5]．

光エネルギー変換システムについては，投入された光エネルギーがどの程度電気エネルギーや化学エネルギーに変換されたかが重要となるため，入射した光を漏らさず物質と相互作用させることが必要とされる．しかし，元来光と物質の相互作用の確率は小さい．本号で着目する局在表面プラズモン共鳴（以下，プラズモン）を示す金属ナノ微粒子は，光エネルギー変換システムの光アンテナとして有用である[6,7]．1996年に幸塚らは，TiO_2光電極に金ナノ微粒子（Au-NPs）を担持して，光電気化学測定を行うと，可視域において光電流が観測されることを見いだし，光電流にプラズモンの関与を示した[8]．以来，プラズモン励起に基づきAu-NPsからTiO_2への電子移動に関するメカニズムが提唱され，現在では，多数の研究者により，そのメカニズムの探索や高効率光エネルギー変換システムを構築することを目的として盛んに研究が行われている[9~12]．筆者らは，ナノ加工技術を駆使して，金ナノブロック構造体を単結晶TiO_2基板上に作製し，可視・近赤外光で水を電子源としたプラズモン誘起光電変換が可能であることを明らかにした[13,14]．

本章では，プラズモンを示す金属ナノ構造から酸化物半導体へのホットエレクトロントランスファーをメカニズムとした，プラズモン誘起光電変換，およびプロトンや窒素分子の還元反応により水素やアンモニアを合成する物質変換に関する研究成果について述べる．

1 Au-NPsを担持したTiO_2光電極を用いた光電変換システム

"はじめに"で述べたとおり，筆者らは光アンテナ機能をもつ金ナノブロック構造を搭載したTiO_2電極を高度微細加工技術により作製し，可視・近赤外対応型光電変換システムを構築することに成功した．本法は，任意のサイズや形状の金ナノ構造体を精緻に作製できる点においてきわめて優れた方法だが，光エネルギー変換システムなどの比較的大面積への構造作製を要する系には，必ずしも適していない．一方，Au-NPsを自己組織化的に基板上に配列する方法として，基板上への金属薄膜の成膜と焼結により形成する方法がある．本節では，金薄膜の成膜と焼結により作製したAu-NPsを担持したTiO_2光電極の光電変換特性について紹介する．

ルチル型単結晶TiO_2基板（0.05 wt% Nbドープ，Nb-TiO_2）上に，スパッタリングにより金を3 nm成膜し，800℃でアニールすることにより，Au-NPsを基板上に形成した．図13-1(a)内挿入図に，形成したAu-NPsの走査型電子顕微鏡（SEM）像を示す．本法により形成したAu-NPの平均粒径は20 nm，粒形のばらつきは標準偏差で8 nmであることが見積もられた．プラズモンの分光特性は，顕微鏡下でのエクスティンクションスペクトル（$Extinction = -\log T$，Tは透過率）測定により検討した．光電変換特性は，3電極系の光電気化学計測システムを用い，作用電極にAu-NPs/Nb-TiO_2電極，対極に白金(Pt)電極，参照電極に飽和カロメル電極(SCE)を用いた．電解質水溶液として，過塩素酸カリウム水溶液（0.1 mol/L）を用い，キセノン(Xe)ランプからの光をバンドパスフィルターにより単色光（スペクトル幅15 nm以下）とし，それを励起光として測定を行った．

図13-1(a)に，Au-NPs/Nb-TiO_2電極のエクスティンクションスペクトルを示す．TiO_2の屈折率

が水よりも大きいため，水溶液中のAu-NPsのプラズモン共鳴波長よりも長波長の620 nm付近にピークをもっている．電流－電位曲線を測定したところ，光照射条件で正側に光電流が増大し，アノーディックな光電流が観測された．そこで，作用電極に0.3 V vs. SCEの電位を印加して，光電変換効率（IPCE：入射した光子数に対して光電変換システムに流れた電子数）の作用スペクトルを測定した〔図13-1(a)〕．IPCE作用スペクトルは，波長600 nm以下では，金のバンド間遷移による光電流発生の寄与もあるために，若干エクスティンクションスペクトルの形状と一致していないところがあるが，おおむねエクスティンクションスペクトルの形状に沿って光電流が発生していることがわかる[15]．

本測定では，色素増感太陽電池などに使われているヨウ素などの電子メディエーターや，犠牲電子供与体を含まない電解質水溶液のみを用いている．したがって，前述の金ナノブロック構造を搭載したTiO_2電極と同様に，作用電極において，水が電子供与体として働いていることが考えられる[14]．そこで，本系の作用電極において，水が酸化分解し，酸素が発生しているかについての検討を行った．水から酸素が発生していることを検証するために，$H_2^{18}O$（^{18}Oは酸素の同位体を示す）を約18%含む水に，電解質としてNa_2SO_4（0.1 mol/L）を加え，波長450～750 nmの光照射により生成する気体を，ガスクロマトグラフ質量分析計（GC-MS）を用いて分析した．$m/z = 34$のクロマトグラムを図13-1(b)に示す．クロマトグラムの強度は，光照射強度が増大すると増加することが明らかになった．絶対検量線法を用いて，生成した酸素の定量分析を行ったところ，$^{16}O_2$，$^{16-18}O_2$，$^{18}O_2$の生成比は自然存在比とは異なることが明らかとなり，作用電極において水が酸化されて，酸素が発生していることが確認された．図13-1(b)内挿入図に，計測された光電流の電子数に対して，生成した酸素のモル数をプロットしたところ，良い直線性が得られ，水の酸化反応が4電子酸化反応であること，そして図の直線の傾きから，

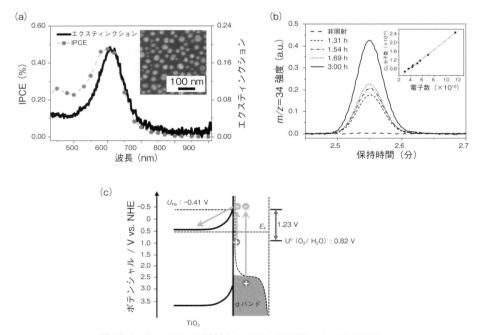

図13-1　Au-NPsを担持したTiO₂光電極による光電変換
(a) Au-NPs/Nb-TiO₂電極のエクスティンクションスペクトル，およびIPCE作用スペクトル（図中挿入図は，Au-NPsのSEM像），(b) $m/z = 34$のGC-MSクロマトグラム（図中挿入図は，計測された光電流の電子数に対して生成した酸素の分子数），(c) プラズモン誘起光電変換のエネルギーダイアグラム．

ファラデー効率は 91.6% であることが明らかになった．このことから，観測された光電流に対して，ほぼ化学量論的に，水の酸化的分解に基づいて酸素が作用電極から発生していることが明らかになった[15]．つまり，水を電子源として光電流が観測されているといえる[14,15]．

本プラズモン誘起光電変換システムのエネルギーダイアグラムを図 13-1(c) に示す．プラズモンが緩和する過程でホットエレクトロンが励起され，TiO_2 の電子伝導帯に注入されるとともに（ホットエレクトロントランスファー），Au-NPs に残ったホールが水分子を酸化することにより，酸素が発生していると考えられる．ただし，水の酸化反応は 4 電子酸化反応であることから，正孔はプラズモン増強場である Au-NPs/TiO_2/H_2O 界面近傍に高密度に生成されて，多数のホールが TiO_2 の表面準位にトラップされ，ある程度の時間存在することにより，水の酸化反応が進行しているのではないかと現在のところ考えている[14]．しかし，まだ水の酸化反応のメカニズムについては，明らかになっていない点が多い．

2 プラズモン誘起水分解

プラズモン光電極を用いて水が酸化されることは前節で述べたが，水の光電気化学的分解を達成するためには，陽極での水の酸化による酸素発生，陰極でのプロトンの還元による水素発生を同時に進行させる必要がある．筆者らは，プラズモン光陽極の背面に陰極金属を接合することで，2電極系反応システムを構築し，可視光照射による水分解を達成した[16〜18]．n 型半導体であるチタン酸ストロンチウム単結晶（0.05 wt % Nb ドープ，Nb-$SrTiO_3$）基板に，1 節と同じ方法で Au-NPs を担持した．また基板背面には，インジウム／ガリウム合金（In-Ga）を介して，陰極かつ助触媒として働く Pt 板を貼付し，Au-NPs/Nb-$SrTiO_3$/Pt 電極を作製した．この Au-NPs/Nb-$SrTiO_3$/Pt 電極を図 13-2(a) に示すように，反応セル内に配置して電極自身によって酸化槽と還元槽を空間的に分離し，Xe ランプを光源と

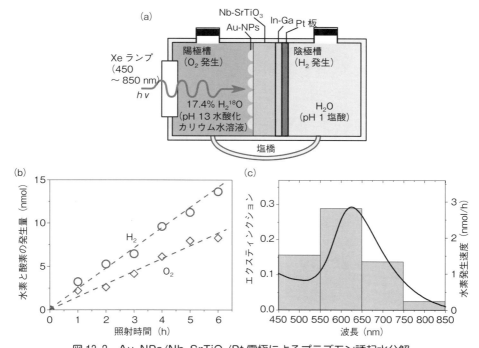

図 13-2 Au-NPs/Nb-$SrTiO_3$/Pt 電極によるプラズモン誘起水分解
(a) プラズモン誘起水分解システムの模式図，(b) 水素・酸素発生量の照射時間依存性（550〜650 nm 照射），
(c) Au-NPs/Nb-$SrTiO_3$ のエクスティンクションスペクトルおよび水素発生速度の作用スペクトル（棒グラフ）．

して，波長550〜650 nmの光を照射した際に各槽で発生した水素，酸素の照射時間依存性を図13-2(b)に示した．なお，水素の定量は，ガスクロマトグラフィー（GC）を用いて行い，酸素の定量は1節と同じ方法で行った．水素と酸素の発生量は，照射時間の経過にともない増大し，またそのモル比は2：1であったことから，可視光照射によって，化学量論的に水が分解されていることが明らかとなった．また，図13-2(c)に示すように，棒グラフで示された水素発生速度の作用スペクトルは，Au-NPsのエクスティンクションスペクトルの形状に対応しており，プラズモン励起に基づいて，水分解反応が誘起されていることが示された．光エネルギー変換効率は高くないものの，本系においては，全可視光波長に相当する450〜850 nmに応答して水分解反応が進行し，従来の水分解反応系では利用が困難であった長波長の光も利用可能である点に大きな特徴がある[16]．

3 モード強結合による水分解反応の高効率化

これまで紹介してきた，金ナノ微粒子を半導体基板上に単層付着させる方法では，プラズモン共鳴波長である特定の波長の光に限られ，降り注ぐ太陽光の大部分は光吸収に寄与することができず，「光の有効利用」という観点では不完全であった．金ナノ微粒子のサイズを大きくすることにより，光の捕集効率は高くなるが，光散乱の寄与も大きくなり，根本的な解決には至らない．したがって，幅広い波長域に高い光吸収を発現させる新しい概念の構築と，その概念を具現化する作製技術の開発が強く求められてきた．

筆者らは，可視光の幅広い波長域で高い光捕集効率を得る方法として，プラズモンとファブリ・ペローナノ共振器とのモード強結合を利用する方法論を見いだした[19]．ガラス基板上に金をスパッタリングにより成膜し，その上に原子層堆積装置（ALD）によりTiO₂を数十nm程度成膜すると，金表面で光が反射する際に，入射光と反射光に位相差が生じ，共振波長が可視光領域に存在するファブリ・ペローナノ共振器が形成される．このナノ共振器上にAuを3 nm真空蒸着により成膜して300℃で加熱することによりAu-NPsを配置する，またはナノ共振器内にAu-NPsを任意の深さで埋め込むと，光吸収効率が増大する．

図13-3(a)に，Au-NPs/TiO₂/Au-film構造の略図と写真を示す．本基板は，10 mm × 10 mm × 0.5 mmのサイズのガラス基板に金を100 nm成膜し（Au-film），その上にTiO₂を28 nm成膜して，さらにTiO₂基板上にAu-NPs（平均粒径：12 nm）を配置したものである．Au-NPs/TiO₂/Au-film構造は，真っ黒で，裏紙の文字が見えない．これは，光がほとんど反射されていない（＝光の吸収率が高い）ことを表している．

図13-3(b)に，Au-NPs/TiO₂/Au-film基板（埋め込み深さは7 nm）と，従来のAu-NPs/TiO₂基板の吸収スペクトルを示す．吸収スペクトルは，基板の透過スペクトル（T）および反射スペクトル（R）を測定して，吸収に対応する1-T-Rを算出した．Au-NPs/TiO₂基板は，プラズモンに基づく単一のピークしか観測されていないが，Au-NPs/TiO₂/Au-film基板では，二つのピークに分裂した．この二つのピーク波長では共に98％に及ぶ高い光吸収率を示すこと，そして二つのピークに分裂することにより，可視光の幅広い波長域で光を強く吸収する光吸収帯が得られた．この二つのスペクトルの比較から，ファブリ・ペローナノ共振器によって光吸収の著しい増大とスペクトルの分裂が生じることがわかる．このスペクトルの分裂は，図13-3(d)に示す共振器モードとプラズモンモードのモード強結合により，二つのハイブリッドモードが形成されたことを示している．共振器に閉じ込められた光の電場の位相（＋と－）とプラズモンの双極子の位相（＋と－）がほぼ同じ周波数のときに，電磁的な相互作用が発生し，共振器とプラズモン間においてエネルギーのやり取りが起こる．そのエネルギーがやり取りされる状態は，強結合状態とよばれ，それぞれの＋と－が同位相の場合（P₊）と逆位相の場合（P₋）の二つの状態が存在する．同位相の場合は元の共鳴波長に対して長波長側，逆位相の場合は短波長側にスペクトルが分裂し，二つのハイブリッドモードが形成され

る.本系においては,Au-NPsのプラズモンがナノ共振器とモード強結合することにより,吸収スペクトルが分裂し,図13-3(b)に示すように,その分裂した波長で最大で98%以上の光が吸収されている.

1節と同様に,これらの基板を作用電極として,Ptを対極,SCEを参照電極として水酸化カリウム水溶液中(0.1 mol/L)で光電気化学計測を行い,IPCE作用スペクトルを求めると,図13-3(c)に示すように,図13-3(b)の吸収スペクトルと同様に幅広い波長域において光電流が観測され,二つのピークに分裂した.特筆すべきは,Au-filmを成膜していない従来のAu-NPs/TiO_2電極と比較すると,約11倍高い光電変換効率が得られたことである.さらに,Au-NPs/TiO_2/Au-film電極をアノード,Ptをカソードとして2電極系で水分解反応効率(450〜850 nmの光照射)を比較したところ(2節と同様にGCにより水素を定量),Au-NPsの埋め込み深さが7 nmのAu-NPs/TiO_2/Au-film電極は,同じ埋め込み深さのAu-NPs/TiO_2電極に比べて,水素発生速度が約6.3倍大きいことも明らかになった.このように,ファブリ・ペローナノ共振器とプラズモンを強結合させることにより,可視光域の幅広い波長域で,高い光吸収効率をもつ光電極を実現でき,光電変換効率や水分解反応の効率が増大することを明らかにした[19].

4 プラズモン誘起アンモニア合成

アンモニアは化学肥料の原料として,世界中で大量に生産されているが,その分子中には高い比率で水素原子を含む.また,水素ガスよりも安全性,貯蔵・可搬性に優れるため,次世代のエネルギーキャリアとしても着目されている.一方,アンモニア合成法として,従来から広く用いられているハーバー・ボッシュ法は,高温・高圧反応であり,膨大なエネルギーを必要とする.そのため,太陽光エネルギーを活用し,水を水素源および電子源としたアンモニア合成が実用化されれば,人類社会の持続可能性に大きく貢献するものと期待される.歴史的には,TiO_2光電極を用いたHonda-Fujishima効果の発見後に,同様の系を用いた窒素還元によるアンモニアの合成について報告されてきた[20,21].しかしながら,その生成量はきわめて微量であり,また利用

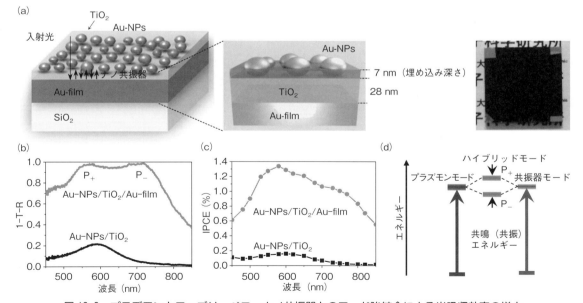

図13-3 プラズモンとファブリ・ペローナノ共振器とのモード強結合による光吸収効率の増大
(a) Au-NPs/TiO_2/Au-film構造の略図,および写真.(b) Au-NPs/TiO_2/Au-film基板(埋め込み深さは7 nm)と従来のAu-NPs/TiO_2基板の吸収スペクトル.(c) Au-NPs/TiO_2/Au-film電極(埋め込み深さは7 nm)と従来のAu-NPs/TiO_2電極のIPCE作用スペクトル.(d) モード強結合によるハイブリッドモード形成を示すエネルギーダイアグラム.

できる光の波長に限界があった．したがって，既存の光触媒の制限を超克する画期的な方法論の開発が待たれていた．

筆者らは，2節で解説したプラズモン誘起水分解と同様の反応システムを用いて，空中窒素を固定し，アンモニアを合成することに成功した[22, 23]．水分解の場合と同じく Nb-SrTiO$_3$ 基板を用い，Au-NPs を片面に担持した．一方，還元助触媒としてはジルコニウム(Zr/ZrO$_x$，Zr 表面に自然酸化被膜が形成されている)を基板背面に電子線蒸着法を用いて担持し，AuNPs/Nb-SrTiO$_3$/Zr/ZrO$_x$ 電極を作製して光反応を試みた．

光反応は，図 13-2(a)と同様の反応セルの酸化槽に，pH13 の水酸化カリウム水溶液を充填し，還元槽には水蒸気飽和窒素(25℃，0.1 MPa)を充填した後に，pH2 の塩酸を注入して，Xe ランプを光源として波長 550～800 nm の光を照射して行った．その結果，陽極で水の酸化による酸素発生が，陰極で窒素の還元によるアンモニアの生成が，それぞれ確認された．また，図 13-4(a)に示すように，アンモニアと酸素の生成量は，照射時間に伴い直線的に増大することも確認された．その生成モル比はおおよそ 4：3 であり，化学量論的に反応が進行すること，さらに図 13-4(b)のアンモニア生成のみかけの量子収率(外部量子収率)の作用スペクトルと，エクスティンクションスペクトルの一致から，プラズモン誘起電荷分離に基づく反応であることも示された．

また，本系において生成したアンモニアの窒素源が，コンタミネーションによるものでなく，窒素ガスであることを検証するために，本反応系の還元槽に同位体 $^{15,15}N_2$ ガスを封入して光アンモニア合成反応を行い，GC-MS を用いて生成したアンモニアの質量分析を試みた．その結果，標準物質であるアンモニアと同一の保持時間に $m/z = 18$ のピークが明

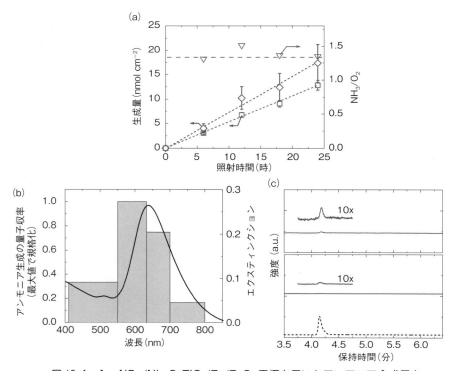

図 13-4　Au-NPs/Nb-SrTiO$_3$/Zr/ZrO$_x$ 電極を用いたアンモニア合成反応

(a)アンモニア(◇)および酸素(□)生成量の時間依存性，およびその存在比(▽)(電子供与体として水を使用，550～800 nm 照射)．(b)エクスティンクションスペクトルおよびアンモニア生成の量子収率(最大値で規格化したもの)の作用スペクトル(電子供与体として水を使用)．(c)46 時間光照射後のサンプル(上段，$m/z = 18$)と 2.5 ppm アンモニア標準溶液(中段，$m/z = 18$，および下段，$m/z = 17$)の GC-MS クロマトグラム．

確に観測された〔図 13-4(c)〕．これは，封入した窒素ガスが固定されてアンモニアへ変換されたことの，直接的な証左である[23]．

以上より，プラズモンによるホットエレクトロントランスファーを利用し，可視光と水，窒素ガスからのアンモニアの合成を実現した．

5 全固体プラズモン光電変換素子

Au-NPs/TiO_2 のようなプラズモン陽極上に，正孔輸送層を配置し，正孔・電子輸送層の接合界面に金属ナノ微粒子を配置することにより，全固体系での光電変換素子が構築可能となる．全固体プラズモン光電変換素子は，高い安定性・耐久性をもつだけでなく，光励起によって生じた電子，正孔 1 個ずつを輸送することが可能である点が，多電子の化学反応を伴う人工光合成との大きな違いである．その光電気特性を調査することで，とくにこれまでほとんど解明されていなかった正孔の輸送挙動についての洞察を得ることができると考えられる．そのためには，明確なバンド構造をもち，化学的安定性に優れた正孔輸送層の精密な作製が不可欠である．

そこで筆者らは，1 節と同じ方法で Nb-TiO_2 基板上に Au-NPs を形成し，その上に正孔輸送層として，ALD により，p 型半導体の酸化ニッケル (NiO) を成膜した〔図 13-5(a)〕．このとき，pn 接合間の密着性を向上させるために，300 ℃でポストアニールを行い，その有無による光電変換特性の違いについても検討した．正極，負極としてはそれぞれ銅箔と金薄膜を用いた．図 13-5(b)，(c)に示すように，アニールの有無にかかわらず，プラズモン共鳴波長で光電流が観測されたが，アニール後には，その電流量は顕著に減少していることがわかる．このことから，アニール後においては，プラズモン誘起光電流を生成するための電荷移動が阻害されていることが示唆された．これは，図 13-5(d) の走査型透過電子顕微鏡 (STEM) 像からわかるように，アニールによって Au-NPs が NiO 側へ埋没し，TiO_2 との接触が失われたためであると考えられる．この結果より，数 nm の空隙であっても電荷移動が阻害され，プラズモンによる効率的なホットエレクトロン・ホールトランスファーのためには，電子輸送層／プラズモンナノ金属／ホール輸送層 (TiO_2/Au-NPs/NiO) の 3 相界面の形成が重要であることが示された[24]．

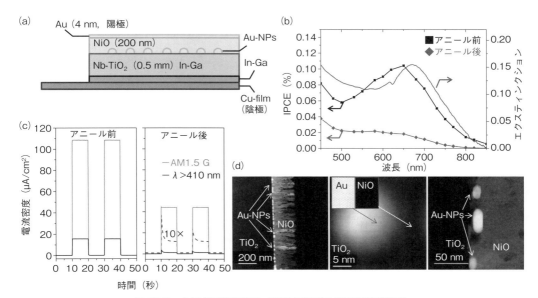

図 13-5 全固体プラズモン光電変換素子の光電変換特性
(a) プラズモン光電変換素子の模式図，(b) プラズモン光電変換素子のエクスティンクションスペクトル，およびアニール前後の IPCE 作用スペクトル，(c) 電流－時間特性，(d) 断面 STEM 像．

> ### + COLUMN +
>
> ★いま一番気になっている研究
>
> ### 二酸化炭素の光還元
>
> DuCheneらは，最近，p型半導体特性を示す窒化ガリウムに，金ナノ微粒子を担持した光電極を作製し，二酸化炭素の光還元に成功した．これまで，プラズモンによるホットキャリアを化学反応に用いる研究は，そのほとんどがホットエレクトロンをn型半導体に注入し，電極表面に残ったホールを酸化反応に用いることを主眼としていた．一方，彼らは，p型半導体と金属ナノ微粒子を組み合わせることで，ホットホールを半導体に注入し，電極表面に残った電子による還元反応を試みた．実際，プラズモン共鳴波長を含む可視光を光電極に照射すると，プラズモン電極表面でプロトンや二酸化炭素の還元反応が進行し，還元電流が生じることが実験的に明らかとなった．さらに，同様にp型半導体特性を示す酸化ニッケルに金ナノ微粒子を担持した系と比較することで，そのショットキー障壁の高さの違いによって，ホットホールの注入効率が異なることも示した．本研究成果は，ホットキャリアにより還元反応も積極的に制御可能であることを示しており，プラズモンによって光化学反応を制御するプラズモニック化学研究においても重要な研究成果である．
> J. S. DuChene, G. Tagliabue, A. J. Welch, W. H. Cheng, H. A. Atwater, *Nano Lett.*, **18**, 2545（2018）.

6 まとめと今後の展望

本章では，プラズモンを示す金属ナノ微粒子から酸化物半導体へのホットエレクトロントランスファーをメカニズムとしたプラズモン誘起光電変換，ならびにプロトンや窒素分子の還元反応により，水素やアンモニアを合成する物質変換に関する最近の研究成果を紹介した．とくにプラズモンとファブリ・ペローナノ共振器とのモード強結合を用いたシステムにおいて観測された，水分解反応の高効率化は，少ない物質量によって高い光吸収効率を実現するものであり，プラズモンにより究極の効率的な光の利用に成功したといえる．ユニークな点は，IPCE作用スペクトルを吸収スペクトルで割って，内部量子収率の波長依存性を算出してみると，モード強結合が誘起される二つの波長域において，従来のAu-NPs/TiO_2電極と比べて，ピーク比で1.5倍増大することが明らかになった点である．この内部量子収率の増大は，プラズモンの位相緩和の能動的制御によって生じた可能性があることが，超高速光電子イメージング計測により示唆されており[19]，プラズモン誘起光電変換や物質変換の研究が新たな次元に入ったことを予感させるものである．今後，ホットエレクトロンの生成メカニズム，およびそれらの電荷分離に関する詳細な機構を解明することにより，プラズモンを用いた光エネルギー変換システムのさらなる高効率化が期待される．

◆ 文 献 ◆

[1] A. Fujishima, K. Honda, S. Kikuchi, *Kogyo Kagaku Zasshi*, **72**, 108 (1969).
[2] A. Fujishima, K. Honda, *Nature*, **238**, 37 (1972).
[3] A. Kudo, Y. Miseki, *Chem. Soc. Rev.*, **38**, 253 (2009).
[4] K. Maeda, K. Domen, *J. Phys. Chem. Lett.*, **1**, 2655 (2010).
[5] R. Abe, *J. Photochem. Photobiol. C*, **11**, 179 (2010).
[6] K. Ueno, H. Misawa, *NPG Asia Mater.*, **5**, e61 (2013).
[7] K. Ueno, T. Oshikiri, K. Murakoshi, H. Inoue, H. Misawa, *Pure Appl. Chem.*, **87**, 547 (2015).
[8] G. Zhao, H. Kozuka, T. Yoko, *Thin Solid Films*, **277**, 147 (1996).
[9] Y. Tian, T. Tatsuma, *J. Am. Chem. Soc.*, **127**, 7632 (2005).
[10] A. Furube, L. Du, K. Hara, R. Katoh, M. Tachiya, *J. Am. Chem. Soc.* **129**, 14852 (2007).
[11] M. W. Knight, H. Sobhani, P. Nordlander, N. J. Halas,

Science, **332**, 702 (2011).
[12] K. Wu, J. Chen, J. R. McBride, T. Lian, Science, **349**, 632 (2015).
[13] Y. Nishijima, K. Ueno, Y. Yokota, K. Murakoshi, H. Misawa, J. Phys. Chem. Lett., **1**, 2031 (2010).
[14] Y. Nishijima, K. Ueno, Y. Kotake, K. Murakoshi, H. Inoue, H. Misawa, J. Phys. Chem. Lett., **3**, 1248 (2012).
[15] X. Shi, K. Ueno, N. Takabayashi, H. Misawa, J. Phys. Chem. C, **117**, 2494 (2013).
[16] Y. Zhong, K. Ueno, Y. Mori, X. Shi, T. Oshikiri, K. Murakoshi, H. Inoue, H. Misawa. Angew. Chem. Int. Ed., **53**, 10350 (2014).
[17] Y. Zhong, K. Ueno, Y. Mori, T. Oshikiri, H. Misawa. J. Phys. Chem. C, **119**, 8889 (2015).
[18] Y. Zhong, K. Ueno, Y. Mori, T. Oshikiri, H. Misawa. Chem. Lett., **44**, 618 (2015).
[19] X. Shi, K. Ueno, T. Oshikiri, Q. Sun, K. Sasaki, H. Misawa, Nat. Nanotechnol., **13**, 953 (2018).
[20] G. N. Schrauzer, T. D. Guth. J. Am. Chem. Soc., **99**, 7189 (1977).
[21] O. Rusina, A. Eremenko, G. Frank, H. P. Strunk, H. Kisch. Angew. Chem. Int. Ed., **40**, 3993 (2001).
[22] T. Oshikiri, K. Ueno, H. Misawa. Angew. Chem. Int. Ed., **53**, 9802 (2014).
[23] T. Oshikiri, K. Ueno, H. Misawa. Angew. Chem. Int. Ed., **55**, 3942 (2016).
[24] K. Nakamura, T. Oshikiri, K. Ueno, Y. Wang, Y. Kamata, Y. Kotake, H. Misawa. J. Phys. Chem. Lett., **7**, 1004 (2016).

Part II 研究最前線

Chap 14

光と強く相互作用する ナノ構造体の応用展開

Development of Applications Using Nanostructures Strongly Interacting with Light

笹倉 英史
（株式会社 AGC 総研）

Overview

光と強く相互作用するナノ構造体は，その特徴的な物性が注目され研究対象となってきた．近年になって，ナノインプリント法やナノ粒子の構造と配列の制御技術など，商品化の必須要件であるナノスケールでの製造プロセスの低コスト化などの進展により，その特性を利用した具体的な商品コンセプトが多く報告されるようになった．本章では，光との相互作用の秀逸な特性を利用したプロトタイプを中心に，赤外線を反射する遮熱フィルム，光学フィルター，赤外線イメージング用素子などを例示する．さらに，電気エネルギーで LSPR 周波数をシフトさせ，赤外光の透過と反射を制御する，アクティブ・プラズモニクスへの挑戦にも触れる．

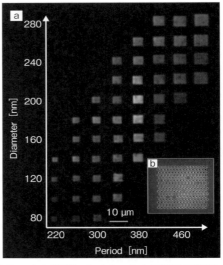

▲アルミニウム薄膜にナノホールを周期的に配列させることで，表面プラズモンに基づく光の異常透過を利用したカラーフィルター

(a)作製したホールアレイフィルターの裏面照射型顕微鏡像．縦軸：細孔直径，横軸：細孔間隔．(b) ホールアレーフィルターの SEM 像（p = 420 nm，d = 240 nm の六角形状に整列した 16 × 16 の細孔）．(c)～(e)の図は図 14-5 を参照．
出典：S. Yokogawa, S. P. Burgos, H. A. Atwater, *Nano Lett.*, 12, 4349 (2012). ［図 14-5・カラー口絵参照］

■ **KEYWORD** 📖マークは用語解説参照

- ■遮熱性材料（heat shield material）
- ■スマートウインドウ（smart window）
- ■カラーフィルター（color filter）
- ■ワイヤーグリッド（wire grid）
- ■赤外線イメージング（infrared imaging）
- ■ナノインプリント（nanoimprint）

はじめに

ベネチアングラスやステンドグラスに見られる鮮やかな赤色は，ガラス中に分散されている金（Au）ナノ粒子の局在表面プラズモン（LSP）と，ガラスに入射する可視光の特定の光がカップリングし，光吸収が起こることに起因している．代表的な合成方法は，原料中にAuイオンとその還元剤としてSnやSbなどの多価イオンを加え，高温溶解させてガラスを作製する．その後の再熱処理によりAuイオンを還元させ，ガラス中にAuナノ粒子を生成させることで赤色となる．理論的な考察は後にMieによりなされたが（Part Ⅱの15章参照），ガラス化後の再熱処理によりAuナノ粒子を還元析出させて発色させるという，特性の発現と製造プロセスの確立で，当時希な鮮やかな赤色のガラスという商品を創り上げた．本章では，今までの理論を踏まえて，光が強く相互作用するナノ構造体から発現する秀逸な特性がどのように応用されているか，プラズモンに関する特許出願動向を示した後，工業部材分野に絞って例示する．なお，関連する商品開発は数多く行われてきているが，紙面の都合上その一部しか紹介できないことをお許しいただきたい．

1 プラズモンに関する特許の出願件数の推移

プラズモン技術の研究開発動向を把握するために，直近20年間のプラズモン関係の特許出願件数（日本での出願のみ）の推移を図14-1にまとめた．2000年頃から出願件数が急速に伸び，直近10年では年間300～400件の特許が出願されていて，研究開発が活発になっていることが明らかとなった．分野別では，光制御や表示体などの工業部材関連から，生体分析などのライフサイエンス関係まで，幅広い特許が出願されている．

2 遮熱性部材

2-1 パッシブ型遮熱性フィルム

昨今の省エネルギーに対する意識の高まりから，住宅や商業ビル，自動車などへの高遮熱ガラスやフィルムなどの適用が求められている．遮熱とは，可視光を透過しつつ，赤外光を反射または吸収して遮断する特性のことであるが，赤外光を吸収する場合は，吸収したエネルギーが熱として室内などに再放出されるため，赤外線を反射する特性の方がより省エネルギー性能が高いといえる．AGC（旧旭硝子）では，銀の薄膜をガラス表面にコーティングする技術で，高遮熱性の赤外線反射ガラスを商品化してきた[1]．近年，富士フイルムにおいて，六角状銀ナノ平板粒子を単層配列させ，銀ナノ粒子の局在プラズモン共鳴（LSPR）を用いて，赤外光の中でエネルギー量が大きい近赤外光を反射させる遮熱シートが開発された[2,3]．

富士フイルムでは，FDTD法を用いて，銀ナノ平板粒子の形状やサイズと消失スペクトルを計算し，さらに分散状態での分光特性（900 nm）を算出している（図14-2）．興味深いことに，「孤立粒子系」の分布状態では，近赤外光の吸収が支配的であるが，「銀

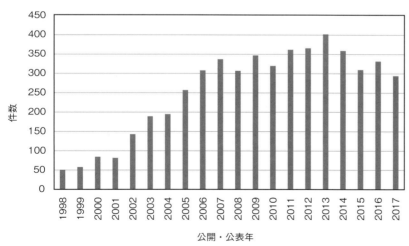

図 14-1 プラズモンに関する特許出願件数（日本での出願のみ）の推移
（AGC 総研にて作成）

検索条件：（名称＋要約＋請求項）に［プラズモン］or［プラズモニクス］or［プラズモニック］のキーワードが用いられている日本での特許出願件数を各年でカウントした（検索に用いたソフトウエア：PatentSQUARE）．

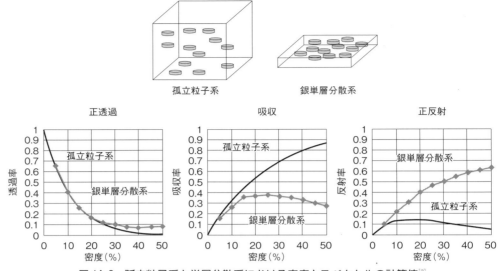

図14-2 孤立粒子系と単層分散系における密度とスペクトルの計算値[2]
（波長：900 nm）

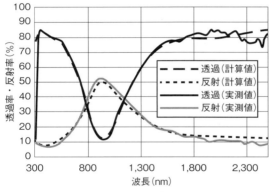

図14-3 銀ナノ平板粒子ナノ粒子の単層配列フィルムの計算と実測の分光スペクトル[2]

単層分散系」の分布状態では，近赤外光の反射の割合が大きくなることが明らかとなった．この銀ナノ粒子の配列構造の違いによる吸収と反射の逆転現象は，LSPRが複数のナノ粒子にまたがる大きな領域の電磁振動となって，光の電磁波を外に放出しやすくなることが原因と考えられている．

次にこのシミュレーションから導き出した最適構造を基に，厚み11 nm，円相当径120 nmの六角状の銀ナノ平板粒子を合成し，銀単層分散系フィルムの作製に成功している．図14-3に示すように，得られたフィルムの透過率と反射率の実測結果は，光学シミュレーションの結果と良く一致し，可視光透過を確保しながら近赤外光反射を実現している．

2-2 アクティブ型遮熱性スマートウインドウ

アクティブ・プラズモニクスは，能動的にLSPRをコントロールしようとする，最近注目されている分野である．前項で説明した遮熱材料は，基本的に遮熱特性が変化せず一定であるが，ナノ粒子の荷電状態を電気化学的にコントロールすることによって，赤外光の透過／反射を制御できるスマートウインドウが報告されている[4]．

金属ナノ粒子のような高いキャリア密度（〜 10^{23} cm^{-3}）では，LSPRを調整できる帯域が制限され，大きな吸収領域のシフトが望めないため，エレクトロクロミック特性が弱い．一方，ITO（錫ドープ酸化インジウム）やAZO（アンチモンドープ酸化亜鉛）などの，半導体ナノ粒子のキャリア密度（〜 10^{20} cm^{-3}）は，金属ほど大きくはないため，電気化学的な電荷の注入と放出でLSPRの周波数をシフトさせたり，反射率の強度をコントロールしたりすることが可能である．さらに，図14-4(a)，(b)のように，ITOナノ粒子でポーラスな周期構造を形成させることで，電解質のイオンや電子の輸送が速

くなるために，図14-4(c)，(d)の緻密な場合と比べて，スイッチングの効率が向上することが報告されている[5]．

3 光学フィルター
3-1 カラーフィルター

カラーフィルターは，イメージング装置や液晶ディスプレイなどにおいて，高精度な色情報を取得したり，映像を色鮮やかに表現したりするために用いられている．イメージング装置のカラーフィルターは，R(赤)，G(緑)，B(青)など特定の光のみを透過させる設計となっているが，使用される有機色素の耐久性の課題や，さらなる多波長検知の要求がある．対策として，微細周期構造のプラズモン光異常透過現象を用いたカラーフィルターの開発が進んでいる．

アルミニウム(Al)薄膜にナノホールを周期的に配列させることで，表面プラズモンに基づく光の異常透過を利用したカラーフィルターが報告されている[6]．石英基板上に150 nmの厚みのAlを蒸着し，集束イオンビーム(FIB)でナノホールアレイパターン[図14-5(b)]を形成する．ナノホールの直径と間隔で，光の透過波長を自在にコントロールできることが示されている[図14-5(a)，(c)〜(e)]．

このAlナノホールの作製方法として，FIB以外に電子線描画にドライエッチングを併用する方法も用いられるが，どちらも大量生産や大面積化では高コストである．そこでUVナノインプリント技術を用いて，樹脂基板(PETなど)上に凸状の微細構造を形成し，その上から真空蒸着でAlを成膜することで，Alナノホールアレイと同様の特性が得られることが報告されている[7]．

3-2 ワイヤーグリッド偏光子

偏光子は，一定方向の偏波面の光を取り出せる素子である．その偏光抽出機能は，入射光を直交する偏光成分に分け，その一方のみを吸収あるいは反射で遮断することによって発現される．偏光板として多く使用されてきたのが，液晶ディスプレイ(LCD)用途である．LCDでは，液晶基板の両面に

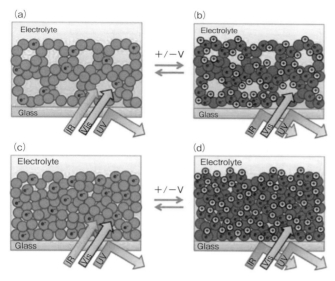

図14-4　ITOナノ粒子の構造

(a, b)階層的に形成されたメソ，マイクロポーラス構造，(c, d)ランダムなマイクロポーラス構造[5]．

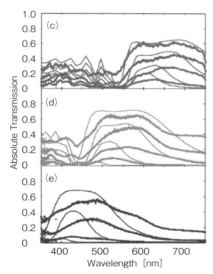

図14-5　アルミニウム薄膜にナノホールを周期的に配列させることで，表面プラズモンに基づく光の異常透過を利用したカラーフィルター

(c) 赤色光($p = 420$ nm, $d = 160 \sim 280$ nm)，(d) 緑色光($p = 340$ nm, $d = 120 \sim 240$ nm)，(e) 青色光($p = 260$ nm, $d = 100 \sim 180$ nm)．なお(c)〜(e)は，点線が実測したスペクトルで，実線が計算したスペクトルである[6]．(a)，(b)の図はOverview参照．

出典：S. Yokogawa, S. P. Burgos, H. A. Atwater, *Nano Lett.*, 12, 4349 (2012)．[カラー口絵参照]

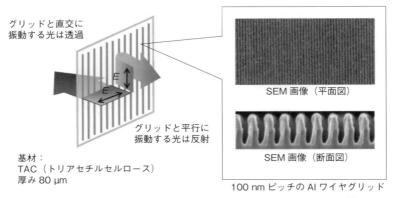

図14-6 樹脂フィルムをベースとしたワイヤーグリッド偏光子[9]

偏光面が直交になるように配置されている．そのため，そのままではバックライトの光は通過しないが，液晶に電圧負荷をかけると配向変化が起こり，一方から入射した光が90°偏光変換されて，もう一方から光が通過するようになる．通常LCD用偏光子は，ヨウ素化合物で染色・延伸されたPVAフィルムが用いられているが，一方の偏光成分を吸収するため，光劣化が起こってしまう[8]．

そこで，その課題の解決策の一つとして，光劣化の少ないワイヤーグリッド偏光子（WGP）の開発が行われている．例として図14-6に，旭化成の反射型偏光フィルムWGFᵀᴹを示す．ナノインプリント法で断面櫛形の形状を形成し，その上からAlを蒸着などで作製している[9,10]．WGPに入射した光は，プラズモン共鳴吸収により，図14-6に示すように，金属細線（グリッド）内の自由電子が細線方向に集団振動しやすい．これにより，細線方向と平行な偏光を反射し，細線方向と垂直な偏光を透過させる．WGPは入射角の制限がなく，前述のヨウ素系偏光子と比較して，耐光性が高いといった利点がある．

4 赤外線イメージング用素子

赤外線イメージングの有用性は，とくに夜間における自動車走行安全性の確保[11]や，防犯対策，設備保全など幅広い応用分野で認められている．用いられる波長帯は，室温付近の温度をもった物体から放射される，光量が多く大気の透過率が高い長波長赤外（long-wavelength infrared：LWIR，8～14 μm）

と中波長赤外（middle-wavelength infrared：MWIR，3～5 μm）の二つである．従来の非冷却赤外センサーは，物体からの熱放射を検知することができるが，特定の波長や偏光を検知することは困難であった．それらが可能になると，人工物と自然物などの判別など，識別能力の向上が可能となる．

三菱電機と立命館大学では，プラズモニック吸収体を適用した，特定の波長や偏光が検知可能な非冷却赤外センサーの開発が行われている[12]．図14-7（左上）に示すように，表面がAuからなる二次元周期構造をもつプラズモニック吸収体について電磁界解析を行い，主に周期によって吸収波長が制御可能であることを明らかにしている〔図14-7（右上）〕．次に，さまざまな表面構造をもつプラズモニック吸収体を適用した，図14-7（左下）に示すような非冷却赤外線センサーを作製し，分光感度を評価している．図14-7（右下）に示すように，プラズモニック吸収体の周期と等しい波長で感度が増強されており，解析結果と良い一致を示したとしている．また，偏光フィルターを用いることなく，プラズモニック吸収体の凹型周期構造の形状を楕円にすることで，特定の偏光を検出できることも示されている[13]．

5 ナノ構造体の形成プロセス

光と強く相互作用を起こす構造体は，ナノスケールでの構造制御が必須である．その構造制御方法として，まず電子線による描画プロセスが挙げられる．電子部材の製造現場においては，特定のプロセスで

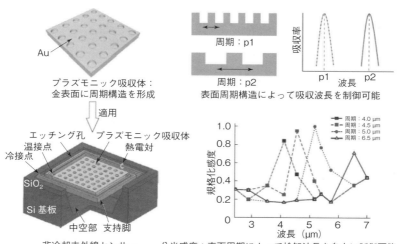

図14-7 プラズモニック吸収体を用いた波長選択型非冷却赤外センサー[12]

使用されてはいるが，大面積の構造形成にはコスト面で実用的ではない．そこで本章の最後に，高速で大面積のナノ構造形成が可能なプロセスとして，UVナノインプリント法と，プラズモニックナノ粒子の塗布配列を示す．

一方のUVナノインプリント法であるが，1996年にテキサス大学のC. G. Wilson教授が，石英モールドとUV硬化樹脂を用いて，ナノメートルオーダーの構造体を形成できるUVナノインプリント法を報告した[14]．カラーフィルターやWGPの作製プロセスで言及したが，WGPでは，連続フィルム上にナノ構造体を形成するロール・ツー・ロール(RTR)方式での実用化検討が進んでいる[15]．RTR法の概略図を図14-8に示す．ロール状に巻いた樹脂フィルムを連続的に送りながら，コーターでUV硬化樹脂を均一に塗布する．超微細円筒状モールド(seamless roller mold：SRM)を用いて，UVを照射しながらUV硬化樹脂を硬化させ，モールドのパターンを樹脂フィルム上に形成する．このようにRTR方式は，ナノ構造を大面積で連続的に作製できるプロセスである．

他方，プラズモニックナノ粒子に有機分子を表面

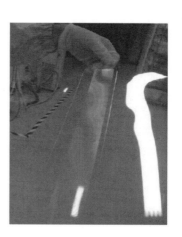

図14-8 ロール・ツー・ロールナノインプリントのトータルプロセス(左下)およびナノインプリントの結果(右)[15]

修飾し，その分子の長さで粒子間距離をナノメートルオーダーで制御し配列させ，複数の粒子間にまたがるLSPRを形成する塗布プロセスが検討されている[16]．平板状ナノ粒子など，アスペクト比が高いナノ粒子を基板に平行に単層または多層に配列させる場合は，スリットダイコーターなどの，ダイヘッドと基板の間に剪断がかかる塗布プロセスが適切である(図14-9)．基板とヘッド間の剪断を大きくするためにスリットダイを高速に移動させる，ハイスループットなプロセスである．

149

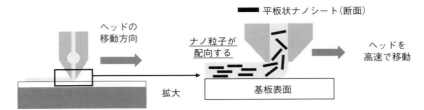

図14-9 アスペクト比の大きいナノ粒子を配向制御するコーティング法のイメージ図
(AGC総研にて作成)

6 まとめと今後の展望

本章では，光とナノ構造体とが強く相互作用することで発現する秀逸な特性が，どのように応用されているか，工業部材分野に絞って紹介した．本文中では，赤外線を反射するパッシブな遮熱性フィルムや，電気エネルギーで赤外線の透過／反射をコントロールできるスマートウインドウ，光の異常透過を利用した光学フィルターや偏光抽出機能を有するWGP，赤外センサーを紹介した．さらにナノ構造形成に重要な工業的なプロセスとして，ナノインプリント法やナノ粒子表面修飾，およびウエットコーティング法を示した．ライフサイエンス関係は紹介できなかったが，表面増強ラマン散乱（SERS）やプラズモンによる蛍光増強などの超高感度検出，光－熱変換による悪性腫瘍の治癒などのへの展開に注目が集まっている．光と強く相互作用するナノ構造体は，今までにない特性が発現できる研究領域であり，今後多くの商品が生まれてくることを期待している．

◆ 文献 ◆

[1] 「AGC Glass Plaza 熱線反射ガラス・熱線吸収ガラス」のウェブサイト：https://www.asahiglassplaza.net/products/mainglass-category/heat-plate/
[2] 清都尚治，白田真也，谷　武晴，納谷昌之，鎌田晃，FUJIILM RESEARCH & DEVELOPMENT, 58, 52 (2013).
[3] 納谷昌之，『第8回プラズモニック化学研究会要旨集』(2015), p.13.
[4] N. Jiang, X. Zhuo, J. Wang, *Chem. Rev.*, 118, 3054 (2018).
[5] T. E. Williams, C. M. Chang, E. L. Rosen, G. Garcia, E. L. Runnerstrom, B. L. Williams, B. Koo, R. Buonsanti, D. J. Milliron, B. A. Helms. *J. Mater. Chem. C*, 2, 3328 (2014).
[6] S. Yokogawa, S. P. Burgos, H. A. Atwater, *Nano Lett.*, 12, 4349 (2012).
[7] 国際公開特許 WO 2017/222064，凸版印刷．
[8] 伊藤章典，化学と教育，63, 232 (2015).
[9] 反射型偏光フィルム WGF™ 技術資料（旭化成）．
[10] 特許 第4275691号，旭化成．
[11] HONDA ウェブサイト：https://www.honda.co.jp/news/2004/4040824a.html
[12] 小川新平，木股雅章，三菱電機技報，87, 353 (2013).
[13] 特許 第5721597号，三菱電機．
[14] R. D. Allen, R. Sooriyakumaran, J. Opitz, G. M. Wallaraff, G. Breyta, R. A. Dipietro, D. C. Hofer, R. R. Kunz, U. Okoronayanwu, C. G. Wilson, *J. Photopolym. Sci. and Technol.*, 9, 465 (1996).
[15] 企画特集「10^{-9} INNOVATION の最先端技術＜第54回＞」，*NanotechJapan Bulletin*, 10, (2017).
[16] N. Saito, P. Wang, K. Okamoto, S. Ryuzaki, K. Tamada, *Nanotechnology*, 28, 435705 (2017).

Chap 15

表面プラズモン研究：これまでとこれから
Research on Surface Plasmons: From the Past to the Future

林 真至
（神戸大学大学院工学研究科／モロッコ高等研究機構）

Overview

金属-誘電体の界面には伝搬型の，金属粒子には局在型の表面プラズモンが存在する．表面プラズモンは，自由電子の振動であるので，必然的に電磁場の振動を伴い，機械的振動と電磁場振動が結合したポラリトンの一種である．したがって，表面プラズモンポラリトンとよぶのが正確である．表面プラズモンポラリトンを励起すると，金属表面近傍に局在し増強された光近接場が発生し，さまざまな応用を生み出す．表面プラズモンに関する研究は，まだその概念が確立する前の1900年頃からすでに始まっており，現在に至っている．本章では，これまでの表面プラズモン研究の歩みを概観し，今後の方向性について述べる．

▲伝搬型と局在型の表面プラズモン

■ KEYWORD 📖マークは用語解説参照

- ■表面プラズモンポラリトン(surface plasmon polariton：SPP)📖
- ■伝搬型 SPP(propagation-type SPP)
- ■局在型 SPP(localized SPP)
- ■電場増強(field enhancement)
- ■モード間結合(mode coupling)
- ■ファノ共鳴(Fano resonance)📖

はじめに

近年，プラズモン，プラズモニクス，プラズモン化学など，プラズモンが付く言葉があふれている．それらの根幹となるのが，金属表面に存在する"表面プラズモンポラリトン"の概念である．ここでは，まず表面プラズモンポラリトンの基礎概念について述べる．さらに，表面プラズモンポラリトンに関するこれまでの研究を概観した後で，筆者が考える今後の方向性について述べる．

1 これまでの表面プラズモン研究

1-1 表面プラズモンポラリトンとは？

本書で取り上げているプラズモンは，固体物理学の言葉では"表面プラズモンポラリトン"（surface plasmon polariton：SPP）とよぶのが最も正確なよび方である．まずSPPとは何かについて考えよう（図15-1）[1,2]．金属，半導体，誘電体などの固体を絶対零度にしたとすると，原子核や電子の運動は止まり，原子は平衡位置に静止し，固体の蓄えているエネルギーはゼロであると考えてよい．ところが，固体が有限の温度下に置かれると，何らかのかたちでエネルギーを蓄え，外界と熱平衡を保った状態になる．有限温度では，原子は平衡位置の周りを振動する．これは熱振動であり，エネルギーの一形態となる．固体中では熱振動は波として伝搬し，格子振動あるいはフォノン（phonon）とよばれる．もともと光（電磁波）の量子が光子あるいはフォトンとよばれるように，フォノンとは，格子振動の波を量子化したときのよび方である．金属中には，ほぼ自由に動ける自由電子が存在する．このような自由電子の集団的な振動により，金属中には電子の疎密波が生じる．そのような自由電子の粗密波を量子化して考えたものが，プラズモン（plasmon）である．固体には，同じような概念でエキシトン（exciton）やマグノン（magnon）も存在し，これらの"on"が付くものは，素励起（elementary excitation）とよばれている．エキシトンは，結晶中での電子・正孔対の伝搬，マグノンは結晶中でのスピン波伝搬に対応するものである．これらの素励起は，固体が舞台だとすると，その上でさまざまな役割を演じる役者たちであるといえる．

プラズモンは電子の振動であり，荷電粒子の振動である．イオン性結晶中や，化合物半導体中では，原子はイオン化した状態なので，フォノンもやはり荷電粒子の振動である（有極性フォノン）．したがって，プラズモンやフォノンには電気分極の振動が伴っていることになる．電磁気学によれば，電気分極の振動は電磁場の振動を誘起する．一方で，荷電粒子は電磁場による力を受ける．結局，プラズモンやフォノンは電磁場の振動を誘起し，その影響を自らも受けて振動し，さらにその振動が電磁場の振動を誘起し，というような連鎖の関係にある．このような状態はプラズモンやフォノンが電磁場の振動（つまり光）と結合した状態であると理解される．分極波を伴う素励起と電磁場の振動が結合した状態のことを，ポラリトン（polariton）とよぶ．

上述のポラリトンは，バルク固体中を伝搬する波であるが，表面，界面の存在する系では，表面に局在する表面ポラリトンが存在する．一般に，表面ポラリトンの振幅は表面で最大で，表面から遠ざかる

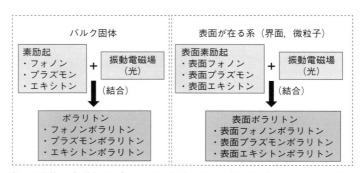

図15-1　バルク固体の素励起とポラリトン（左），表面が存在する系での表面ポラリトン（右）

につれ減衰する．バルクのフォノンポラリトン，プラズモンポラリトン，エキシトンポラリトンなどに対応して，それぞれ表面フォノンポラリトン，表面プラズモンポラリトン（SPP），表面エキシトンポラリトンなどが存在する（図15-1）．

SPPには伝搬型と局在型の2種類が存在する[1,2]．伝搬型SPPは，平面的な金属-誘電体界面に沿って伝搬し，界面から遠ざかるにつれ指数関数的に減衰する．一方，局在型SPPは，金属微細構造に局在するもので，やはり金属表面から遠ざかるにつれ減衰する（Overview図）．どちらのSPPにせよ，それらが光で励起されると，金属表面付近に強い電磁場（近接場光）が発生する．ナノ空間に局在し増強された近接場を発生できることが，金属薄膜やナノ構造がナノスケールでの光学すなわちナノフォトニクスへの応用の鍵となっている．

1-2 SPP研究の歩み

SPPに関する研究は，SPPの概念が確立する以前の1900年頃から始まっているといえる．図15-2に，2000年頃までのSPP研究で重要なステップと思われる成果を示している．

金，銀，銅などの金属板（バルク金属）は，それぞれ特有の色と光沢を示すが，赤とか緑とかに鮮やかに色づいて見えることはない．ところが，これらの金属を微粒子（ナノ粒子）にすると，鮮やかな色を示すようになることは，古くから知られていた．金属微粒子を含むガラス（色ガラス）の歴史は相当古く，北イタリアで発見された紀元前1200年ぐらいの青銅時代のガラスは，銅の微粒子を含んでいる．紀元4世紀，ローマ時代に作製された大英博物館所蔵のLycurgusカップは，光に透かすと赤く見え，外側から光を当ててみれば緑に見え，このガラス中にはAuとAgの混晶ナノ粒子が含まれているという．ヨーロッパの中世に栄えたキリスト教会でも，鮮やかな色のステンドグラスが多く使われており，これも金属微粒子や半導体微粒子の着色現象を利用して

```
● 1900年

  1902    Wood anomaly    (R. W. Wood)
  1904    有効媒質理論    (J. C. Maxwell-Garnett)
  1908    Mie散乱の理論    (G. Mie)

● 1950年
  1951～53    プラズモンの概念の確立
                    (D. Pines, D. Bohm)
  1959    表面プラズモンのEELSによる観測
                    (C. J. Powell, J. B. Swan)

  1968    ATR法による表面プラズモンポラリトンの観測
                    (E. Kretschmann, H. Raether, A. Otto)

  1974    表面増強ラマン散乱（第1の波）
                    (M. Fleischmann 他)

  1990    SPRセンサーの製品化    (Biacore)
  1997    表面増強ラマン散乱（第2の波）
                    (K. Kneipp 他, S. Nie 他)
  1998    ナノ細孔配列を有する金属膜の異常透過
                    (T. Ebessen 他)

● 2000年
```

図15-2　2000年以前の表面プラズモンポラリトンに関する研究の進展

いる．日本では，七宝焼きや江戸切子などのガラス工芸品で赤色を出すために，Auナノ粒子が用いられ，「金赤」という印刷用語も存在する．

上記のような着色現象を科学的に解明する研究が始まったのは，20世紀初頭のことである．1908年には，Gustave MieによりMie散乱の理論が構築された[3]．また，1904年にはJ. C. Maxwell-Garnettにより有効媒質理論が構築された[4]．当時は，SPPという概念は存在しなかったが，Mieの理論もMaxwell-Garnettの理論も，金属微粒子の局在型SPPの光学応答を記述する理論である．Mie散乱の理論は，単一の球粒子に光（平面波）が入射した時の，光散乱，光吸収のスペクトルを計算することを可能にする．また，Maxwell-Garnettの理論は，媒質中に埋め込まれた多数の微粒子の系を一つの有効媒質と見なし，系全体の光学応答を平均誘電関数で記述することを可能とする．これらの理論が示すとおり，金属微粒子はSPP励起に伴う光吸収や光散乱スペクトルのピークを示し，それが着色現象を引き起こしている．

伝搬型SPPが関与する光学現象が観測されたのは，1902年のWoodによる金属回折格子でのWood anomalyの観測が最初である[5]．回折格子に入射光を照射すると，いろいろな次数の回折光が観測されるが，ある条件下で回折光強度が急激に変化することがある．そのような現象がWood anomalyである．現象の報告がされてから，さまざまな理論的解明が試みられ時間が経過したが，現代ではWood anomalyは，周期構造をもつ金属表面の伝搬型SPPの励起に伴って生じると説明されている．

金属のプラズモンが固体物理の世界で詳しく研究されるようになったのは1950年頃で，金属の電子エネルギー損失スペクトルに現れる損失ピークを説明するためであった．PinesとBohmは1951年頃よりプラズモンの詳しい理論を展開し，金属膜による未同定であった電子エネルギー損失ピークを，プラズモン（バルクプラズモン）によるものと同定した[6]．表面プラズモンの存在は，PowellとSwanによって1959年に，やはり電子エネルギー損失の実験から実証された[7]．Al薄膜の電子エネルギー損失スペクトルには，バルクプラズモンよりも低エネルギーに損失ピークが観測され，表面プラズモンによるものと同定された．

その後，伝搬型SPPが光で励起されることが示された．KretschmannとRaether[8]およびOtto[9]は1968年に，プリズムを用いた全反射減衰法（attenuated total reflection：ATR）により伝搬型SPPが励起できることを報告した．その後，ATR法は伝搬型SPPの研究で多用されることになり，SPP励起に伴う反射の落ち込みが金属表面の状態に非常に敏感に反応することから，表面状態の研究や表面に吸着した分子の研究に応用されるようになった．そうこうするうちに，スウェーデンでBiacoreという会社が立ち上がり（1984年），ATR法を応用したSPR（surface plasmon resonance）センサーを開発し，1990年には製品化された．SPRセンサーは，今では世界中のバイオ研究者が頻繁に使用しているバイオセンサーになっている．

1974年にFleishmannらは，電気化学セルの中で酸化還元サイクルを繰り返し，粗くなった銀表面上に吸着したピリジン分子が，非常に強いラマン散乱光を示すことを報告した[10]．その後，そのようなラマン散乱は，通常の環境に置かれた分子のものよりも10^4〜10^6倍にも増強されていることが示され，表面増強ラマン散乱（surface-enhanced Raman scattering：SERS）とよばれ，現在まで研究が続いている．SERSは化学系，物理系の研究者の興味に火をつけ，1980年代に盛んに研究されたが，最初からラマン増強のメカニズムがはっきりしていたわけではなかった．物理系の研究者は，おもにSPP励起に伴う強い電場によりラマン信号が増強されるという表面プラズモン説を唱え，化学系の研究者は吸着分子と金属の間で電荷移動状態が形成され，それによる共鳴ラマン散乱が生じるといった電荷移動状態説を唱えて，学会や研究会であまたの討論が繰り返された．最終的には，表面プラズモン説が有力になって，一旦研究は終息するかに思われた．ところが，SERS研究の第2の波が1997年頃からやってきた．これは，Kneippら[11]やNieとEmory[12]によって，従来10^4〜10^6倍といわれていたラマン増

強度が 10^{10}～10^{12} にも達し，単分子のラマン散乱の観測が可能であるという，顕微分光による研究の結果が発表されたからである．それまでのSERSの測定は，いわゆるマクロ測定であり，微細構造の集合体についての平均的な情報しか得られていなかった．ところが，顕微分光技術の発展により，光の回折限界ぎりぎり，あるいは走査型近接場顕微鏡（scanning near-field optical microscope：SNOM）などを用いることによって，光の回折限界を超えて，ラマン測定を行うことができるようになった．その結果，ラマン散乱増強のホットスポット，すなわち著しく高い増強度を示す場所を特定できるようになった．ホットスポットとして，よく知られているのは，金属微粒子を二つ並べたとき（ダイマー）の間の空間であり，微粒子間の距離を近づけると，急激に電場増強度が増加することが理論計算により示されている．

1980年代の後半頃から，上述のような顕微分光技術が発展するのみならず，収束イオンビーム加工，電子線描画などのいわゆるナノ加工技術が急激に進展したため，さまざまな金属ナノ構造が作製され，光学的性質が研究されるようになった．そのような研究で大きく注目されたのは，Ebessenらによるナノ細孔配列を有する金属膜の光異常透過の観測である[13]．彼らは，200 nm程度の厚みの銀膜に，収束イオンビーム加工により，数百 nm程度の直径をもつ円筒状の細孔が 0.6～1.6 μm の間隔で周期的に並んだ構造を作製し，光の透過スペクトルを測定した．その結果，細孔の開口面積から予測されるよりはるかに高い透過率を示す光透過のピークを見いだした．周期構造の助けで励起される金属膜のSPPが，光異常透過に関与していることが，研究当初から指摘された．金属の回折格子をはじめとして，金属からなる周期構造は，誘電体で形成されるフォトニック結晶との類似性から，しばしばプラズモニック結晶とよばれ，多くの実験的・理論的研究の対象とされて，現在に至っている．

2000年以降，ナノ加工技術の急速な進歩に加え，有限要素法などの光学シミュレーション技術も発展し，金属ナノ構造の光学的性質（光散乱スペクトルや光電磁場分布など）も容易に計算できるようになってきた．そのようなことが相まって，にわかにプラズモニクス，メタマテリアル，ナノフォトニクスとよばれる分野が形成された．本書で詳しく紹介されているように，SPPに関連する研究は，広い学問分野にまたがって活発に展開されるようになり，現在に至っている．

2 表面プラズモンのその先に

2-1 表面プラズモン共鳴からFano共鳴へ

表面プラズモン研究で一つの大切なキーワードは，「結合」（あるいは「相互作用」）である．さまざまな金属ナノ構造では，その構造自体がもつ異なるSPPモード間の結合，SPモードとほかの物質（振動状態，電子状態）との結合が，さまざまな現象を生み出し，応用に結び付く．また，結合（相互作用）の強さによっても出現する現象は異なり，弱結合から強結合の領域まで多様な世界が広がる．

SPPモード間の結合によって生じるさまざまな現象のうち，とくに最近注目されているのは，プラズモニックナノ構造，メタマテリアルなどの光学スペクトルに現れるFano共鳴である[14]．Fano共鳴とは，非対称なスペクトル形状を示す共鳴のことである．Ugo Fanoは，1935年に，原子の光吸収で観測される非対称なスペクトルを量子力学的に解析した．彼は，非対称なスペクトル形状が，ブロードなエネルギー分布をもつ連続的な量子状態と，シャープな離散的量子状態が干渉することで生じることを示し，非対称なスペクトル形状を記述するFano関数を導いた[15]．彼の名前を冠するFano共鳴は，現在は量子力学的な系のみならず古典的な系も含めて，広範な物理系で出現することが知られており，結合した二つの調和振動子のモデルでも説明できることがわかっている．

金属ナノ構造のSPPは，もともと輻射的なモードであり，外界の電磁波（光）と直接結合することができ，光の散乱スペクトルや透過スペクトルで観測される．複合的なナノ構造（たとえば，金属ナノ粒子のオリゴマーや，金属ナノロッドの組み合わせ）では，複数のSPPモードが存在し，その中には，

光と直接強く結合し，輻射損失が大きくブロードな共鳴を示すBrightモードと，光とは直接結合せず輻射損失が小さい，シャープな共鳴を示すDarkモードが存在する．ナノ構造の中では，BrightモードとDarkモードは近接場相互作用により，結合している．このような結合系の光散乱スペクトルや透過スペクトルに，BrightモードとDarkモードの干渉に起因するFano共鳴が，しばしば観測されている．Fano共鳴は，単純なSPP共鳴よりはシャープで，より高いQ値が達成される．したがって，光センシングや増強分光に用いると，単純なSPP共鳴より高いパフォーマンスが得られる．

筆者らは最近，ナノ加工の必要がない，多層膜構造でも高いQ値をもつFano共鳴を実現できることを報告した[16,17]．図15-3(a)は，Fano共鳴を示す多層膜構造の一例であり，金属層及び誘電体層で構成されている[16]．この構造は，図15-3(b)のように，金属−誘電体界面に沿って伝搬する伝搬型のSPPと，誘電体3層系がもつ平面導波モードの間の結合を可能とする．スペクトルの観測は，全反射減衰（attenuated total reflection：ATR）法を用いるため，多層膜試料を高屈折プリズム底面に貼り付け，He−Neレーザーの反射光強度を，入射角の関数として測定することで行われた．図15-4(a)に，観測されたATRスペクトルを示す．入射角が55°付近でブロードな反射の落ち込みが見られ，シャープな非対称なスペクトル形状が重畳されている．図15-4(b)は，実験結果をFano関数でフィットしたもので，実験結果がFano関数でよく再現されていることがわかる．詳しい解析から，観測されたFano共鳴はブロードなSPPモードと，シャープな平面導波モードの干渉によって生じていることが結論づけられた．同様なFano共鳴は，すべての層を誘電体で構成したall-dielectric多層膜でも実現できる[17]．その場合には，ブロードな平面導波モードとシャープな平面導波モードを結合させることにより，Fano共鳴が達成される．筆者らの，all-dielectric多層膜構造では，Fano共鳴としては世界最高の$Q = 3,000$が達成されている．多層膜構造は作製が容易であり，安定な構造もあって，高いQ値をもつFano共鳴は，バイオセンシングや各種増強

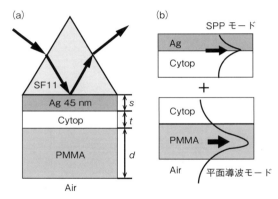

図15-3 金属−誘電体多層膜のATR配置(a)，SPPと平面導波モードの結合(b)

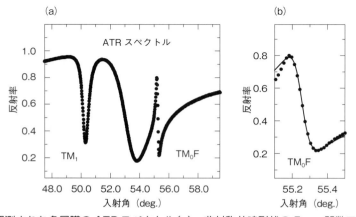

図15-4 観測された多層膜のATRスペクトル(a)，非対称共鳴形状のFano関数フィット(b)

分光への応用が有望視される．

2-2　金属ナノ構造を超えて

もともと金属は，ジュール損失を伴う物質である．金属中の自由電子の運動は，格子振動や不純物による散乱などの影響により妨げられ，SPPも減衰を受ける．金属での大きいジュール損失が，SPP共鳴線の幅を広げ，高いQ値を得るのを困難にし，また電場増強度を小さくしている．このような金属のSPPの限界を克服し，損失の低い物質系でSPPと同様の効果を得ようとする研究が，近年盛んになっている．一つの方向性は，半導体に不純物を高濃度でドープして自由電子を多く発生させ，その自由電子によるSPPを金属と同じように発現させ，応用しようというものである．もう一つは，Siなどの高屈折率をもつ誘電体粒子のMie共鳴を利用しようというものである．もともと，球形金属微粒のSPPは，Mie共鳴のうちの横磁場(TM)モードに相当し，低次のモードから電気双極子，電気4重極子，といったように電気多重極子と見なすことができる．それに対して，誘電体球粒子は，TMモードのみならず，横電場(TE)モードも示し，TEモードは磁気多重極子と見なすことができる．比較的大きい数百nm程度のSi球粒子は，電気双極子，磁気双極子の共鳴を可視光領域に示し，これらを励起すると，SPPと同等あるいはそれ以上の電場増強効果を示す[18]．

このような研究成果を踏まえ，従来の金属を使用していたプラズモニックナノ構造をall-dielectricナノ構造に置き換え，プラズモニックナノ構造と同等の，あるいはプラズモニックナノ構造では実現されない新しい現象を見いだそうとする研究が，近年非常に盛んに行われている[19]．筆者らは，SPP励起によるSERSの研究が世界中で繰り広げられた1980年代に，高効率誘電体のナノ構造によるSERSをすでに見いだしている．実際，GaP粒子層に吸着した銅フタロシアニン分子のラマン散乱が，700倍程度増強することを1988年に報告した[20]．またその後，蛍光増強も可能なことを，GaP粒子層の上のRhodamine BやDCM分子について実証し，金属では問題になる，蛍光のクエンチングが抑制されることも示した[21]．今後もますます，このような金属のSPPを超えた研究が，発展するものと予想される．

2-3　プラズモニクスからポラリトニクスへ

1-1節で述べたように，固体にはSPPに限らず，表面フォノンポラリトン，表面エキシトンポラリトンなどが存在する．表面フォノンポラリトンの光学応答は，中赤外から遠赤外(テラヘルツ)領域に見られるが，本質的にはSPPの光学応答と同じ特性を示す．SiC結晶の表面フォノンポラリトンを用いて，金属のSPPと同じ働きを生み出す研究は，2000年頃からすでに，Hillenbrandらによって始められている[22]．表面エキシトンポラリトンも，原理的には金属のSPPと同じ特性を生み出す．したがって，SPPを使ったプラズモニクスにとどまらず，種々の表面ポラリトンを総合的に使うことによって，テラヘルツ領域から紫外域までの広い波長領域で，**ポラリトニクス**を展開し**ポラリトニックデバイス**を開発することが可能である．世界では，このような方向での研究がすでに開始されている．

まとめと今後の展望

2000年以前のSPPに関する研究は，未知の現象や，常識では考えられない現象がまず見つかり，その現象を説明し理解する過程で，SPPの本質が次第に明らかになるというものがほとんどであった．したがって，応用というよりも，SPPの基礎的な理解に主眼が置かれていた．ところが，2000年以降，ナノ加工技術および光学シミュレーション技術の進展により，まずは研究対象となる金属ナノ構造を設計し，光学特性もある程度以上予測してから取りかかるといった研究が主流となっている．SPPの応用研究が格段に進歩したのは間違いない．ただし，応用面を強調するあまり，新しい現象や新しい原理の発見が少なくなっていることは否めない．今後，未知の現象の発見やその解明を通じて学問的なロマンを追い求め，表面プラズモンを超えた新しいパラダイムを構築していただくことを，とくに若い研究者に期待したい．

◆ 文　献 ◆

[1] 林　真至, 隅山兼治, 保田英洋, 『ナノ粒子―物性の基礎と応用―』, 近代科学社 (2013).
[2] S. Hayashi, T. Okamoto, *J. Phys. D: Appl. Phys.*, **45**, 433001 (2012).
[3] G. Mie, *Annal. Phys.*, **25**, 377 (1908).
[4] J. C. Maxwell-Garnett, Philos. Trans. R. Soc. Lond. A, **203**, 385 (1904).
[5] R. W. Wood, *Phil. Mag.*, **4**, 396 (1902).
[6] (a) D. Bohm, D. Pines, *Phys. Rev.*, **82**, 625 (1951); (b) **85**, 338 (1952); (c) **92**, 609 (1953).
[7] C. J. Powell, J. B. Swan, *Phys. Rev.*, **115**, 869 (1959).
[8] E. Kretschmann, H. Raether, *Z. Naturforsch.*, **A23**, 2135 (1968).
[9] A. Otto, *Z. Physik.*, **216**, 398 (1968).
[10] M. Fleischmann, P. J. Hendra, A. J. McQuillan, *Chem. Phys. Lett.*, **26**, 123 (1974).
[11] K. Kneipp, Y. Wang, H. Kneipp, L. T. Perelman, I. Itzkan, R. R. Dasari, M. S. Feld, *Phys. Rev. Lett.*, **78**, 1667 (1997).
[12] S. Nie, S. R. Emory, *Science*, **275**, 1102 (1997).
[13] T. W. Ebbesen, H. J. Lezec, H. F. Ghaemi, T. Thio, P. A. Wolff, *Nature*, **391**, 667 (1998).
[14] "Fano Resonances in Optics and Microwaves (Springer Series in Optical Science 219)," ed. by E. Kamenetskii, A. Sadreev, A. Miroshnichenko, Springer (2018).
[15] (a) U. Fano, *Il Nuovo Cimento*, **12**, 154 (1935); (b) *Phys. Rev.*, **124**, 1866 (1961).
[16] S. Hayashi, D. V. Nesterenko, A. Rahmouni, Z. Sekkat, *Appl. Phys. Lett.*, **108**, 051101 (2016).
[17] B. Kang, M. Fujii, D. V. Nesterenko, Z. Sekkat, S. Hayashi, *J. Opt.*, **20**, 125003 (2018).
[18] A. I. Kuznetsov, A. E. Miroshnichenko, M. L. Brongersma, Y. S. Kivshar, B. Luk'yanchuk, *Science*, **354**, aag2472 (2016).
[19] M. Decker, I. Staude, *J. Opt.*, **18**, 103001 (2016).
[20] S. Hayashi, R. Koh, Y. Ichiyama, K. Yamamoto, *Phys. Rev. Lett.*, **60**, 1085 (1988).
[21] S. Hayashi, Y. Takeuchi, S. Hayashi, M. Fujii, *Chem. Phys. Lett.*, **480**, 100 (2009).
[22] R. Hillenbrand, T. Taubner, F. Keilmann, *Nature*, **418**, 159 (2002).

Chap 16

表面力測定：マクロとナノからみる相互作用

Surface Forces Measurement: Interactions of Macro and Nano-scale

栗原　和枝

（東北大学未来科学技術共同研究センター）

Overview

物体間の相互作用は，おなじ液体と固体の組み合わせでも，マクロなスケールか，分子スケールかで，起源が異なる．たとえば親水性固体表面の間に水滴を挟むと表面に水は広がっていくために表面間には引力が働き，表面の間隔は狭まる．しかし，もっと表面の間隔を狭めると，電気二重層斥力となり，さらに表面に近づけるとしばしば水和斥力が出現する．同様に疎水表面の間に水滴を挟むと，表面間を近づけるのは難しく斥力が働き，より近くでは引力となる．分子から固体表面への相互作用の違いを具体的に明らかにすることは，ナノからマクロへの粒子集積や，またデバイスのマクロからナノへの微細化において重要であり，表面力測定による解明が期待される．

▲共振ずり測定装置の試料部

■ **KEYWORD** 📖マークは用語解説参照

- ■メムス（micro electro mechanical systems：MEMS）
- ■表面力装置（surface forces apparatus：SFA）
- ■ツインパス型表面力装置（Twin-path SFA）
- ■等色次数干渉縞（fringes of equal chromatic order：FECO）
- ■共振ずり測定法（resonance shear measurement：RSM）

はじめに

本書の主な読者である化学の専門家にとって，疎水相互作用は引力であることはよく知られている．疎水分子は水との親和性がない．したがって石けんのような界面活性剤（親水基とアルキル基のような疎水基からなる分子）は，水中では疎水鎖が集合しやすく，外側に親水基を向けたミセルや二分子膜のような集合構造をとる．石けん分子のつくるミセルのような集合体には，油性の油汚れも取り込まれ，汚れが落ちる．

ところが微小機械を製作するMEMS（micro electro mechanical systems）の世界のもつイメージは大きく異なるようである．同分野の総説[1]によれば，水を挟む疎水表面間には斥力が，親水表面間には引力が作用するとあり，言葉のみでは混乱する．また，液体の粘度のように空間サイズがマクロからナノスケールになると，値が大きく変わる現象もある．本章では，このようなギャップを埋めるための手段として，ナノとマクロをつなぐ表面力測定の可能性について述べる．

1 表面力測定

表面力装置（surface forces apparatus：SFA）は，ばねばかりの原理により，固体表面間の相互作用の距離依存性（相互作用ポテンシャル）を測定する装置である（距離分解能 0.1 nm，力分解能 10 nN）（図16-1）．一般的には，厚さ数 μm の平滑な透明基板（通常は雲母あるいはその表面を修飾したものが用いられる）の裏面に銀を蒸着したものを表面基板とする．これを円柱形の石英レンズにエポキシ樹脂を用いて接着し，二つの表面を円柱が直交するように配置する．下部より入射した白色光が，銀表面間を多重反射して現れる干渉縞（等色次数干渉縞，fringes of equal chromatic order：FECO）を用いて（図16-2），表面間距離を決定する．

現在は，原子間力顕微鏡法，内部全反射法や光ピンセット法などのさまざまな方法が相互作用測定に使用されているが，SFAを用いる手法は精度と感度において，依然として優位性がある．雲母を用いるFECO法は，精度や表面の形状の観測ができるなどのさまざまなメリットがある一方，操作の難しさが測定の普及を難しくしていると考えられ，また，測定対象も限定されていた．筆者らは，測定対象の拡大をめざし，不透明試料用の唯一の装置としてツインパス型SFA（図16-1）を開発[2]するとともに，透明基板についてもシリカをスパッタリングにより石英レンズ上に製膜する平滑表面の調製法を開発するなど，広範な装置づくりと測定法の開発を行って

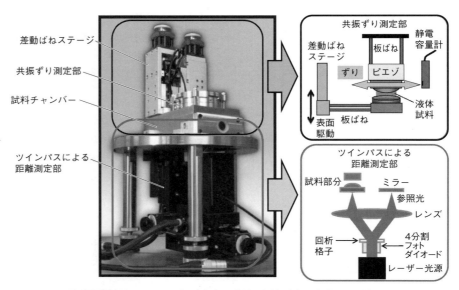

図16-1 不透明試料用のツインパス（改良二光波干渉）型表面力装置と共振ずり測定装置

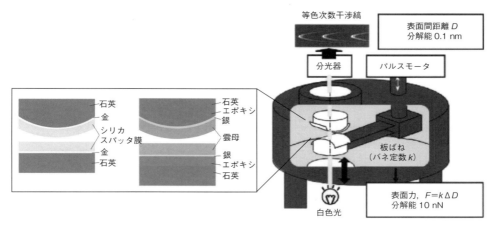

図 16-2 従来型表面力装置と試料基板

いる．また，表面を横方向にずって，その応答を調べるずり測定に対しても，感度と測定の容易さに優れる共振ずり測定法(resonance shear measurement：RSM)を開発している[3,4]．これらの新規装置・手法の開発，そして対象の拡大により，表面力測定の物質科学の汎用手法としての確立を目指して研究を進めている．

2 マクロとナノの相互作用

マクロから表面間の水の挙動を見てみよう．疎水的な表面の間に水滴を挟むと，水滴は丸まり広がらないので，表面の間の距離を狭めるには抵抗があり，斥力が働く．また，ガラスのような親水性の表面に水を挟むと，水はガラスを濡らし広がっていく．すなわち間隔が狭まるので，引力が働くといえる(図16-3)．これらは表面への水の濡れと表面張力の働きでありラプラス圧とよばれ，これらの力を使って，水滴が動くデバイスなども開発されている[1]．

一方，水中では親水表面は電荷をもつ．表面力装置で親水表面間の水中の相互作用を測定すると，表面間の距離がナノレベルになると，電荷をもつ表面の間に働く電気二重層力が見られ，同じ表面同士の相互作用の場合には斥力となる．また，さらに近づけると表面付近の構造化した水による水和斥力が見られる[図 16-4(a)][5]．この場合，マクロなスケールで表面間に液滴を挟む場合と，液体を挟んだ表面の間隔をさらにナノメートルスケールまで狭めようとする場合では，現れる力が引力か斥力か，またその起源も異なることになる．

疎水表面について測定してみると，疎水表面の水は不安定であり，引力が働き，表面は接着する[図 16-3(b)][6]．これも表面張力による成分があると考えられるが，分子サイズの距離における分子レベルの解釈を入れると，疎水性分子の周りの水の水素結合ネットワークを壊さないように，疎水性分子は会合しやすいと考えられており，そのようなメカニズムの寄与も考慮する必要があろう．実際，疎水表面にはファンデルワールス力として予想されるよりはるかに長距離から引力が出現することが知られているが，その素性に対してはいくつかの説が混在する状況である[7]．

このように同じ表面，同じ液体を用いても，材料やデバイスのスケールにより考慮すべき相互作用が変化することは，材料のスケールを大きなところから小さくするとき，また，マクロな機械からメゾ，ナノとデバイスのサイズを小さくするときの相互作用の理解が必ずしも単純でなく，難しいことを示している．疎水表面の相互作用は引力というような，

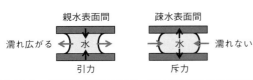

図 16-3 巨視的な相互作用：親水表面間ならびに疎水表面間の水滴

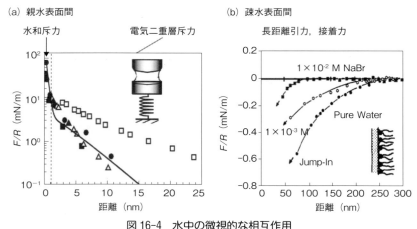

図 16-4 水中の微視的な相互作用
(a) 親水雲母表面間の電気二重層斥力と水和斥力, (b) 疎水表面間の引力と接着力.

簡単な表現では解釈できず,具体的な状況を考えながら,起源を考察する必要がある.材料の設計や現象解明に対し,一つの学術領域の考え方では,統一的に扱えない場合も多いと考えられる.一般的にいえば,これは,ナノテクノロジー・ナノサイエンスで得た知見をマクロな対象に適用する場合の課題であり,また,マクロなデバイスのナノ化の課題でもある.

③ 閉じ込め空間の液体の構造化と粘性変化

実際にナノとマクロな挙動の違いが良くわかってきている例として,ナノ空間に閉じ込められた液体の粘度の例が挙げられよう.液体がナノメートルレベルの空間に閉じ込められると,その性質がバルクとは大きく変わることがわかっている.

共振ずり測定法 (RSM) を用いると,表面間に挟んだ液膜の実効粘度を,表面間の距離 D(液膜の厚み)を変えて測定できる.バルク粘度の異なる 4 種類のフェニルエーテル系の潤滑油(図 16-5)を調べた.その時の粘性パラメータ b_2 (Ns/m) の距離に対するプロットを図 16-6(a) に示す[8].粘性パラメータ b_2 は,粘性率 η と $b_2 = \eta A/D$ (A:せん断面積) の関係にあり,粘度 η (Pa·s) と比較が行える物理量である. $D > 100$ nm において b_2 はバルク粘度と良い対応を示した.距離減少に伴い,MADE と DADE は $D <$ ca. 20 nm で, m-4P2E と m-5P4E は $D <$ ca.

10 nm で粘性パラメータ b_2 が増大し,$D < 2 \sim 3$ nm での b_2 値は MADE > DADE > m-4P2E ≈ m-5P4E となり,バルクの大小関係とほぼ逆転した.とくに低粘度の MADE は,表面間から完全に排出されずに,0.4 ± 0.2 nm の厚さとして残るが,その粘性 b_2 は他の潤滑油の閉じ込め状態より 1 桁以上高く,ほぼ潤滑性を失うということがわかった.

このような結果が,実際にマクロな測定とどのように対応するのかは興味のあるところである.マクロな摩擦との対応を調べるため,ボールオンディスク摩擦試験機を用いて,MADE,m-5P4E のストライベック線図を荷重 8 N で滑り速度を変えて測

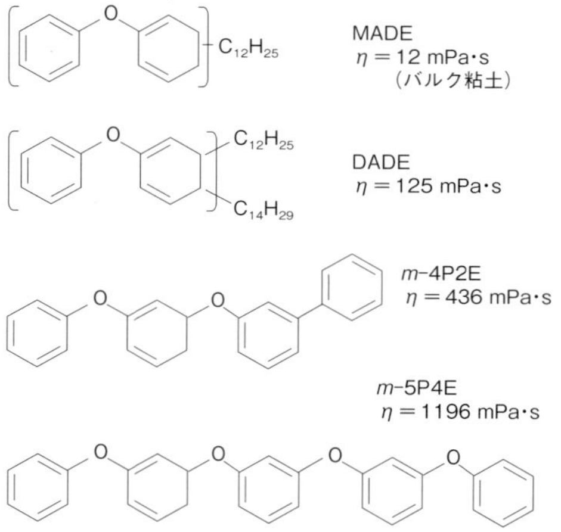

図 16-5 フェニルエーテル系潤滑油の化学構造とバルク粘度

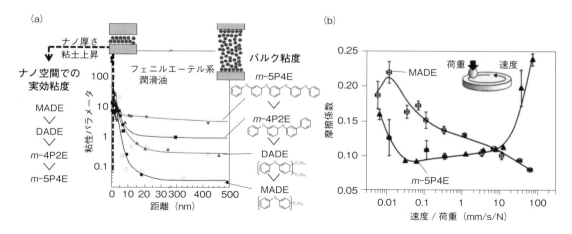

図 16-6 共振ずり測定によるフェニルエーテル系潤滑油の粘度の液膜厚さ依存性(a)とマクロ摩擦試験によるストライベック線図(b)

定した〔図 16-6(b)〕。高滑り速度条件（速度/荷重＞10 mm/s/N）では，バルク粘度に対応して MADE が低摩擦係数を m-5P4E が高摩擦係数を示しており，流体潤滑に対応していると考えられる。低滑り速度（速度/荷重＜10 mm/s/N）では，MADE の摩擦係数が高くなっており，RSM と同様にバルク粘度の大小と逆転した。低滑り速度では，液膜が薄くなり，表面の突起部間の nm レベルの厚みの液膜の粘度の寄与が支配的になるため，nm 厚みで高粘度を示す MADE の摩擦係数が高くなったと考えられる[9]。

以上の結果より，RSM による評価はマクロな系の摩擦と，流体潤滑から境界潤滑までよく対応し，RSM による評価がマクロな摩擦系ならびに潤滑油の挙動の理解に非常に有効と考えられる。低粘度の潤滑油は，流体潤滑領域での摩擦を低減しエネルギー効率を上げるが，従来は境界潤滑低減で高摩擦や焼き付きが起こり，問題があるとされていた。本研究により，この現象が，従来考えられているような油の排出（油切れ）ではなく，潤滑油が固体のように固まって潤滑性を失うことで起こる，という可能性が示された。新しい設計指針の提案が待たれるところである。

4 まとめと今後の展望

本章では，同じ表面，同じ液体を用いても，材料やデバイスのスケールにより考慮すべき相互作用が変化することを見てきた。1分子の相互作用から，集合系，そしてナノサイズからメゾ，マクロまでのスケールにおいて，どのように実効的な相互作用が働くかについては，未知のところが多く，科学的にも，また微細化が進む技術のうえでも多くの挑戦が残されている。本号で扱う，光圧による分子や粒子操作にも通じる課題といえよう。距離を変えて精度良く相互作用を評価する表面力測定は，その解明と制御のための強力なツールとなると考えている。

◆ 文 献 ◆

[1] 鈴木健司，精密工学会誌，74, 901 (2008).
[2] H. Kawai, H. Sakuma, M. Mizukami, T. Abe, Y. Fukao, H. Tajima, K. Kurihara, *Rev. Sci. Instrum.*, 79, 043701 (2008).
[3] K. Kurihara, *Langmuir*, 32, 12290 (2016).
[4] K. Kurihara, *Pure and Applied Chemistry*, 91, in press (2019).
[5] H. Sakuma, K. Otsuki, K. Kurihara, *Phys. Rev. Lett.*, 96, 046104 (2006).
[6] K. Kurihara, T. Kunitake, *J. Am. Chem. Soc.*, 114, 10927 (1992).
[7] H. K. Christenson, P. M. Claesson, *Adv. Coll. Interface Sci.*, 91, 391 (2001).
[8] J. Watanabe, M. Mizukami, K. Kurihara, *Tribol. Lett.*, 56, 501 (2014).
[9] 水上雅史，粕谷素洋，栗原和枝，潤滑経済，205 (2016).

chap 17

ナノ構造体による新しい光吸収プロセスの開拓と利用

Creation of Novel Excited Electronic States via Strong Light-Matter Interaction in Nanoscale

南本 大穂　李 笑瑋　村越 敬
(北海道大学大学院理学研究院)

Overview

　これまでの章で示されたように，金属ナノ構造存在下にて光が特有の振る舞いをすることが見いだされ，さらにその近傍の分子やナノ物質が特異な吸収，発光，化学反応性を示すことがわかってきた．また最近では，ナノ領域において物質に誘起される光圧も熱揺動を越える摂動として，物質の運動制御に利用可能となることが示されている．いずれの現象も，ナノ領域特有の光の吸収プロセスが重要な役割を果たす．光吸収の起因となる物質内の電子遷移過程は，局在表面プラズモンとナノ物質の電子系との相互作用によって変調する．これはすなわちナノ構造とターゲット物質の組み合わせで，光の吸収作用が自在に制御可能となることを意味する．最新の研究では，従来の光学的・電子的な物性予測から逸脱する現象と機能が発現することが示されるようになってきた．本章では，光とナノ構造の強い相互作用の結果生ずるユニークな現象を紹介し，将来の技術発展の可能性を議論する．

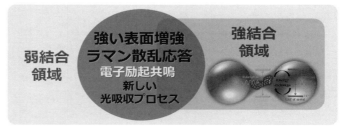

▲局在表面プラズモンとナノ物質の電子系との相互作用

■ KEYWORD 📖マークは用語解説参照

- ■表面増強ラマン散乱(surface enhanced Raman scattering)
- ■強結合(strong coupling)
- ■光学選択則(optical selection rule)
- ■量子サイズ効果(quantum size effect)
- ■光起電力(photovoltaic device)

はじめに

　金属ナノ構造は，その金属の種類，構造異方性に起因する特有の局在表面プラズモン共鳴（LSPR）のモードをもつ．このモードが分子やナノ構造の電子系と強く相互作用することにより，物質それぞれ単体がもつ光学的・電子的特性が変調することが知られている．その現象は，とくに系に光照射した際に顕在化する．分子と金属ナノ構造の局在表面プラズモン（LSP）との相互作用が初めて実験的に確認されたのは，1974年に報告されたAg電極表面上での有機小分子のラマン散乱強度の異常増強現象である[1]．この実験的発見を端緒として，20世紀初頭より進展してきた表面プラズモン関係の研究が，物理的な光学的特性の探究から局所場における電磁場と物質の電子系との相互作用の研究へと一段階前進することとなった[2~4]．先のラマン散乱の増強現象は，表面増強ラマン（surface-enhanced Raman scattering：SERS）といわれ，その歴史と原理，最新の研究動向については第7章に詳述されているが，本章ではSERSにおいて観測される一見奇妙な振る舞いに焦点を当て，まだ十分理解されていない現象を通じてナノ光局所場において発現する光吸収プロセスの実体について考え，そしてその利用の可能性を議論したい．

1 局在表面プラズモンと物質の電子系の相互作用によって新たに生ずる光吸収

　SERSについては超高感度物質検出技術としての期待から活発な研究が行われており，最近では1分子観測どころか，ラマン散乱強度の分子内空間分布が原子レベルで明らかにされている[5]．しかし，実験系を考慮すると，観測結果に奇妙な特徴があることに気がつく．分析化学的な少数分子のSERS計測はしばしば水環境中で行われるが，その際に，ターゲット分子の明瞭なラマン散乱振動スペクトルが1分子レベルにて非常に高感度に観測されているにもかかわらず，その分子より明らかに多量にあるはずの水分子のスペクトルが一切観測されない．この特異な分子選択性は，SERSが金属ナノ構造表面近傍におけるLSPの電場局在によって誘起されるという単純なモデルでは説明できない．ナノ構造近傍の電場強度は，第8章，第15章に紹介されているように，ナノ構造の材質，形状，周囲の媒体の誘電率，照射光の波長，強度によって計算可能である．したがって，すでに明らかとなっている分子それぞれの通常のラマン散乱断面積を用いれば，金属ナノ構造近傍の分子からのラマン散乱強度は本来，定量的に見積もることができるはずである[6]．しかし，先の水分子の例にも見られるようにSERSにおいては，通常のラマン散乱計測では同等の散乱断面積をもつ複数の分子が混合している系においても特定の分子のみが非常に強く観測されるなど，分子単体のラマン散乱断面積のみからは説明できない分子選択性が発現する．

　この原因の一つとして提案されていることが，ナノ構造表面に吸着した分子の電子軌道と金属のフェルミ準位間の光吸収を伴う電荷移動共鳴である[7~9]．ラマン励起光のエネルギーがフェルミ準位と吸着分子の非占有電子軌道のポテンシャルエネルギー差と一致する場合，金属から分子への電荷移動を伴う電子の光励起が誘起され，共鳴ラマン効果によってラマン散乱強度が増大する．この共鳴励起は，分子の占有準位から金属への非占有準位への励起によっても誘起されると考えられており，これらを総称してSERSの電荷移動効果〔charge transfer（CT）effect〕，もしくは分子が関与することから化学効果（chemical effect）といわれている〔図17-1(a)〕．SERSの増強機構においては，局在表面プラズモンの空間局在による電磁場効果〔electromagnetic（EM）effect〕に加えてこのCT効果が寄与することによって，分子選択性が発現すると考えられている．このCT効果の妥当性は，強いSERS活性を示す分子系のラマン散乱強度が金属ナノ構造の電気化学電位依存性を示すことから支持される[7]．金属ナノ構造を電極としてSERS強度の電気化学電位依存性を計測すると，特定の電位においてSERS強度が極大値を示す〔図17-1(b)〕．またこの極大値を示す電位 $\phi_{electrode}$ は，励起光の振動数 ν と以下の関係となる〔図17-1(c)〕．

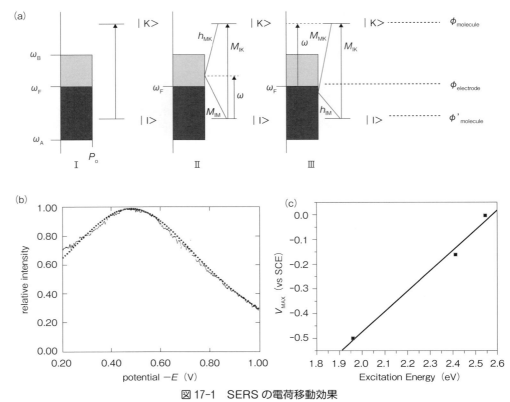

図 17-1 SERS の電荷移動効果
(a) 金属のフェルミ準位と分子軌道のエネルギーダイアグラム，I. 相互作用なし，II. 分子から金属への CT，III. 金属から分子への CT．(b) SERS 強度の電気化学電位依存性．(c) SERS 強度が極大を示す電気化学電位のラマン励起光のエネルギー依存性．〔文献[9]から許諾を得て転載．© 1986 American Chemical Society〕

$$|\phi_{molecule} - \phi_{electrode}| = \frac{h\nu}{e} \quad (1)$$

なお，ここで $\phi_{molecule}$ は分子の占有軌道あるいは非占有軌道の電気化学電位，e ならびに h は電気素量とプランク定数である．これらは電気化学電位の掃引によってフェルミ準位のポテンシャルエネルギーが変調され，ラマン励起光のエネルギーが $\phi_{electrode}$ と $\phi_{molecule}$ の差と一致した際に CT 効果が発現すると理解されている．先に述べた通常の条件では，SERS 不活性な水分子についても電極電位を高エネルギー（負側の電気化学電位）にすることによってラマン散乱が観測されることが知られており，これも CT 効果に起因すると考えられている[10]．以上より，とくに強い SERS が観測される系については，ラマン励起光によって実効的な電子励起が誘起される光吸収が重要な役割を果たすことがわかる．

2 分子サイズのナノ領域での光吸収現象がもたらす効果

SERS による分子観測においては，非常に特徴的な空間局在性が発現する．この局在性にも，金属ナノ構造に起因する EM 効果だけではなく，分子と金属ナノ構造表面との相互作用によって生ずる CT 効果が重要な役割を果たす．たとえば，固液界面にて吸着量を厳密に規定した複数分子を対象に SERS 計測を行うと，吸着表面での分子間距離が非常に近接しているもかかわらず，複数分子のいずれか一方のみが選択的に観測される〔図17-2(a)〕[11]．これは単純な EM 理論から予測される数十 nm 程度の電場局在サイズよりはるかに小さな単分子レベルの空間において，SERS が発現することを示している．この起因としては，EM 効果による電場の局在と分子と金属表面との相互作用による CT 効果が，相乗的

に作用する機構が考えられる．SERS における 1 分子観測は，このような分子選択的な空間局在が，光の摂動を集約することによって発現していると考えられる．

この空間的に局在した光電場において，分子がどのような特徴的な電子励起分極を誘起しているかを，SERS は分光法として重要な情報を与えてくれる．ラマン散乱の選択性は分子の振動モードの対称性によって記述される．通常のラマン散乱においては，入射光の分極方位と分子の配置を規定することよって，観測される振動モードが決定される[12]．Mechanically Break Junction(MCBJ)法を用いて電気伝導度計測に基づき，金属ナノ構造での 1 分子架橋を担保した条件下にて SERS 計測を行うと，通常のラマン散乱では観測されない振動モードが非常に強い強度で観測された〔図 17-2(b)〕[13]．通常のラマン分光では，全対称振動が主なモードとして観測される．しかし，1 分子の伝導度を SERS と同時に計測し，観測される伝導度とラマンモードとの相関を検証すると，高い電子伝導度をもつ 1 分子架橋構造において，通常非常に微弱な散乱しか与えない非対角項テンソル成分を含む非全対称振動モードが，全対称モードに比べて一桁近く強く観測されることが明らかとなった〔図 17-2(c)〕．これは，架橋構造部

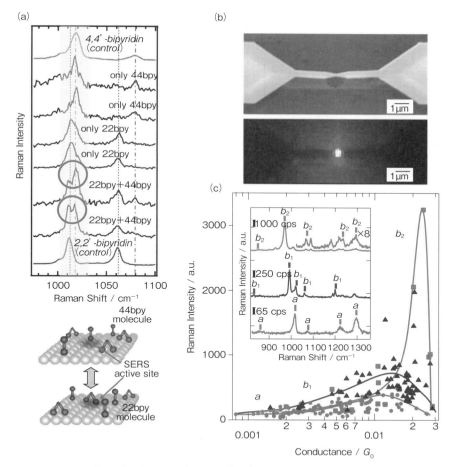

図 17-2　SERS における 1 分子観測［カラー口絵参照］
(a)bi-analyte 混合分子系で観測される SERS スペクトルと 1 分子検出の模式図．(b)1 分子架橋構造の SEM 写真とラマンイメージング像．(c)全対称振動 a，非全対称振動 b_1，非全対象振動 b_2 モードのラマン強度の 1 分子電子伝導度に対する依存性（文献[13]から許諾を得て転載．© 2013 American Chemical Society）．

分で特定の配向をもつ分子が金属表面と強く相互作用し，その結果，1分子電子伝導度が上昇すると同時に効率的なCT効果が発現し，強いSERS応答を示すようになったためと考えられる．さらに加えて非全対称振動モードの異常増強は，CT効果による付加的な光吸収が，局在光電場とは直交した電子励起分極を誘起していることを示唆する．これは，分子サイズの光吸収において，これまでとはまったく異なる分子の電子励起プロセスが発現することを示している．このように，SERS計測から分子サイズのナノ領域での光吸収場においては，通常の光照射では励起が困難な電子遷移が可能となることがわ

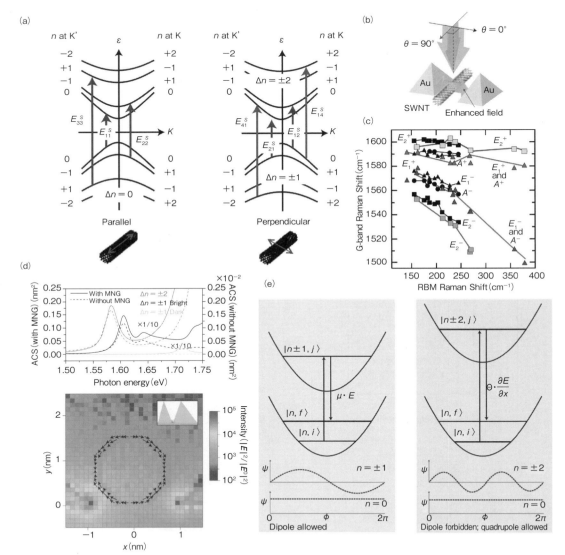

図17-3　ナノ領域に特有の新しい光学選択則の発見

(a) SWNTにおける許容遷移(E_{nn}, $\Delta n = 0, \pm 1$)と禁制遷移(E_{nn}, $\Delta n = \pm 2$). (b) Auナノ構造二量体による単一SWNTのラマン散乱観測の模式図. (c) 単一SWNTを証明するGバンドのカイラリティ依存性. (d) 理論計算で得られた単一SWNTにてLSP励起によって禁制四重極分極が許容となった際の吸収スペクトルならびに電場強度の空間分布. (e) 共鳴ラマン散乱過程で重要な均一場(左)ならびに勾配がある場(右)での電子遷移過程. (文献[14]ならびに同誌の「News and Views」から許諾を得て転載. © 2013 Springer Nature)

2-1 ナノ領域に特有の新しい光学選択則の発現

このナノ領域特有の電子遷移過程について検証を行った．通常の光による分子の電子励起は，分子に比べて非常に波長の長い光が分子全体を均等に分極することが前提の光学選択則によって記述される．しかし，光分極が分子サイズやそれより小さい空間領域で誘起される場合，従来の光学選択則は破綻することになる．この実験的検証は一般的に困難とされていたが，Auの二量体構造のナノギャップに単層カーボンナノチューブ（SWNT）を担持し，SERS計測をすることによってその特徴が明らかとなった．SWNTはその直径やカイラリティ（ねじれ加減）によって幾何構造と電子状態が厳密に規定されており，どのようなエネルギーの光を吸収し，電子励起が誘起されるかは，既存の光学選択則で明確に帰属される〔図17-3(a)〕．実際，励起光のエネルギーを規定すると，その選択則に従った光励起が可能な構造のSWNTのみが共鳴ラマンによって選択的にSERS観測される．ところがAuの二量体構造のナノギャップに担持されたSWNTについては，従来の選択則から予測される構造とは異なるSWNTが観測された〔図17-3(b, c)〕[14]．すなわち，SERS観測の際に用いた励起光を通常まったく吸収しないはずのSWNTがSERS観測可能となった．この現象について，ナノチューブの多様な幾何構造や電子構造，光の波長，金ナノ微粒子対の間隙における配置方位を正確に取り扱うために，新たに開発した理論計算手法を用いて，照射光が局在表面プラズモンに変換されナノチューブに吸収される様子を解析し，ラマン散乱光がどのような条件で強く観測できるかを検討した．その結果，今回の実験ではAuの二量体構造のナノギャップにおいて誘起された局在表面プラズモンによって，直径約1 nmのSWNTのごく一部が局所的に分極されたために光学選択則が破れ，通常は起こらない光吸収が起こることが，理論的に示された〔図17-3(d)〕．これは，LSPによってナノ領域に非常に大きな電場の強度勾配が生じ，その結果，電子励起過程にまったく新しい光学選択則が発現することを示している〔図17-3(e)〕．この原理を利用すれば，ナノ領域では物質の光吸収能を自在に制御する技術が創出可能となる．

3 局在表面プラズモンと分子励起子の強い相互作用の自在制御

以上の光学選択則の変調に加えて，ナノ領域の物質の光吸収能が変調される現象として，光と物質の電子系との強い相互作用によって誘起される，強結合状態形成がある．これは近接したエネルギーをもつ光と分子励起子の電子系が強く相互作用することによってエネルギー交換が誘起され，光と電子系が一体化した状態を取ることに起因する[15]．この強結合状態形成によって系の光吸収帯が広帯域化する．金属ナノ構造のLSPと色素分子の励起子においても強結合状態形成によって，系が本来もつ光吸収波長に対して長波長側と短波長側に新たな吸収帯が現れる[16]．この吸収帯のエネルギー分裂幅をラビ分裂エネルギーといい，エネルギーの近接度，局在表面プラズモンの空間局在性，また色素分子の振動子強度，分子数に依存して変化する．この現象は，物質系のもつ本来の光吸収能を自在に制御する手法としてのみならず，強結合状態にある複数分子の電子系が光を介して量子相関をもつようになるため，長距離のエネルギー移動が可能になるなどの特徴から，光励起状態のマネージメント手法としても近年注目されている．

ラビ分裂エネルギーは系の結合強度に指標を与える．一般的にラビ分裂エネルギーから得られるラビ振動数Ωに対する光の振動数ω_0の比，Ω/ω_0を用いて議論されるが，これまでの理論，実験的検証によって$\Omega/\omega_0 > 10^{-2}$を越えると結合系の自然放出速度が速くなり，蛍光強度が増大するなどの興味深い物性が発現することがわかっている．一方，結合が非常に強い$\Omega/\omega_0 > 1$となる超強結合領域では，エネルギー量子の非協調的な特性の発現により蛍光増大が失活することなどが，理論で予測されている[17]．実験的にはこの抑制が生じ始める$\Omega/\omega_0 < 0.2$程度の領域における結合性の制御が重要である．強結合系の能動的な結合強度制御は，先の結合強度の支配因子のうち，金属ナノ構造の局在表面プラズ

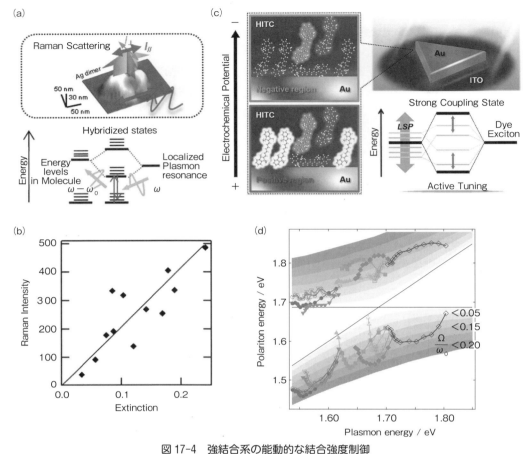

図 17-4　強結合系の能動的な結合強度制御
(a)強結合系のラマン散乱過程の概念図．(b)強結合系における SERS 強度の消光度依存性．(c)電気化学電位による強結合系の結合強度制御の概念図．(d)電気化学電位制御下におけるラビ分裂スペクトルの上肢，下肢エネルギーの LSP エネルギー依存性（文献[18]から許諾を得て転載．© 2018 American Chemical Society）．

モンエネルギーと励起子を発生する分子数を制御することが効果的である．前者は金属中の電子密度を変調することによって，後者は分子の酸化還元状態を変化させることによって可逆的に制御可能となる（図 17-4）[18]．筆者らは，強結合系の電気化学電位を制御することによってこの両因子を変調し，結合強度が自在に制御可能となることを明らかにした．電気化学電位を Ag/AgCl 参照電極に対し，0.1 V から −0.8 V の電位領域で制御することによって，結合強度が $0.05 < \Omega/\omega_0 < 0.2$ の領域にて自在に規定できることを示した．興味深いことに結合強度の変調には先の両因子に加えて，電極電位の変調に伴い，局在表面プラズモンの空間局在性が寄与することが示唆された．これは，ナノ領域における強結合状態制御のための重要な知見である．強結合系は，系の光吸収，散乱，発光などの光学特性と励起状態にある分子間の相互が変調され，その結果，従来より低いエネルギーの光子で系を励起したり，長距離のエネルギー移動を誘起することが可能となる．より精妙な結合状態の制御が実現すれば，物質のエネルギー状態制御に新たな自由度をもたらすことが期待される．

4　ナノ領域の光吸収がもたらす新たな機能
4-1　光起電力の向上

以上に示したナノ領域の光吸収能の変調によって，

従来の物質設計や照射光の制御では達成できない物質の励起状態が形成される．2-1項のSWNTの新しい光学選択則に従う励起では，従来の励起と比べてより高いポテンシャルエネルギーの励起電子と，より深いポテンシャルエネルギーの励起正孔が生成することが予測される．これはすなわち，新しい光吸収能の付与により，系の生成した励起電子の還元力と励起正孔の酸化力がそれぞれ増大することを意味する．もちろんこの効果は，励起エネルギーは一定なので，光吸収効率が同じであれば励起電荷の分布を広帯域化するにとどまるため，エネルギー変換能の向上には，光吸収の量子効率を増大させる必要がある．現状では，光吸収能の変調において，絶対的な吸収量子効率の劇的な向上は明らかになっていない．それでも同じエネルギーの光を用いて系の酸化還元能を向上させるという，いわば励起電荷の"質の向上"が可能となることは興味深い．

その実例として，LSPによる半導体量子ドット電極の光起電力向上がある．通常の半導体電極の光起電力は半導体のバンド構造で決定され，照射光波長などによって変化はしない．筆者らは，ナノ構造金属と強く相互作用するPbS量子ドットを対象に，プラズモン励起による光起電力の変調効果について検討を行った[19]．PbSは，電子と正孔の有効質量が小さく金属的な性質をもつ．そのため，バンドギャップが小さく，かつ量子サイズ効果が非常に幅広いサイズ領域で発現するため，紫外・可視から近赤外までの広範な波長領域で光を吸収する系を量子化ドットで構築することができる．さらに加えて金属ナノ構造と複合化した際に，PbSの金属性から金属の二量体構造と同様の結合性の局在表面プラズモンモードが形成され，ナノドット／金属ナノ構造界面に強い局在電場が形成され，PbSの電子系を励起する[20]．この電場局在は，PbS系のSERSとして確認される[21]．またPbSはバンドギャップエネルギーの2倍以上のエネルギーをもつ光励起によって

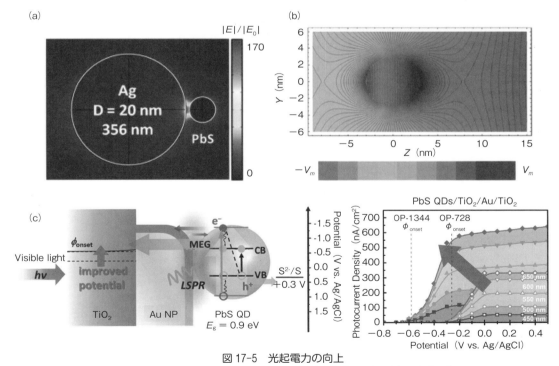

図17-5 光起電力の向上
(a)理論計算によるAgとPbSナノ粒子複合系のLSP電場強度（文献[20]から許諾を得て転載．© 2013 John Wiley & Sons Ltd.）．(b)理論計算による半導体量子ドットの電場に空間勾配がある場合の非対称分極状態（文献[23]から許諾を得て転載．© 2012 National Academy of Sciences）．(c)多重励起子を生成するPbS量子ドットのLSP励起光電流発生の模式図と光起電力の増大（文献[19]から許諾を得て転載．© 2018 Royal Society of Chemistry）．

多重励起子を形成し，100%を超える量子効率にて光電流を発生することがわかっている[22]．これらの特徴を踏まえて，バンドギャップが異なるPbS量子ドットを用いて，局在表面プラズモン励起による光電気化学特性を計測した．その結果，バンドギャップがより狭いPbS量子ドットにおいて，光起電力の向上と光電流の量子効率の増大が観測された（図17-5）．通常，バンドギャップが狭いPbS量子ドットにおいては，伝導帯のバンド端電位が低いため，光起電力が低下してしまう．観測されたLSPによる光電変換特性の向上は，効率的な電子励起によって多重励起子形成が促進されたためと考えられる．半導体量子ドットにおいても先のSWNTにおける光学選択則の変調現象と同様に，局所的な光によって量子ドットが空間的に不均一に分極され，その結果，吸光係数が向上することが理論で予測されている[23]．先の光起電力向上には，この効果が寄与している可能性がある．以上より，LSPによるナノ領域の光吸収特性の変調によって，実効的な光エネルギー変換特性の向上が達成されることが示された．

4-2 光による室温分子操作

ナノ領域において極端な光電場の強度勾配が存在すると，光圧によって微小物質の機械的操作が可能となる．その究極として分子の光圧操作がある．ナノ物質の光圧物質操作理論についてはすでにPart Ⅰの第1章でも詳述されているが，理論的には局在表面プラズモン電場にて小分子の捕捉が，室温程度の熱揺動下でも可能との見積もりが報告されている[24]．光圧によって分子に印可される力は報告によって若干異なるが，プラズモン活性な金属ナノ構造において，熱による構造破壊が起きない現実的な光強度 1 mW μm^{-2} 程度の光照射下で，サブpNからfN程度というのが代表的な見積もりである．この値は，室温揺動とほぼ同じか数桁低い捕捉ポテンシャルに相当する．そのため，完全なナノ領域の捕捉には十分ではないが，たとえば金属ナノギャップにおける外部からの分子の自然拡散による出入りを考慮すれば，ギャップ部にターゲット分子の光濃縮現象が起こることが期待される．これは，すでに汎用的に使用されている荷電分子を細胞膜などから抽出する電気泳動法で，分子に印可される力が0.4 fN程度であることや，金属ナノゲートにおける濃度勾配で生ずる力が1分子あたり0.2 fN程度であることを考慮すれば[25,26]，光圧でも同様に室温分子操作が可能であることがわかる．

一方，この小分子の光圧操作の実験的検証は，現在当該の分野で精力的に行われているものの，理論予測の実証にまでは至っていない．プラズモンによるナノ物質トラッピングはPart Ⅱの第3章に紹介されているように，ナノ粒子や高分子の光圧補足実験結果に対し，熱発生や対流まで考慮した包括的な機構が議論可能なレベルになりつつある．しかし，現状におけるプラズモン分子捕捉の実験については，10 mW 程度の強い入射光強度で数nm程度のサイズのタンパク質の金属ナノホールの透過を制御する報告などが，散見される程度である[27]．実際の溶液系では，熱揺動に加えて，溶媒和，pH，溶液に含まれる電解質イオンとのクーロン相互作用，分子間相互作用，表面吸着などの多種多様な要因が寄与する．そのため，実験的検証が困難となっていると考えられる．これらの化学的環境を含めた系の制御がなされれば，理論で示される分子操作が可能となる．また前項で示したように，ナノ領域では特有の光吸収能の増強現象が期待される．これにより発生する光圧が増大し，捕捉効果が向上することが期待される．光圧による分子操作が実現すれば，これまでにない化学反応や分子検出，抽出が可能となる．たとえば，最近では市販品のSERSと液体クロマトグラフィーを複合化した分析機器において，このSERS部の高感度化に向けて，光捕捉効果を導入している装置も開発されつつある[28]．今後の発展が期待される新分野である．

まとめと今後の展望

以上，SERSをプローブとして，ナノ領域特有の光吸収能の検証が可能となることを示した．金属ナノ構造のLSPモードと，励起ターゲットである分子や物質の電子系との相互作用制御によって，まったく新しい光吸収能が付与できることがわかった．またその結果，光エネルギー変換や分子操作などに

おいて，これまでにない特徴をもつ現象が誘起されることがわかってきた．以上の発見は，局在表面プラズモンによって光の摂動をナノ領域に集約すると，光強度を強めた場合の線形的な応答とは異なる，いわば「これまで出来なかったこと」が出来るようになる可能性を示している．現状では，従来と異なる光のエネルギー帯域における応答の発現ということに集約されるが，今後は，実効的な相互作用をどこまで高められるかということが重要であろう．さらに期待すべきは，光の本質である量子性の転写にある．ナノ領域において，光と強く相互作用している分子は，複数の分子が光を介して量子的な相関をもつようになると考えられる．このことより，個々の分子や物質の光吸収の変調に加えて，化学反応，光エネルギー変換，分子操作などにおいて，さらに高次の機能発現に繋がると期待したい．本書のPart I では，ナノ構造体の光科学がこれまでの光学研究の時空間制御をさらに一段進める期待が記述されている．本章で述べた新しい光吸収現象を利用したアプローチは，分子やナノ物質のエネルギーや量子性を制御する新たな発展の一軸を与えると考える．人類は，光はこれまでものを「見る」から「使う」手段として発展させてきた．今後は物質を「繋げる」ことで，新しいナノ物質科学が拓かれることを期待したい．

◆ 文 献 ◆

[1] M. Fleischmann, P. J. Hendra, A. J. McQuilla, *Chem. Phys. Lett.*, **26**, 163 (1974).

[2] J. K. Sass, H. Laucht, K. L. Kliewer, *Phys. Rev. Lett.*, **35**, 1461 (1975).

[3] C. J. Chen, R. M. Osgood, *Phys. Rev. Lett.*, **50**, 1705 (1983).

[4] M. Moskovits, *Rev. Mod. Phys.*, **57**, 783 (1985).

[5] R. Zhang, Y. Zhang, Z. C. Dong, S. Jiang, C. Zhang, L. G. Chen, L. Zhang, Y. Liao, J. Aizpurua, Y. Luo, J. L. Yang, J. G. Hou, *Nature*, **498**, 82 (2013).

[6] B. Pettinger, G. Picardi, R. Schuster, G. Ertl, *Single Mol.*, **3**, 285 (2002).

[7] J. R. Lombardi, R. L. Birke, T. H. Lu, J. Xu, *J. Chem. Phys.*, **84**, 4174 (1986).

[8] J. R. Lombardi, R. L. Birke, *Acc. Chem. Res.*, **42**, 734 (2009).

[9] J. R. Lombardi, R. L. Birke, *J. Phys. Chem. C*, **112**, 5605 (2008).

[10] Z. Q. Tian, Y. Z. Lian, T. Q. Lin, *J. Electroanal. Chem. Interfacial Electrochem.*, **265**, 277 (1989).

[11] Y. Sawai, B. Takimoto, H. Nabika, K. Ajito, K. Murakoshi, *J. Am. Chem. Soc.*, **129**, 1658 (2007).

[12] F. Nagasawa, M. Takase, H. Nabika, K. Murakoshi, *Chem. Commun.*, **47**, 4514 (2011).

[13] T. Konishi, M. Kiguchi, M. Takase, F. Nagasawa, H. Nabika, K. Ikeda, K. Uosaki, K. Ueno, H. Misawa, K. Murakoshi, *J. Am. Chem. Soc.*, **135**, 1009 (2013).

[14] M. Takase, H. Ajiki, Y. Mizumoto, K. Komeda, M. Nara, H. Nabika, S. Yasuda, H. Ishihara, K. Murakoshi, *Nat. Photonics*, **7**, 550 (2013).

[15] 岩本 敏, 「第13章 共振器量子電磁気学入門」, 『基礎からの量子光学―基礎理論から実用化に向けた取組みまで』, (社) 応用物理学会 量子エレクトロニクス研究会, 松岡正浩, 江馬一弘, 平野琢也, 岩本敏 監修, オプトロニクス社 (2009), pp. 469-485.

[16] F. Nagasawa, M. Takase, K. Murakoshi, *J. Phys. Chem. Lett.*, **5**, 14 (2014).

[17] S. De Liberato, *Phys. Rev. Lett.*, **112**, 016401 (2014).

[18] F. Kato, H. Minamimoto, F. Nagasawa, Y. Yamamoto, T. Itoh, K. Murakoshi, *ACS Photon.*, **5**, 788 (2018).

[19] X. Li, P. D. McNaughter, P. O'Brien, H. Minamimoto, K. Murakoshi, *Phys. Chem. Chem. Phys.*, **20**, 14818 (2018).

[20] T. Hutter, S. Mahajan, S. R. Elliott, *J. Raman Spectrosc.*, **44**, 1292 (2013).

[21] X. Li, H. Minamimoto, K. Murakoshi, *Spectrochim. Acta A Mol. Biomol. Spectrosc.*, **197**, 244 (2018).

[22] J. B. Sambur, T. Novet, B. A. Parkinson, *Science*, **330**, 63 (2010).

[23] P. K. Jain, D. Ghosh, R. Baer, E. Rabani, A. P. Alivisatos, *Proc. Natl. Acad. Sci. U.S.A.*, **109**, 8016 (2012).

[24] H. Xu, M. Käll, *Phys. Rev. Lett.*, **89**, 246802 (2002).

[25] B. Takimoto, H. Nabika, K. Murakoshi, *Nanoscale*, **2**, 2591 (2010).

[26] H. Nabika, A. Sasaki, B. Takimoto, Y. Sawai, S. He, K. Murakoshi, *J. Am. Chem. Soc.*, **127**, 16786 (2005).

[27] Y. Pang, R. Gordon, *Nano Lett.*, **12**, 402 (2011).

[28] 特許第6245664号, WO2015/025756, 右近工舎.

EXCON 2018

石原 一
(大阪大学大学院基礎工学研究科／大阪府立大学大学院工学研究科)

2018年7月9日～13日，新学術領域研究「光圧によるナノ物質操作と秩序の創生」を共催として，第12回凝縮系における励起子および光学過程国際会議(12th International Conference on Excitonic and Photonic Processes in Condensed Matter and Nano Materials：EXCON 2018)が，奈良春日野国際フォーラム甍において開催されました．EXCONは「バルクから分子材料・生体物質等を含むナノ構造体までのさまざまな凝縮系の励起状態」を議論する場として，1994年にDarwin(オーストラリア)で第1回が開催され，オーストラリア，ヨーロッパ，北アメリカ，日本で回り持ち，今回で12回目を迎えました．今回の会議では13ヵ国より250名を超える参加者があり，有機材料，二次元物質からプラズモニクスなどを含む最先端のトピックスについて議論されました．とくに「光圧」研究に的を絞った光圧セッションが設けられ，領域代表のプロジェクト紹介に引き続き，海外招待講演者並びに領域の計画研究代表者により，それぞれの先端的研究が紹介されました．またEXCON2018では，一般講演においても本新学術領域から多数の参加があったことが特徴的で，わが国の光圧研究のプレゼンスを大いに高める会議となりました．

写真・奈良春日野国際フォーラム甍正面玄関での様子(奈良県にて，2018年7月撮影)

Part III

役に立つ
情報・データ

APPENDIX

Part Ⅲ 役に立つ情報・データ

この分野を発展させた
革 新 論 文 38

1 Mie 散乱の理論

G. Mie, "Beiträge Zur Optik Trüber Medien, Speziell Kolloidaler Metallösungen," *Annal. Phys.*, **25**, 377 (1908).

電磁波(光)の平面波が任意の半径をもつ球形粒子に入射した場合に，散乱および吸収断面積を解析的に与える電磁気理論を構築した．前世紀初頭に構築された理論ではあるが，汎用性が非常に高く，さまざまな物質のあらゆるサイズ領域の粒子系の光学的性質を論じる際に，基礎的かつ必要不可欠な理論となっている．100年以上経た現時点でも，Mie 散乱理論に基づいた解析がプラズモニクス分野および関連分野の先端的な研究で頻繁に行われている．

2 伝搬型表面プラズモンの観測

C. J. Powell, J. B. Swan, "Origin of the Characteristics Electron Energy Losses in Aluminum," *Phys. Rev.*, **115**, 869 (1959).

厚さ 5～10 nm のアルミニウム薄膜の電子エネルギー損失スペクトルを測定し，10.3 eV と 15.3 eV にピークを得た．15.3 eV のピークは Pines らの唱えたプラズマ振動(バルクプラズモン)に，10.3 eV のピークは Ritchie の予測した表面プラズマ振動(表面プラズモン)にまさに一致することを示した．これが，伝搬型表面プラズモンの存在をその文字通りの現象として実測した最初である．

3 光による表面プラズモンの分散関係の測定

Y.-Y. Teng, E. A. Stern, "Plasma Radiation from Metal Grating Surfaces," *Phys. Rev. Lett.*, **19**, 511 (1967).

2 種類の実験を行っている．一つは，1,200 line/mm の金属回折格子へ 10 keV の加速電子を打ち込み，それにより発生した表面プラズモンが格子によって回折され自由空間に放射された光の角度分布からプラズモンの分散関係を得ている．もう一つの実験では，同じ回折格子に光を入射することで表面プラズモンを励起し，その鏡面反射成分の減衰の入射角依存性から伝搬型表面プラズモンの分散関係を得たものである．これは，光によって表面プラズモンの分散関係を測定した初めての実験である．

4 平坦な金属における表面プラズモンの光学的励起

A. Otto, "Excitation of Nonradiative surface Plasma Waves in Silver by the Method of Frustrated Total Reflection," *Z. Phys. A*, **216**, 398 (1968).

金属表面に微小な間隙を介してプリズム底面を配置した全反射光学系において，単色光の反射率の入射角分を測定することで，伝搬型表面プラズモンの分散関係を得た．平坦な金属界面を伝搬する表面プラズモンを，光によって励起した最初の実験である．

APPENDIX

5 光圧による微小物体の操作および捕捉
A. Ashkin, "Acceleration and Trapping of Particles by Radiation Pressure," *Phys. Rev. Lett.*, **24**, 156 (1970).

水に分散した高分子微粒子に可視のCWレーザー光を照射することで,マイクロメートルサイズの微小物体が,光圧により加速され,押されて移動する現象を観測した最初の論文である.さらに,二つのレーザービームを対向させて集光照射することで,反対方向に押し進む光圧により微粒子を挟んで安定に捕捉できることも実証された.加えて,この論文のなかで著者は,光圧を働かせるレーザー光の波長を捕捉物質の電子遷移に共鳴させ光圧を増大させるアイデアや,それを同位体分離に応用する技術についても触れている.

6 光圧を利用した浮場型の光捕捉
A. Ashkin, "Optical Levitation by Radiation Pressure," *Appl. Phys. Lett.*, **19**, 283 (1971).

5の論文を発表した翌年,著者はガラスの微小球に下方からレーザー光を照射することで,重力に逆らって微小球をもちあげ,さらに横方向からもう一つのレーザービームを照射することで,微粒子を浮かせて捕捉する"浮場(Levitation)型の光トラップ"技術について報告している.微小物体の三次元的な微細な光操作の可能性を示す先駆的な論文の一つである.

7 金属の表面プラズモンと光の結合
R. H. Ritchie, "Surface Plasmon in Solids," *Surf. Sci.*, **34**, 1 (1973).

表面プラズモンの特性に関する初期の研究の総説である.とくにプラズモンと光の結合,プラズモン共鳴の波数-振動数の分散関係などについて,詳細に述べられている.金属の表面プラズモンが光と結合してポラリトンを形成する結果として,ある振動数に向かって波数がきわめて高くなっていくことが明確に述べられている.この特性を利用したその後のさまざまな研究,たとえばプラズモンを用いて高い空間分解能を実現する顕微鏡の開発などに影響を与えた.また,プラズモンの緩和ダイナミクスについての考察も述べられるなど,現在に至るプラズモンのエキゾチックな特性研究の基礎となる論文の一つである.

8 ラフな銀電極表面に吸着した分子におけるラマン散乱の異常スペクトル
M. Fleischmann, P. J. Hendra, A. J. McQuillan, "Raman Spectra of Pyridine Adsorbed at a Silver Electrode," *Chem. Phys. Lett.*, **26**, 163 (1974).

表面増強分光,とくに表面増強ラマン分光(SERS)現象の先駆けの論文である.この論文で著者らは,ピリジン分子の銀電極への吸着状態を反映した2種類のラマンスペクトルについて議論しており,データをよく見るとピリジン分子のラマン増強が観測されている.しかし,著者らは増強についてとくに詳細な議論をしていないが,この論文を見た研究者らが異常に気づき,機構解明に取り組むようになった.SERS現象を初めてデータで示した論文として認識されている.

9 プラズモン励起光電子移動の発見
J. K. Sass, H. Laucht, K. L. Kliewer, "Photoemission Studies of Silver with Low-Energy (3 to 5 eV), Obliquely Incident Light," *Phys. Rev. Lett.*, **35**(21), 1461 (1975).

金属電極を用いた光誘起還元電流の観測に関する論文.Ag電極表面にいろいろな入射角度で偏光光を照射し,光還元電流値の照射光波長依存性を議論している.著者は,溶液内での光電子分光法の開発に興味をもち,金属の電子状態評価を試みているが,光電流アクションスペクトルに表面プラズモン励起の寄与があることを指摘している.プラズモン励起光電子移動を実験的に観測した最初の論文.

APPENDIX

⑩ アルミニウム酸化物中の金属コロイドとプラズモン特性

D. G. W. Goad, M. Moskovits, "Colloidal Metal in Aluminum-Oxide," *J. Appl. Phys.*, **49**, 2929（1978）.

当時，陽極酸化ポーラスアルミナを電気化学的に着色する技術はすでに商業的に用いられていたが，着色のメカニズムについては明らかになっていなかった．この論文により，着色の原因はポーラスアルミナのナノ細孔中に電解析出した金属ナノコロイドであったことが初めて示された．これ以降，陽極酸化ポーラスアルミナは幾何学形状が制御されたナノ構造体を形成するためのテンプレート材として広く知られるようになり，現在ではプラズモニクスの分野においても，デバイス形成のための代表的な出発材料の一つとして使用されている．

⑪ プラズモン誘起金属電析反応の観測

C. J. Chen, R. M. Osgood, "Direct Observation of the Local-Field-Enhanced Surface Photochemical Reactions," *Phys. Rev. Lett.*, **50**(21), 1705 (1983).

金属ナノ構造のプラズモン光電場の電子励起効果に着目し，金属電析反応が可能となることを証明した論文．Cd 金属ナノ粒子上に担持した Cd 錯体を紫外光照射によって光還元し，Cd 金属を析出させた．照射光の偏光方位に依存して，異方的な金属成長が誘起されることを SEM 観測から明らかにした．Au や Ag ナノ粒子では同様の析出が起こらないことを確認して，プラズモン励起の寄与が重要であることを主張している．理論計算に基づきプラズモンの局在電場の寄与を示し，電子励起寿命と併せて反応機構に関する議論を行っている．

⑫ 表面増強分光法

M. Moskovits, "Surface-Enhanced Spectroscopy," *Rev. Mod. Phys.*, **57**, 783（1985）.

表面増強分光法の総説．SERS 現象の発見以降，その増強メカニズムについての議論が活発に行われた．著者である M. Moskovits は SERS の発見当初からその増強の起源は金属構造体のプラズモン共鳴だと主張していた〔*J. Chem. Phys.*, **69**, 4159（1978）〕．この総説では，当時提案されていたさまざまな増強モデル（フラクタル理論から波動光学，量子電磁力学，電荷移動錯体）を包括的に議論している．

⑬ 単一レーザービームの勾配力による微粒子捕捉の観測

A. Ashkin, J. M. Dziedzic, J. E. Bjorkholm, S. Chu, "Observation of a Single-Beam Gradient Force Optical Trap for Dielectric Particles," *Optics Lett.*, **11**, 288（1986）.

集光した1本のレーザービームのみで誘電体微粒子が安定的に捕捉できることを実験的に示した論文である．その後，とくにバイオ分野で重要な役割を果たした「光ピンセット」技術の起点となった．Mie 散乱領域のマイクロ粒子，および Rayleigh 散乱領域でのナノ微粒子に対して，それぞれ勾配力が有意に働くことを理論的に議論し，実際に捕捉が可能であることを実験的に証明した．

⑭ 勾配力による生体系物質の光捕捉および操作

A. Ashkin, J. M. Dziedzic, "Optical Trapping and Manipulation of Viruses and Bacteria," *Science*, **235**, 1517（1987）.

⑤や⑥で示したような外力（対抗させた二つのレーザー光など）の釣り合いに頼らず，1本のレーザービームを高い開口数の対物レンズで集光して照射することで発生する勾配力により，タバコモザイクウイルスや大腸菌などの生体系物質を大きく損傷させることなく光捕捉および操作できることを示した論文である．光により非接触で損傷が少なく，高い自由度で生体系物質を操作できることは，ライフサイエンス分野に大きなインパクトを与えたことは容易に想像できる．2018年のノーベル物理学賞の受賞につながる革新的な論文といえる．

APPENDIX

⑮ レーザー走査マニピュレーションによる微粒子パターン形成とフロー制御

K. Sasaki, M. Koshioka, H. MIsawa, N. Kitamura, H. Masuhara, "Pattern-Formation and Flow-Control of Fine Particles by Laser-Scanning Micromanipulation," *Optics Lett.*, 16, 1463 (1991).

集光レーザービームをコンピュータ制御ミラーで高速に走査することにより，多数の微粒子を同時に捕捉し配列させて，微粒子パターンを形成したり，パターン上で微粒子の流れを誘起したりする手法を提案し，実験的に実証した．多数の微粒子の同時操作技術として初めての研究であり，その後の空間位相変調器を用いたマイクロマシンやマイクロ流体チップ技術の基礎となっている．

⑯ 近接場光を用いたマイクロ粒子の操作

S. Kawata, T. Sugiura, "Movement of Micrometer-Sized Particles in the Evanescent Field of a Laser Beam," *Optics Lett.*, 17, 772 (1992).

半円筒形プリズムに臨界角より大きな入射角でレーザーを照射すると，界面に近接場光が発生する．この近接場光によりマイクロ微粒子を界面に平行に運搬することで，光による微粒子駆動の新しい機構を示した．近接場光はプリズムに近接したポリスチレンやガラスのマイクロ微粒子により散乱され，微粒子内の伝搬光と結合する．この光の散乱によって微粒子が浮揚力と推進力を得ることを実験的に示し，その後の近接場光を利用したさまざまな微粒子操作法の発展に繋がった．

⑰ Au および Ag ナノ微粒子を担持した酸化チタン膜電極の光電気化学特性

G. Zhao, H. Kozuka, T. Yoko, "Sol-Gel Preparation and Photoelectrochemical Properties of TiO_2 Films Containing Au and Ag Metal Particles," *Thin Solid Films*, 277, 147 (1996).

Au および Ag ナノ微粒子を担持した酸化チタン膜を作用電極として，pH 7 のバッファー水溶液中で 3 極系の光電気化学測定を行い，可視光照射に基づき局在表面プラズモン共鳴由来の光電流を初めて観測することに成功した論文である．作用スペクトルが測定されており，プラズモン共鳴波長域で光電流が増大したことから，金属ナノ微粒子の局在表面プラズモン共鳴が光電流発生に寄与していることが明確に示されている．この論文では，プラズモン共鳴波長で光電流が観測されたことから，酸化チタンの表面準位に存在する電子の励起はプラズモンによって増強されるメカニズムが考察された．現在，ホットエレクトロントランスファーをメカニズムとしてプラズモン誘起光電変換や物質変換を探索している研究者にとって，重要かつ革新的な論文である．

⑱ 金ナノロッド：電気化学的調製と分光特性

Y. -Y. Yu, S. -S. Chang, C. -L. Lee, C. R. C. Wang, "Gold Nanorods: Electrochemical Synthesis and Optical Properties," *J. Phys. Chem. B*, 101, 6661 (1997).

異方性に起因するプラズモンバンドを示す金ナノロッドを初めて報告した論文である．この論文がなければ，この分野自体が存在しない．従来，金ナノ粒子は金イオンを還元することで得るのが一般的だったが，この論文の調製法は金電極を陽極に用いた定電流電解である．バルクの金電極から超音波照射下の電解によってコロイド状の金ナノロッドが生成するというきわめて特異なプロセスでありながら，ナノロッド形状の制御性は非常に高く，狙った長さの金ナノロッドを調製できる方法である．ただし，制御できるのは長軸方向のサイズ「長さ」であり，短軸方向のサイズ「太さ」は一定のものしか得られない．

APPENDIX

⑲ 干渉型自己相関によるプラズモンの位相緩和ダイナミクスの計測
B. Lamprecht, A. Leitner, F. R. Aussenegg, "Femtosecond Decay-Time Measurement of Electron-Plasma Oscillation in Nanolithographically Designed Silver Particles," *Appl. Phys. B*, **64**, 269 (1997).

金や銀のナノ微粒子が示す局在表面プラズモン共鳴は，光の振動電場によって自由電子の集団運動がコヒーレントに誘起されることによって生じる．その電子の集団振動における位相がそろった状態から不ぞろいな状態になるまでの時間，いわゆる位相緩和時間は数フェムト秒(10^{-15}秒)〜十数フェムト秒と短い．この論文では，まずフェムト秒レーザービームをビームスプリッターで二つのビームに分割してマイケルソン干渉計を構築した．ついで，一つのレーザーパルスを光学遅延回路により時間遅延させて，時間差のある二つのビームを同軸で銀ナノ構造体に照射する．そして，構造体から発生した第2高調波の干渉型自己相関を計測することにより，プラズモンの位相緩和ダイナミクスを測定する方法論を明らかにした．現在では，プラズモンの位相緩和ダイナミクスの計測に，第2高調波を発生させるだけでなく，時間分解多光子光電子顕微鏡で光電子強度の干渉型自己相関を測定する方法もあり，プラズモンの位相緩和時間を計測する手法として，きわめて重要である．

⑳ ナノ光ピンセットの理論
L. Novotny, R. X. Bian, X. S. Xie, "Theory of Nanometric Optical Tweezers," *Phys. Rev. Lett.*, **79**, 645 (1997).

鋭敏な金属先端に光を照射した際に発生する，増強した近接場によるナノスケールな光ピンセットを理論的に提案した論文である．金属チップ先端に発生する電磁場を，Maxwell方程式を厳密に解く手法で明らかにし，ナノ微粒子にかかる力とポテンシャルを計算して，それの捕捉および操作が可能であることを示している．その後の，金属ナノ構造に発生する増強場を利用した微粒子捕捉に関する多くの研究に影響を与えた．

㉑ 光ピンセットを用いた生体1分子の化学反応と力学反応の同時計測
A. Ishijima, H. Kojima, T. Funatsu, M. Tokunaga, H. Higuchi, H. Tanaka, T. Yanagida, "Simultaneous Observation of Individual ATPase and Mechanical Events by a Single Myosin Molecule during Interaction with Actin," *Cell*, **92**, 161 (1998).

筋収縮は，ATP(アデノシン三リン酸)の加水分解から得られるエネルギーを利用し，アクチンとミオシンというタンパク質が相互作用することにより実現されている．この論文では，光ピンセットを用いた1分子力学計測と全反射照明による蛍光ATPの1分子イメージングを組み合わせ，ミオシン1分子の化学反応と力学反応の同時計測に成功した．ミオシン1分子の力発生は，ATPの分解産物であるADPの解離と対応しているわけではなく，数ミリ秒遅れて力を発生している場合もみられた．これらの結果は，これまでの定説であったADPの解離とカップリングして力発生するモデルと一致しておらず，生体分子の動作機構がより柔軟なものであることを強く示唆している．

㉒ ナノ細孔規則配列をもつ金薄膜の異常光透過
T. W. Ebbesen, H. J. Lezec, H. F. Ghaemi, T. Thio, P. A. Wolff, "Extraordinary Optical Transmission through Sub-Wavelength Hole Arrays," *Nature*, **391**, 667 (1998).

通常，波長より小さい開口をもつ細孔を透過する光の強度は，きわめて低い．ところが，そのような細孔を規則正しく配列した銀膜の光透過率は，特定の波長でピークを示し，通常予想される値よりも数桁高くなることがこの論文で示された．ナノ加工を施した金属膜が，常識を超える新しい光学的性質を示すことを実証したインパクトの大きい論文である．これ以降，異常透過現象への表面プラズモンポラリトンの関与を巡り，さまざまな理論展開がなされるきっかけとなった．また，周期的配列をもつ金属ナノ構造は，フォトニック結晶に対比してプラズモニック結晶と称され，理論および実験の両面から盛んに研究されるようになった．

APPENDIX

㉓ ヘビードープ半導体ナノ粒子を用いる近赤外プラズモニクス

T. Nütz, U. zum Felde, M. Haase, "Wet-Chemical Synthesis of Doped Nanoparticles: Blue-Colored Colloids of n-Doped SnO_2: Sb," *J. Chem. Phys.*, **110**, 12142 (1999).

アンチモンドープ酸化スズナノ粒子の水熱合成，ならびに，アンチモンドープによる電気伝導度向上と赤外局在表面プラズモン共鳴発現に関する論文である．水熱合成で得られた 4〜9 nm のアンチモンドープ酸化スズナノ粒子が n 型半導体性を示し，アンチモンドープにより電気伝導度が 10^5 倍増加することを示した．さらに，アンチモンドープ酸化スズナノ粒子水溶液が青色を呈しており，赤色域および赤外域における赤外局在表面プラズモン共鳴が原因であることを明らかにした．ヘビードープ半導体ナノ粒子を用いる近赤外プラズモニクス研究を大きく発展させるきっかけとなった．

㉔ 誘電率と透磁率を同時に負値とする人工媒体

D. R. Smith, W. J. Padilla, D. C. Vier, S. C. Nemat-Nasser, S. Schultz, "Composite Medium with Simultaneously Negative Permeability and Permittivity," *Phys. Rev. Lett.*, **84**, 4184 (2000).

非磁性体の金属でできたミリメートルサイズの C 型構造体配列を用いて，マイクロ波領域の電磁波で，負の誘電率と負の透磁率を同時に実現し，それによって負の屈折率が可能であることを実験的に示した論文である．これに関連する総説が *Science*, **305**, 788 (2004) に掲載されている．振動数の低い領域の特定の周波数での実現ではあるが，負の屈折率が実際に可能であると示されたことのインパクトは非常に大きく，その後，より小さな金属ナノ構造を用いて，より高い振動数（究極的には可視・紫外域が目標）での負の屈折率の実現に向けて，多くの研究者が努力を開始する契機をつくった．

㉕ 表面プラズモン励起増強蛍光法によるチップ上の DNA–DNA ハイブリダイゼーション検出に関する研究

T. Liebermann, W. Knoll, P. Sluka, R. Herrmann, "Complement Hybridization from Solution to Surface-Attached Probe-Oligonucleotides Observed by Surface-Plasmon-Field-Enhanced Fluorescence Spectroscopy," *Colloids Surf. A: Physicochem. Eng. Asp.*, **169**, 337 (2000).

ビアコアを代表とする表面プラズモン共鳴法による検出感度をはるかに上回る高感度計測法として開発された表面プラズモン励起増強蛍光（SPFS）法を，バイオセンシングにおける高感度検出ツールとして利用し，DNA 計測を行った最初の報告である．DNA–DNA ハイブリダイゼーションの速度論的解析において，速度定数と親和定数を求めて 1 塩基あるいは 2 塩基の DNA シーケンスの違いを明確に区別することができた．また，この金基板がバイオセンサーのプラットフォームとして有効に使えることを示すことにもなり，バイオセンサーチップ界面の調製法，計測法として大きなインパクトを与えた．

㉖ 光物理的トリガーによる結晶化誘起と多形制御

J. Zaccaro, J. Matic, A. S. Myerson, B. A. Garetz, "Nonphotochemical, Laser-Induced Nucleation of Supersaturated Aqueous Glycine Produces Unexpected γ–Polymorph," *Cryst. Growth Des.*, **1**, 5 (2001).

非光化学的レーザー誘起結晶化（NPLIN）の最初の論文で，*Crystal Growth and Design* 創刊号の巻頭を飾っている．グリシンの過飽和水溶液へナノ秒レーザーを照射し，光学カー効果により分子を配向させ，局所濃度を上昇させることにより結晶化を誘起する．また，レーザーの偏光によりグリシンの多形を制御することにも成功し，この論文をきっかけに非光化学的な光有機結晶化の研究領域が飛躍的に増大した．

APPENDIX

㉗ 表面フォノンの近接場応用

R. Hillenbrand, T. Taubner, F. Keilmann, "Phonon-Enhanced Light-Matter Interaction at the Nanometer Scale," *Nature*, **418**, 159（2002）.

金属粒子には局在型表面プラズモンが存在し，励起すると電場増強効果が生じ，光と物質の相互作用を増強することがよく知られている．ところが，同様の効果が化合物半導体やイオン性結晶の粒子でも可能なことは，あまり知られていない．化合物半導体やイオン性結晶には有極性のフォノン（イオンの格子振動）が存在し，赤外領域で誘電率が負の値をとる．その領域では，表面フォノンが励起され表面プラズモンとまったく同じ効果が期待できる．この論文は，このようなアイデアを提示し，実際にSiC表面の走査型光学顕微鏡像で，表面フォノン共鳴による近接場増強を実証している．

㉘ 金ナノロッドの光化学的調製法

F. Kim, J. H. Song, P. Yang, "Photochemical Synthesis of Gold Nanorods," *J. Am. Chem. Soc.*, **124**, 14316（2002）.

金ナノロッドを光化学反応で調製できることを報告した論文である．反応溶液自体はWangらの電解法とほとんど同じであるが，塩化金酸が溶液に添加されており，紫外線の照射によって金ナノロッドが生成する．照射した紫外線の光強度が弱い（420 μW/cm²）ために反応には30時間以上が必要であり，さらに提示されたスペクトルでは長軸に由来する表面プラズモンバンドが長波長側に若干ブロードになっており，生成した金ナノロッドの形状均一性は，必ずしも高くなかったことが示唆されている．しかし，超音波照射や陽極酸化を行わなくても金ナノロッドが得られたという事実は，この論文で用いられた反応溶液中に金原子を適切に提供できれば，ナノロッドの形状に成形されることを意味しており，その後の多様な金ナノロッド調製法に大きな影響を与えた．

㉙ 局在表面プラズモンの緩和過程

C. Sönnichsen, T. Franzl, T. Wilk, G. von Plessen, J. Feldmann, O. Wilson, P. Mulvaney, "Drastic Reduction of Plasmon Damping in Gold Nanorods," *Phys. Rev. Lett.*, **88**, 077402（2002）.

局在表面プラズモンの緩和過程の理解は，プラズモンによる光電場増強効果やプラズモンの減衰過程で生成するホットキャリアを化学反応に利用するうえで，きわめて重要である．この論文では，プラズモンの位相緩和が放射過程（散乱）と無放射過程（バンド間およびバンド内遷移に基づく吸収）に相関することから，金ナノ微粒子のサイズや形状がプラズモンの位相緩和時間に与える影響を放射と無放射の観点から議論した．まず，サイズやアスペクト比の異なる金の球状ナノ微粒子とナノロッドを調整する．ついで，暗視野顕微鏡でその単一ナノ微粒子の散乱スペクトルを測定してプラズモンバンドの半値幅から位相緩和時間を見積もった．その結果，金ナノロッドはバンド間遷移に基づく吸収損失が大きい比較的サイズの小さな金ナノ微粒子よりも，位相緩和時間が長く光散乱による放射損失が大きい比較的サイズの大きな金ナノ微粒子のほうが，さらに位相緩和時間は長くなることが明らかになった．この研究は，高い光電場増強効果を示すダークプラズモンによる放射過程の制御や，効率的にホットキャリアを生成する金属ナノ微粒子の設計および原理を理解するうえで，重要な論文となった．

㉚ 共鳴効果を用いた選択的光マニピュレーション

T. Iida, H. Ishihara, "Theoretical Study of the Optical Manipulation of Semiconductor Nanoparticles under an Excitonic Resonance Condition," *Phys. Rev. Lett.*, **90**, 057403（2003）.

通常，ナノ微粒子はサイズや形状などに応じて，粒子それぞれが固有の電子励起準位をもっている．この論文では，そのような電子準位間の遷移に共鳴する波長の光を用いると，選別的に光マニピュレーションが可能であることを理論的に提案している．とくに，量子ドットが同じ材質，同じ結晶構造のものであっても，サイズによって光圧スペクトルが変化することなどが議論された．これを契機に，量子ドットや色素ドープされた抗体，カーボンナノチューブなどの選択的輸送が試みられるなど，共鳴による選択的なナノ粒子操作への視界が開けた．

APPENDIX

31 水溶液中に短い金ナノロッドを調製する高収率シーディング法

T. K. Sau, C. J. Murphy, "Seeded High Yield Synthesis of Short Au Nanorod in Aqueous Solution," *Langmuir*, 20, 6414 (2004).

Murphy らによる金ナノロッドのシーディングによる調製法の報告である．これが最初の論文ではないが，金ナノロッドの再現性の高い調製法が記載されている．溶液の条件によってナノロッドの形状がどのように変化するかなど，分光特性と電子顕微鏡像を示して具体的に議論されており，シーディング法の特徴が非常によく理解できる．この論文をもって金ナノロッドの大量合成が可能になったといえる画期的な成果である．TEM 像にはナノロッド以外の粒子も写っており，実際に金ナノロッドの TEM 観察を行ったときに見られる典型的な，つまり意図的に球状粒子が少ない部分を選んだわけではないと感じられる TEM 像が提示されており，著者らが論文中に示している「金ナノロッドの収率」が妥当性であることを示す一つの根拠となっている．

32 プラズモニックナノ粒子による太陽電池の光吸収増強

K. Nakayama, K. Tanabe, H. A. Atwater, "Plasmonic Nanoparticle Enhanced Light Absorption in GaAs Solar Cells," *Appl. Phys. Lett.*, 93, 12104 (2008).

薄膜系太陽電池の光電変換効率の改善には，貴金属ナノ構造体が示す局在表面プラズモン共鳴（LSPR）にもとづいた光吸収増強効果の適用が有効だと考えられているが，LSPR による光吸収は光損失を伴うため，変換効率の改善が困難な場合があることも指摘されている．著者らは，陽極酸化ポーラスアルミナにもとづいて形成された Ag ナノドットアレーを含む太陽電池において，Ag ナノドットの LSPR による強い光散乱効果により入射光は活性層中に閉じ込められ光電変換効率が改善されたことを報告している．

33 Au 担持 TiO_2 粒子の可視光駆動光触媒反応：作用スペクトル解析

E. Kowalska, R. Abe, B. Ohtani, "Visible Light-induced Photocatalytic Reaction of Gold-Modified Titanium (IV) Oxide Particles: Action Spectrum Analysis," *Chem. Commun.*, 2009, 241.

Au ナノ粒子担持 TiO_2 粒子光触媒によるアルコール光酸化反応の照射光波長依存性（作用スペクトル）を解析した論文．TiO_2 粒子の粒子サイズや表面積，結晶形と，Au ナノ粒子の粒子サイズおよび形状が大きく影響することを初めて報告した．可視光照射による光酸化反応では，TiO_2 粒子に担持された Au 粒子サイズが大きくなるほど光触媒活性が増大した．光触媒反応の作用スペクトルには Au 粒子の LSPR が明瞭に観測され，Au-TiO_2 間のプラズモン誘起光電荷移動によって光酸化反応が進行することがわかった．先駆的な論文であり，これ以降のプラズモン光触媒研究に大きな影響を与えている．

34 光の場のねじれを示す物理量と光学活性

Y. Tang, A. E. Cohen, "Optical Chirality and Its Interaction with Matter," *Phys. Rev. Lett.*, 104, 163901 (2010).

電磁波のねじれ具合を表すパラメータとして，電場と磁場の内積に関連する量 $C \propto \omega \mathrm{Im}(\boldsymbol{E}^* \cdot \boldsymbol{B})$ が用いられることを示した．この量は optical chirality とよばれている．同様の量に関する議論は 1964 年に Lipkin によってなされていたが，長らく物理的に重要な意味のある量であるとは考えられていなかった．この論文では，C が実は電磁場のねじれを定量的に反映し，光学活性に関係する重要な量であることを理論的に議論し，またどのような条件下で C が大きくなるかを示している．その後のキラルなプラズモンに関する研究では，金属ナノ構造周辺の局所場の optical chirality が，ナノ構造自体の光学活性や，ナノ構造との相互作用による周辺分子の光学活性信号の増強に関する議論の基礎と考えられるようになった．

㉟ 水を電子源とした可視・近赤外プラズモン誘起光電変換

Y. Nishijima, K. Ueno, Y. Yokota, K. Murakoshi, H. Misawa, "Plasmon-Assisted Photocurrent Generation from Visible to Near-Infrared Wavelength Using a Au-Nanorods/TiO$_2$ Electrode," *J. Phys. Chem. Lett.*, **1**, 2031 (2010).

酸化チタン単結晶基板上に可視・近赤外波長域にプラズモン共鳴を示す金ナノロッド構造を高度微細加工技術によりアレイ状に作製し，作製した金ナノロッド/酸化チタン基板を光電極として，電子供与体を含まない電解質水溶液中で光電変換を達成した論文である．この論文では，水が電子源となって光電流が発生しているこ とが議論されているが，実際に 2012 年同グループにより，水の酸化反応に基づく酸素発生が確認された．2011 年以降，ホットエレクトロントランスファーを利用した水分解の論文が報告されるようになる．この報告は，金ナノ構造/酸化チタン光アノードとしての特性を明らかにした，革新的な論文である．

㊱ 共鳴非線形光マニピュレーション

T. Kudo, H. Ishihara, "Proposed Nonlinear Resonance Laser Technique for Manipulating Nanoparticles," *Phys. Rev. Lett.*, **109**, 087402 (2012).

光圧によるナノ粒子捕捉に，電子準位の遷移に共鳴する光を用いた場合，吸収による散逸力が強くなり，通常の光ピンセットでは捕捉が難しくなると考えられていたが，多くの実験ではとくに勾配力さえ斥力になる共鳴準位の上側の周波数での捕捉がよく観測されていた．この論文では，それらが実は強い非線形効果が働いていたからであることを理論的に解明し，さらに強い非線形性がもたらす負の散逸力など，新しい光圧の原理を提案している．共鳴光捕捉のパズルを解き明かし，共鳴光圧操作に新しい自由度があることを示すことで，関連する実験家に影響を与えた．またその後，著者自身が提案内容を実験実証することに成功している．

㊲ 金ナノロッドを用いた水の完全分解

S. Mubeen, J. Lee, N. Singh, S. Kramer, G. D. Stucky, M. Moskovits, "An Autonomous Photosynthetic Device in which All Charge Carriers Derive from Surface Plasmons," *Nat. Nanotechnol.*, **8**, 247 (2013).

2011 年から報告されているプラズモンを用いた水分解に関する研究の多くは，酸化あるいは還元の半反応に主眼をおいたものであり，プラズモンが関与した水の完全分解の証明には至っていなかった．この論文では，水分解における酸化・還元反応全体の設計を考慮し，金ナノロッドの上方の先端に酸化チタンおよび水素発生助触媒である白金を，下端に酸素発生助触媒であるコバルトを担持して金ナノロッドの両端で水分解を誘起するシステムを提案した．このシステムに疑似太陽光を照射すると，水の化学量論的分解に伴い水素と酸素が 2：1 の割合で生成し，またその光電流の作用スペクトルからもプラズモンを励起することにより反応が進行することが示された．太陽光エネルギー変換効率は約 0.1％で，当時のプラズモン誘起水分解系としては革新的な値だった．

㊳ 強結合光電極による水分解反応の高効率化

X. Shi, K. Ueno, T. Oshikiri, Q. Sun, K. Sasaki, H. Misawa, "Enhanced Water Splitting under Modal Strong Coupling Conditions," *Nat. Nanotechnol.*, **13**, 953 (2018).

半導体表面に担持した単層金ナノ微粒子の局在表面プラズモンの光吸収強度は大きくなく，また吸収可能な波長幅も可視光全体をカバーできるほど広くはない．この論文では，厚さ 30 nm 程度の酸化チタンを金ナノ微粒子と金フィルムで挟み込むことにより，全可視光の 85％以上の光を吸収する光電極の作製に成功した．これは，金のフィルム上に成膜した酸化チタン（酸化チタン/金フィルム）がファブリ・ペローナノ共振器として作用し，空間的に近接した金ナノ微粒子の局在プラズモンと強く相互作用してモード強結合を示し，新たなハイブリッドモードを形成して吸収が広帯域化したことに由来する．さらに，この光電極を水分解反応に用いると，従来の 6 倍以上の反応効率を示した．この論文は強結合を用いて化学反応を促進した初めての例であり，今後のプラズモニック化学に大きなインパクトを与えた．

Part III 役に立つ情報・データ
覚えておきたい★関連最重要用語

アノードエッチング
金属や半導体などをアノードとして電気化学的にエッチングする手法．素材が結晶性をもつ場合には，異方的なアノードエッチングが進行し，結晶性に由来した特異的な構造が形成される．

アミロイド線維
変性したタンパク質が形成する疎水性凝集物の一種であり，高い均一性と剛直性を有している．人体内でのアミロイド線維の生成は，アルツハイマー病，パーキンソン病，ハンチントン病など，多くの疾患と密接に関連している．

FDTD法
Finite-Difference Time-Domain 法の略で，時間領域の電磁場の数値解法の一種である．三次元空間での電場と磁場の定義位置は，Yee 格子とよばれる格子に従う．特徴的なのは，電場と磁場の定義位置と定義時刻が互い違いと，異なっていることである．電場と磁場の時間発展は，Maxwell の方程式に従って交互に計算される．

階層構造
形状や性質が階層的に構成された構造．リソグラフィー技術などのトップダウンプロセスでは，作製が困難とされている．

クエン酸還元金ナノ粒子
塩化金酸を含むクエン酸ナトリウム水溶液を沸騰させると，均一な球状金ナノ粒子が得られる．10～50 nm 程度の範囲で再現性良く粒径を制御できることから，最も広く用いられる球状金ナノ粒子調製法である．

蛍光消光
プラズモニックチップにおける蛍光分子の蛍光消光は，金属薄膜へのフェルスター型の励起エネルギー移動によるものであり，CPS モデルで記述されるように，エネルギー移動効率は距離の関数となる．

蛍光相関分光測定：FCS
蛍光色素分子の溶液に顕微鏡下でレーザー光を集光し，レーザー集光領域における蛍光分子の蛍光強度の時間変化を測定し，その自己相関関数から溶液中の分子運動や分子の大きさ，分子数を推定する手法．

光圧
光を照射された物質に発生する圧力であり，光が持つ運動量が起源となっている．近年，光が照射された物質に力が働く現象の記述にこの用語が用いられる．光圧として現れる力は，厳密には光の存在下で中性物質を構成する荷電粒子にかかるローレンツ力の総和として定義することができる．これを，Maxwell 方程式を用いて変形すれば，光による散乱力や勾配力が現れる．2018 年に Ashkin が受賞したノーベル賞で知られる，レーザー光による微粒子の捕捉・操作の研究における重要なキーワードである．

シーディング法
数 nm サイズの種粒子（シード）を成長させることでナノ粒子を得る方法．シードの成長条件を核生成が起こらないように設定することで，均一なナノ粒子が得られる．

シトクロム c
呼吸に関与する球状タンパク質．分子量約 12,000 の小さなタンパク質で，モデルタンパク質として，広く研究に用いられている．

消光スペクトル
散乱スペクトルと吸収スペクトルを足し合わせたもの．LSPR 特性の評価に広く用いられている．

スーパーカイラル光 (superchiral light)
円偏光の電場は螺旋状の構造をもち，そのピッチは波長で決まり，可視光では数百 nm である．金属ナノ構造近傍などではそれよりもはるかにピッチの小さい螺旋構造をもつ電磁場が生成することがあり，これをスーパーカイラル光という．

先端増強ラマン散乱
TERS (tip-enhanced Raman scattering) とも表記される．2000 年に三つの研究グループからほぼ同時に報告された．原理的には表面増強ラマン散乱と同一の現象であるが，鋭い金属探針の先を測定対象分子に近づけていき増強ラマンシグナルを検出するため，測定を制御しやすい．

走査型近接場光学顕微鏡
通常の伝搬光を用いた光学顕微鏡の空間分解能は光の回折限界で決まり，波長程度が限界となる．これに対し，伝搬しない光（近接場光）を用いた顕微鏡が開発され，回折限界を超えた空間分解能が実現される．

APPENDIX

走査型電子顕微鏡
光学顕微鏡では観察が困難もしくは不可能な，サブミクロンスケール～ナノメートルスケールの構造を観察するための電子顕微鏡．試料の表面は導電性をもっている必要がある．

超高速表面増強蛍光
通常の蛍光と異なり，電子励起された電子が振動緩和の途中で蛍光遷移する現象のこと．プラズモン共鳴による蛍光増強を観察しているときに発見された．通常の蛍光は励起波長を変えてもスペクトルが変化しないが，超高速表面増強蛍光スペクトルは励起波長依存性をもつ．

電解析出
いわゆるめっきのこと．金属イオンを含む電解液中に試料を浸漬し，試料をカソードとして対極との間に電圧を印加する．カソード上では，金属イオンが電子を受け取り，還元されて金属として析出する．試料と対極は，通常，導電性をもつものでなければならない．

トップダウンプロセス
素材を加工して微細な構造を作製する手法．作製には，電子線描画装置，反応性イオンエッチング装置，集束イオンビームエッチング装置などが用いられる．

ドルーデモデル
金属がイオンから成る結晶とそれに束縛されることなく運動する自由電子から成り立つとしたモデル．このモデルでは金属の誘電関数 $\varepsilon(\omega)$ は，

$$\varepsilon(\omega) = 1 - \frac{\omega_p^2}{\omega^2 + i\Gamma\omega}$$

で表される．ただし，ω_p および Γ はそれぞれプラズマ周波数と減衰定数である．

バンド端発光
量子ドットにおいて，価電子帯の上端の正孔と伝導帯の下端の電子が，放射再結合することによる発光．比較的狭い発光ピーク（半値幅：数十 nm 程度）となる．放出される光子のエネルギーは，量子ドットのバンドギャップにほぼ等しく，量子ドットの粒子サイズの減少とともに，発光ピーク波長は短波長シフトする．

光のスピン・軌道角運動量
光は振動数に比例したエネルギーと波数に比例した運動量をもつとともに，光電場ベクトルが回転する円偏光はスピン角運動量をもち，光電場の等位相面が光軸を中心に螺旋状になる光渦とよばれるビームは軌道角運動量を有している．

光ピンセット
レーザー光を用いて，微小物体を捕獲し，さらに操作する技術のこと．その原理には，レーザー光を集光して照射した焦点付近に微小物体がある場合，レーザー光が微小物体の媒質の違いにより屈折し，その反作用で放射圧として微小物体が焦点方向に動くという現象を利用している．

表面増強ラマン散乱
金属のナノ構造体や凹凸表面で，ラマン信号が増強される現象．増強メカニズムとしては，LSPR による増強光電場，および，吸着分子と金属間での電子的な共鳴効果が提案されている．近接した金属ナノ構造体間のナノギャップに形成される，高強度光電場を適用することで，単一分子感度での検出も期待できる．

表面プラズモン励起増強蛍光：SPF
SPR による増強電場を，蛍光分子の励起場として明るい蛍光を生じさせる方法．この励起増強効果と蛍光がプラズモンと再結合して増強蛍光を生じる蛍光増強効果の両方の効果の積によって，伝搬型 SPR では 200 ～ 300 倍といった大きな蛍光増強度が得られる．

Fano 共鳴
Ugo Fano は，原子の光吸収スペクトルに現れる非対称なスペクトル形状を，量子力学的に解析し，連続状態と離散状態の干渉により非対称形状が現れることを示した．そして，非対称なスペクトル形状を記述する Fano 関数を導いた．現在では，量子力学的な系に限らずさまざまな物理系で，Fano 関数で記述される非対称な共鳴が知られており，それらを Fano 共鳴とよんでいる．

ボトムアッププロセス
原子や分子が本来もつ特性を利用して，微細構造を作り上げる手法．また，微細構造を繋ぎ合わせ機能性材料を作製する手法．

ポラリトン
固体（結晶）には，自由電子の粗密波（プラズマ振動，プラズモン），イオンの振動の波（格子振動，フォノン）などの，荷電粒子の振動の波（素励起）が存在する．素励起には，電気分極の振動が伴い，それにより電磁場の振動が誘起される．荷電粒子は電磁場による力を受け振動するので，結局素励起と電磁場振動は切り離すことができず，お互いに結合し，一体となっているととらえなければならない．このように素励起と電磁場の振動が結合したものは，ポラリトンとよばれる．

無電解析出
電圧を印加することなく金属を析出させるめっき手法の一つである．無電解めっきともいう．一般的に，電解析出法と比べて，析出物の厚さのばらつきが小さい．置換型と自己触媒型がある．

APPENDIX

メタマテリアル
自然界の物質では通常不可能な光学特性（電磁気学特性）をもつ人工的な物質のことで，多くの場合に周期構造をもつもので構成される．負の透磁率，屈折率などが実現され，さまざまな応用が考えられている．

陽極酸化処理
物質を電気化学的に酸化させる処理．

陽極酸化ポーラスアルミナ
Al を硫酸やシュウ酸などの酸性電解液中に浸漬し，Al をアノードとして対極との間に電圧を印加することで，Al の表面に形成されるポーラス型酸化皮膜のこと．中心に直行細孔が配置されたセルの配列構造を有する．陽極酸化条件（印加電圧，陽極酸化時間など）を変化させることで，細孔の直径，深さ，配列間隔を精密に制御できる．

卵白リゾチーム
主に細菌細胞壁に含まれており，N-アセチルムラミン酸と N-アセチルグルコサミン間の β-1,4 結合間を加水分解する酵素である．129 個のアミノ酸残基からなるポリペプチド鎖からできており，分子量は 14,062 である．1922 年に Fleming によって発見され，1967 年に X 線解析により，三次元構造が完全に解明された．

量子サイズ効果
粒子のサイズが，電子（あるいは正孔）のド・ブロイ波長よりも小さくなると，電子エネルギー準位は連続的なものから離散化したものとなる．半導体においては，粒子サイズの減少とともにナノ粒子中に閉じ込められた電子および正孔のエネルギー準位が，それぞれ負電位側および正電位側にシフトし，エネルギーギャップが増加する．この現象を量子サイズ効果とよぶ．一般には，半導体のエキシトンの有効ボーア半径の 2 倍よりも粒子サイズが小さくなると，顕著に発現する．

量子ドット
電子の移動を三次元のすべての方向から制限して，きわめて微少な空間に閉じ込める材料のこと．最近ではとくに，CdSe に代表されるような，液相合成により得られるサイズが約 10 nm 以下のコロイド状ナノ粒子で，量子サイズ効果を示す半導体ナノ粒子（ナノ結晶）を指す．

APPENDIX

Part III 役に立つ情報・データ

知っておくと便利！関連情報

❶ おもな本書執筆者のウェブサイト (所属は2019年2月現在)

石原 一
大阪大学大学院基礎工学研究科
http://www.ishi-lab.mp.es.osaka-u.ac.jp/
大阪府立大学大学院工学研究科
http://www.opt.pe.osakafu-u.ac.jp/ishilab-top.html

伊藤 民武
国立研究開発法人産業技術総合研究所健康工学研究部門
https://unit.aist.go.jp/hri/group/2015_nb-4/index.html

岡本 隆之
理化学研究所石橋極微デバイス工学研究室
http://www.riken.jp/lab-www/adv_device/index.html

岡本 裕巳
分子科学研究所メゾスコピック計測研究センター
https://www.ims.ac.jp/research/group/okamoto/

栗原 和枝
東北大学未来科学技術共同研究センター
http://www.tagen.tohoku.ac.jp/labo/kurihara/

笹木 敬司
北海道大学電子科学研究所
http://optsys.es.hokudai.ac.jp/

笹倉 英史
株式会社 AGC
https://www.agc.com/
熱線反射・熱線吸収ガラス
https://www.asahiglassplaza.net/products/mainglass-category/heat-plate/

杉山 輝樹
国立交通大学理学院応用化学系
https://sugiyama.nctu.edu.tw/index.html

田和 圭子
関西学院大学理工学部
http://www.kg-applchem.jp/tawa/

坪井 泰之
大阪市立大学大学院理学研究科
http://www.sci.osaka-cu.ac.jp/chem/advanachem/

寺西 利治
京都大学化学研究所
http://www.scl.kyoto-u.ac.jp/~teranisi/

鳥本 司/亀山 達矢
名古屋大学大学院工学研究科
http://www.apchem.nagoya-u.ac.jp/06-K-6/torimoto/

新留 康郎
鹿児島大学学術研究院理工学域理学系
http://www.nanorod.net/

林 真至
神戸大学工学研究科
http://www2.kobe-u.ac.jp/~grad010/

深港 豪
熊本大学大学院先端科学研究部
http://www.chem.kumamoto-u.ac.jp/~kurihara/index.html

益田 秀樹/柳下 崇/近藤 敏彰
首都大学東京大学院都市環境科学研究科
http://www.apchem.ues.tmu.ac.jp/labs/masuda/

増原 宏
台湾・国立交通大学理学院応用化学系
http://www.masuhara.jp/index.html
http://raisha.nctu.edu.tw/index.html

三澤 弘明/上野 貢生/押切 友也
北海道大学電子科学研究所
http://misawa.es.hokudai.ac.jp/index.html

村越 敬/南本 大穂/李 笑瑋
北海道大学理学研究院
https://wwwchem.sci.hokudai.ac.jp/~pc/index.html

❷ 読んでおきたい洋書・専門書

[1] "Electromagnetic Surface Modes," ed. by A. D. Boardman, Wiley (1982).
[2] "Surface Polaritons: Electromagnetic Waves at Surface and Interfaces," ed. by V. M. Agranovich, A. A. Maradudin, North-Holland (1982).

APPENDIX

[3] C. F. Bohren, D. R. Huffman, "**Absorption and Scattering of Light by Small Particles,**" Wiley-VCH (1983).

[4] H. Raether, "**Surface Plasmons on Smooth and Rough Surfaces and on Gratings (Springer Tracts in Modern Physics Volume 111),**" Springer-Verlag (1988).

[5] 増原極微変換プロジェクト 編,『マイクロ化学——微小空間の反応を操る』, 化学同人(1993).

[6] U. Kreibig, M. Vollmer, "**Optical Properties of Metal Clusters (Springer Series in Materials Science 25),**" Springer (1995).

[7] E. Hecht, "**OPTICS, 4th edition,**" Addison Wesley (2002).

[8] G. A. Ozin, A. C. Arsenault, "**Nanochemistry: A Chemistry Approach to Nanomaterials,**" RSC Publishing (2005).

[9] L. Novotny, B. Hecht, "**Principle of Nano-Optics,**" Cambridge University Press (2006).

[10] "**Surface-Enhanced Raman Scattering: Physics and Applications (Topics in Applied Physics 103),**" ed. by K. Kneipp, M. Moskovits, H. Kneipp, Springer (2006).

[11] "**Metamaterials: Physics and Engineering Explorations,**" ed. by N. Engheta, R. W. Ziolkowski, Wiley-IEEE Press (2006).

[12] R. B. Wehrspohn, H.-S. Kitzerow, K. Busch, "**Nanophotonic Materials: Photonic crystals, Plasmonics, and Metamaterials,**" Wiley-VCH (2008).

[13] J. D. Joannopoulos, S. G. Johnson, J. N. Winn, R. D. Meade, "**Photonic Crystals: Molding the Flow of Light, Second Edition,**" Princeton University Press (2008).

[14] Z. Cui, "**Nanofabrication: Principles, Capabilities and Limits,**" Springer (2008).

[15] K. N. Helsey, "**Plasmons: Theory and Applications,**" Nova Science Publishing (2010).

[16] D. Sarid, W. Challener, "**Modern Introduction to Surface Plasmons: Theory, Mathematica Modeling, and Applications,**" Cambridge University Press (2010).

[17] "**Nanoporous Alumina: Fabrication, Structure, Properties and Applications,**" ed. by D. Losic, A. Santos, Springer (2015).

3 有用HP およびデータベース

金属のアノード酸化皮膜の機能化部会
http://ars.sfj.or.jp/

プラズモニック化学研究会
http://plasmonic-chem.net/

プラズモニクス研究会
http://www.plasmon.jp/

表面技術協会
https://www.sfj.or.jp/

電気化学会
http://www.electrochem.jp/

日本表面科学会
http://www.sssj.org/

応用物理学会
https://www.jsap.or.jp/

日本化学会
http://www.chemistry.or.jp/

日本物理学会
https://www.jps.or.jp

メタマテリアル187委員会
http://www.metamaterials187.org/index.html

Science Portal
http://scienceportal.jst.go.jp/

Science News
https://www.sciencenews.org/

金ナノロッドのカタログサイト
大日本塗料(株)
http://www.dnt.co.jp/technology/new-business/particle/

Creative Diagnostics 社
https://www.cd-bioparticles.com/product/gold-nanorods-list-165.html

コスモ・バイオ社
https://www.cosmobio.co.jp/product/detail/gold-nanorods-ctd.asp?entry_id=13578

索　引

●英数字

1分子 SERS	88, 89, 92
2光子	75
2光子重合反応	74
2光子励起	74
Ag(In,Ga)S$_2$	122
Ashkin	41
Au ナノ粒子	145
AZO	147
Bull's eye 型	81
CdS	124
CTAB	113
DFT	93
exciton	152
Fano 共鳴	155
FDTD(Finite-Difference Time-Domain)法	93, 102
Hexadecyltrimethylammnoium bromide	113
Honda-Fujishima 効果	135
I-III-VI$_2$ 族(半導体)	121, 122
IPCE 作用スペクトル	136
ITO	147
Kasha 則	90
LSPR	121, 146
──増強電場	120, 122
magnon	152
MCBJ(Mechanically Break Junction)法	167
Mie 散乱	154
optical chirality	52
phonon	152
plasmon	152
polariton	152
Poly(styrene sulfonate)	118
PSS	118
SERS	88, 93, 94, 154, 165, 166, 167, 168, 170, 171, 172
SPM	93
SPP(センサー)	153, 154
STED 顕微鏡	45
surface enhanced raman scattering	88
TERS	93
UV ナノインプリント	148, 150
Wood anomaly	154
ZAIS 量子ドット	121

●あ

アスコルビン酸	115
アト秒	2
アミロイド線維	67
異方性金属ナノ粒子	113
引力	162
エキシトン	152
エネルギーダイアグラム	15
エバネッセント波	98
円偏光	52
遅い光	48

●か

カーボンナノチューブ	42, 43, 91, 169
ガウスビーム	45
化学増強メカニズム	89
仮想光子	93
カラーフィルター	147
軌道角運動量	58
キャリア注入	107
キャリア密度	105
球状粒子	113
強結合(状態)	22, 31, 92, 93, 169, 170
局在型プラズモン	50
局在した光	48
局在表面プラズモン	41, 42, 43, 44, 45, 46, 87, 88, 121, 128, 146, 164, 169, 172, 173
キラリティー	32, 52
禁制遷移	91, 95
禁制励起	31
近接場	18, 42
──近接場光学顕微鏡	51
──のエネルギー	23
──の空間分布	21
金属ナノ構造体	2, 6
金属ナノ粒子	21, 87
金ナノロッド	113
銀ナノ平板粒子	146
空間分解	2, 4
蛍光相関分光測定	85
形状異方性	105
形状因子	99
光圧	8, 27, 40, 41, 172
──トルク	62
光学選択則	168, 169, 171
格子結合型表面プラズモン共鳴	80
光電子顕微鏡	51
光電変換素子	141
勾配力	41, 42, 43, 45
高分子電解質	118
固溶体量子ドット	122

●さ

細胞イメージング	79
散逸力	41, 45
酸化インジウムスズ	107
酸化チタン	21, 135

酸化ニッケル	141
シーディング法	114
時間分解	2, 4
——近接場光学イメージング	51
——光電子顕微	51
自己規則化	128
自己組織化	128
四重極子モード	101
室温分子操作	172
シトクロム c	68
弱結合近似	90, 91
弱結合状態	93
遮熱性部材	145
自由電子	16, 151, 152
——の集団振動	17
ジュール損失	157
真空電場	93, 95
真空揺らぎ	90
人工光合成	135
親水表面	162, 163
水素発生	124
スピン角運動量	58
正孔輸送層	141
赤外センサー	149
斥力	162
全角運動量の保存則	60
旋光性	52
全固体プラズモン光電変換素子	141
先端増強ラマン分光	93
全反射減衰法	154
双極子近似	32
双極子放射	98
走査型近接場顕微鏡	155
走査型プローブ顕微鏡	93
疎水表面	162, 163
素励起	152

● た

ダークモード	60
多元電子ドット	121
多重極遷移	91
単一分子分光	4
タンパク質結晶化	65
窒素還元	139
超解像捕捉	45
超高速過程	50
——の緩和	50
——表面増強蛍光	90
超高帯域発光素子	95
長波長近似	90
電荷移動共鳴	165
電荷移動効果	165, 166
電気化学電位	165, 166, 170

電子エネルギー損失スペクトル	154
電子供与体	136
電子サイズ効果	121
電磁増強メカニズム	88, 89
電子ドット	120, 121
——光触媒	123
——光電極	123
電磁波	17
電磁場効果	165
電子輸送層	141
電子励起	166, 167, 168, 169, 172
——の模式図	13
電場増強効果	87
伝搬型プラズモン	49
ドルーデモデル	101

● な

ナノカーボン	42
ナノフォトニクス	153, 155
ナノ物質	42, 43, 46
二段階電磁増強	89
粘性	163

● は

バイオセンシング	79
ハイブリッドモード	25
反電界係数	106
反電場係数	99
バンド間遷移	100
バンド端発光	121, 122
光異常透過	155
光異性化反応	72, 74, 75
光渦	59
光化学反応	20, 95
——のエネルギーダイアグラム	13
光起電力	170, 171, 172
光散乱	33
光触媒	123
光触媒活性	125
光－電気エネルギー変換	123
光電流	123
光ナノマニピュレーション	79, 84
光の異常透過	148
光ピンセット	34, 41, 42, 75, 76, 84
光マニピュレーション	29
光誘起結晶化現象	65
微小共振器	41
非線形効果	45
非線形光学現象	42
非線形光学効果	44
表面エキシトンポラリトン	153
表面増強吸収	90
——蛍光	90

索　引

──ハイパーラマン	90
──ラマン散乱	88, 154
表面フォノンポラリトン	153
表面プラズモンポラリトン	49, 153
表面力装置	161
表面力測定	160
ファブリ・ペローナノ共振器	25, 138
フェムト秒	2
フェルミ黄金律	87, 90
フォノン	152
不斉	32
物質変換	134
負の屈折率	48, 49
プラズマ振動数	99
プラズモニクス	155
プラズモニックギャップ構造	61
プラズモニック結晶	155
プラズモニックチップ	79
プラズモン	27, 87, 88, 152
──共鳴	14, 16, 18, 88, 92, 93
──増強電場	122
──分子捕捉	172
──誘起アンモニア合成	139
──誘起キャリア移動	110
──誘起光電変換	134
──誘起水分解	137
プロセス塗布	150
分散関係	49
分子分極	93
ヘビーロープ半導体	105
扁長回転楕円体	99
扁平回転楕円形	99

ホットエレクトロン	23, 24, 134
ホットキャリア	27
ホットスポット	87, 88, 90, 92, 93, 94, 103
ホットホール	24
ボトムアッププロセス	128
ポラリトニクス	157
ポラリトン	151, 152

●ま

マグノン	152
水分解	137
メタマテリアル	30, 155
モード強結合	134

●や・ら・わ

有機分子	42
有効媒質理論	154
陽極酸化	113
陽極酸化ポーラスアルミナ	128
ラゲールガウスビーム	45
ラビ分裂	169, 170
ラマン散乱	87, 165, 166, 167, 168, 169, 170
ラマン分光	31
卵白リゾチーム	66
リアルタイム検出	79
離散双極子近似	43
硫化銅	109
量子(化)ドット	42, 171
量子サイズ効果	171
励起子	41
ワイヤーグリッド偏光子	148

◆執筆者紹介◆

（敬称略，50音順）

石原 一（いしはら はじめ）
大阪大学大学院基礎工学研究科教授，大阪府立大学大学院工学研究科教授（工学博士）
1959年 大阪府生まれ
1990年 大阪大学大学院基礎工学研究科博士課程修了
〈研究テーマ〉「光物性理論」「量子光学理論」「凝集系の非線形光学応答」「ナノ物質の光圧操作」

亀山 達矢（かめやま たつや）
名古屋大学大学院工学研究科応用物質化学専攻助教（博士（工学））
1982年 愛知県生まれ
2011年 名古屋大学大学院工学研究科博士課程修了
〈研究テーマ〉
「ナノ結晶材料による光エネルギー変換」

伊藤 民武（いとう たみたけ）
産業技術総合研究所健康工学研究部門上級主任研究員（博士（工学））
1971年 京都府生まれ
2002年 大阪大学大学院工学研究科博士後期課程修了
〈研究テーマ〉
「表面増強分光」

栗原 和枝（くりはら かずえ）
東北大学未来科学技術共同研究センター教授（工学博士）
1951年 東京都生まれ
1979年 東京大学工学研究科博士課程修了
〈研究テーマ〉「物質科学のための表面力測定の開発」「分子組織化学」「材料科学に基づく摩擦技術の開発」

上野 貢生（うえの こうせい）
北海道大学電子科学研究所准教授（博士（理学））
1974年 埼玉県生まれ
2004年 北海道大学大学院理学研究科博士課程修了
〈研究テーマ〉
「微細加工技術により作製したナノ構造の光物性」

近藤 敏彰（こんどう としあき）
首都大学東京大学院都市環境科学研究科助教（博士（工学））
1978年 徳島県生まれ
2005年 北海道大学大学院工学研究科博士後期課程修了
〈研究テーマ〉「電気化学プロセスにもとづくナノ・マイクロ構造形成と光機能性デバイスへの応用」

岡本 隆之（おかもと たかゆき）
理化学研究所開拓研究本部特別嘱託研究員（工学博士）
1958年 兵庫県生まれ
1986年 大阪大学大学院工学研究科博士課程修了
〈研究テーマ〉
「ナノフォトニクス」「プラズモニクス」

笹木 敬司（ささき けいじ）
北海道大学電子科学研究所教授（工学博士）
1958年 愛媛県生まれ
1986年 大阪大学大学院工学研究科博士課程修了
〈研究テーマ〉
「光ナノマニピュレーション」「プラズモニックナノ共振器」

岡本 裕巳（おかもと ひろみ）
分子科学研究所メゾスコピック計測研究センター教授（理学博士）
1960年 東京都生まれ
1985年 東京大学大学院理学系研究科博士課程中途退学
〈研究テーマ〉「ナノ光学実験手法によるナノ物質の励起，ダイナミクス，光学活性の空間構造，プラズモンと分子物質の相互作用など」

笹倉 英史（ささくら ひでし）
株式会社AGC総研 取締役 調査研究部長（工学修士）
1961年 兵庫県生まれ
1987年 慶應義塾大学理工学研究科修士課程修了
〈研究テーマ〉
「ナノ粒子の合成と機能化」

押切 友也（おしきり ともや）
北海道大学電子科学研究所助教（博士（理学））
1980年 北海道生まれ
2008年 大阪大学大学院理学研究科博士後期課程修了
〈研究テーマ〉
「プラズモニック化学」「光エネルギー変換」

杉山 輝樹（すぎやま てるき）
国立交通大学理学院応用化学系副教授，奈良先端科学技術大学院大学物質創成科学領域客員教授（理学博士）
1968年 京都府生まれ
2002年 南開大学化学系博士後期課程修了
〈研究テーマ〉
「光化学」

執筆者紹介

田和 圭子（たわ けいこ）
関西学院大学理工学部教授〔博士（工学）〕
1967年 兵庫県生まれ
1995年 京都大学大学院工学研究科博士課程修了
〈研究テーマ〉「表面プラズモン共鳴を利用した高感度バイオアッセイおよびバイオイメージングの開発」

深港 豪（ふかみなと つよし）
熊本大学大学院先端科学研究部准教授〔博士（工学）〕
1977年 鹿児島県生まれ
2004年 九州大学大学院工学府博士課程修了
〈研究テーマ〉
「光機能性分子材料」

坪井 泰之（つぼい やすゆき）
大阪市立大学大学院理学研究科教授〔博士（工学）〕
1967年 京都府生まれ
1995年 大阪大学大学院工学研究科博士課程修了
〈研究テーマ〉
「光マニュピレーション」「プラズモン化学」

細川 千絵（ほそかわ ちえ）
大阪市立大学大学院理学研究科教授〔博士（工学）〕
1977年 鹿児島県生まれ
2005年 大阪大学大学院工学研究科博士課程修了
〈研究テーマ〉
「光捕動による細胞内分子機能の解明」

寺西 利治（てらにし としはる）
京都大学化学研究所教授〔博士（工学）〕
1966年 石川県生まれ
1994年 東京大学大学院工学系研究科博士課程修了
〈研究テーマ〉
「無機ナノ粒子の精密構造制御と構造特異機能の創出」

益田 秀樹（ますだ ひでき）
首都大学東京大学院都市環境科学研究科教授（工学博士）
1954年 静岡県生まれ
1982年 東京大学大学院工学系研究科博士課程修了
〈研究テーマ〉
「電気化学プロセスにもとづく微細加工」

鳥本 司（とりもと つかさ）
名古屋大学大学院工学研究科教授〔博士（工学）〕
1967年 和歌山県生まれ
1994年 大阪大学大学院工学研究科博士後期課程修了
〈研究テーマ〉「液相化学合成によるナノ粒子およびナノ複合材料の創製と新規光機能の開拓」

増原 宏（ますはら ひろし）
台湾・国立交通大学理学院応用化学系教授（工学博士）
1944年 東京都生まれ
1971年 大阪大学大学院基礎工学研究科博士課程修了
〈研究テーマ〉
「レーザーによる分子新現象の探索と解明」

新留 康郎（にいどめ やすろう）
鹿児島大学学術研究院理工学域理学系教授〔博士（工学）〕
1963年 鹿児島県生まれ
1994年 東京工業大学総合理工学研究科博士課程修了
〈研究テーマ〉
「異方性金属ナノ粒子」

三澤 弘明（みさわ ひろあき）
北海道大学電子科学研究所教授（理学博士）
1955年 東京都生まれ
1984年 筑波大学大学院化学研究科博士課程修了
〈研究テーマ〉
「光化学」「プラズモニック化学」

林 真至（はやし しんじ）
神戸大学名誉教授，モロッコ高等研究機構招聘研究員（工学博士）
1949年 京都府生まれ
1975年 ピエール・エ・マリーキューリー大学大学院理学研究科第3サイクル博士課程修了
〈研究テーマ〉「ナノ材料創成・光物性」
「プラズモニクス」「ナノフォトニクス」

南本 大穂（みなみもと ひろお）
北海道大学大学院理学研究院化学部門助教〔博士（工学）〕
1987年 愛媛県生まれ
2015年 大阪大学大学院工学研究科博士課程修了
〈研究テーマ〉
「プラズモン場における電気化学反応制御」

執筆者紹介

村越 敬（むらこし けい）
北海道大学大学院理学研究院化学部門教授
〔博士（理学）〕
1963年 千葉県生まれ
1992年 北海道大学大学院理学研究科博士
　　　　課程修了
〈研究テーマ〉
「プラズモニック化学」

山本 裕子（やまもと ゆうこ）
北陸先端科学技術大学院大学マテリアルサ
イエンス系准教授〔博士（工学）〕
1979年 福岡県生まれ
2011年 関西大学大学院理工学研究科博士
　　　　課程修了
〈研究テーマ〉
「貴金属ナノ粒子」「表面増強ラマン分光」

柳下 崇（やなぎした たかし）
首都大学東京大学院都市環境科学研究科准
教授〔博士（工学）〕
1977年 神奈川県生まれ
2004年 東京都立大学大学院工学研究科博
　　　　士課程修了
〈研究テーマ〉
「電気化学プロセスにもとづくナノ規則材料の作製と機能化」

李 笑瑋（り しょうい）
北海道大学大学院理学研究院化学部門助教
〔博士（理学）〕
1987年 中国吉林省生まれ
2016年 北海道大学大学院総合化学院博士
　　　　課程修了
〈研究テーマ〉
「プラズモン誘起光電気化学」

カラー口絵出典

下記より許諾を得て転載しています.

【p.1】ステンドグラス：© 2019 長崎の教会群情報センター／リュクルゴスの杯：左：So-called Lycurgus Cup by Marie-Lan Nguyen 2011 / CC BY 2.5 右：Lycurgus Cup, with flash by Johnbod 2010 / CC BY 3.0

【p.2】絵画：S. J. Tan, L. Zhang, D. Zhu, X. M. Goh, Y. M. Wang, K. Kumar, C.-W. Qiu, J. K. W. Yang, *Nano Lett.*, 14, 4023（2014）. © 2014 American Chemical Society／フィルター：S. Yokogawa, S. P. Burgos, H. A. Atwater, *Nano Lett.*, 12, 4349（2012）. © 2012 American Chemical Society

【p.3】電極：X. Shi, K. Ueno, T. Oshikiri, Q. Sun, K. Sasaki, H. Misawa, *Nat. Nanotechnol.*, 13, 953（2018）. © 2018 Springer Nature／人工光合成：(a) Y. Zhong, K. Ueno, Y. Mori, X. Shi, T. Oshikiri, K. Murakoshi, H. Inoue, H. Misawa, *Angew. Chem. Int. Ed.*, 53, 10350（2014）. © 2014 WILEY-VCH Verlag GmbH & Co. KGaA, Weinheim／(b) T. Oshikiri, K. Ueno, H. Misawa, *Angew. Chem. Int. Ed.*, 55, 3942（2016）. © 2016 WILEY-VCH Verlag GmbH & Co. KGaA, Weinheim／光電変換システム：K. Nakamura, T. Oshikiri, K. Ueno, Y. Wang, Y. Kamata, Y. Kotake, H. Misawa, *J. Phys. Chem. Lett.*, 7, 1004（2016）. © 2016 American Chemical Society

【p.4】粒子選別：T. Kudo, H. Ishihara, *Phys. Rev. Lett.*, 109, 087402（2012）参照.／散逸力：T. Iida, H. Ishihara, *Phys. Rev. B*, 77 245319（2008）参照.

【p.5】プラズモン光ピンセット：T. Shoji, M. Shibata, N. Kitamura, F. Nagasawa, M. Takase, K. Murakoshi, A. Nobuhiro, Y. Mizumoto, H. Ishihara, Y. Tsuboi, *J. Phys. Chem. C*, 117, 2500（2013）. © 2013 American Chemical Society

【p.6】単結晶多面体：from Ref. 8 with permission from The American Chemical Society © 2012／Pd ナノディスク：from Ref. 10 with permission from The Royal Society of Chemistry © 2015

【p.7】ZAIS ナノ粒子：T. Takahashi, A. Kudo, S. Kuwabata, A. Ishikawa, H. Ishihara, Y. Tsuboi, T. Torimoto, *J. Phys. Chem. C*, 117, 2511（2013）. © 2013 American Chemical Society

CSJ Current Review 32

プラズモンと光圧が導くナノ物質科学
―― ナノ空間に閉じ込めた光で物質を制御する

2019年3月30日　第1版第1刷　発行

編著者　公益社団法人日本化学会
発行者　曽　根　良　介
発行所　株式会社化学同人

検印廃止

〈出版者著作権管理機構委託出版物〉

本書の無断複写は著作権法上での例外を除き禁じられています．複写される場合は，そのつど事前に，出版者著作権管理機構（電話 03-5244-5088，FAX 03-5244-5089，e-mail: info@jcopy.or.jp）の許諾を得てください．

本書のコピー，スキャン，デジタル化などの無断複製は著作権法上での例外を除き禁じられています．本書を代行業者などの第三者に依頼してスキャンやデジタル化することは，たとえ個人や家庭内の利用でも著作権法違反です．

〒600-8074　京都市下京区仏光寺通柳馬場西入ル
編集部　TEL 075-352-3711　FAX 075-352-0371
営業部　TEL 075-352-3373　FAX 075-351-8301
振　替　01010-7-5702
E-mail　webmaster@kagakudojin.co.jp
URL　https://www.kagakudojin.co.jp
印刷・製本　日本ハイコム㈱

Printed in Japan © The Chemical Society of Japan 2019　無断転載・複製を禁ず　ISBN978-4-7598-1392-0
乱丁・落丁本は送料小社負担にてお取りかえいたします．